袁春然 著

人民邮电出版社
北京

图书在版编目（CIP）数据

笔笔皆时 : 时装画马克笔技法全析教程 / 袁春然著
. -- 北京 : 人民邮电出版社, 2023.4
ISBN 978-7-115-60847-5

Ⅰ. ①笔… Ⅱ. ①袁… Ⅲ. ①时装－绘画技法－教材
Ⅳ. ①TS941.28

中国国家版本馆CIP数据核字(2023)第033600号

内 容 提 要

本书作者归纳、总结了多年创作时装画的方法、技巧与经验，既有马克笔、纸张等时装画材料的特性讲解和选用指导，也有时装画风格表现的经验技巧。

全书内容系统、全面，在讲解时装画人体和头部特写时，根据常见模特的特点划分模特类型，并进行针对性的讲解；在服装材质表现部分，讲解时装款式和细节的表现方法，全面解析时装效果的整体绘制过程和技巧；书中还讲解了时装画中配饰的绘画技法，让读者对时装画有更加完整的了解。最后讲解了马克笔时装画的风格表现，让读者掌握更多风格的表现方法。

本书适合服装设计师、时尚插画师、时装爱好者和手绘初学者进行学习和临摹，同时也可以作为服装设计院校和服装培训机构的教学用书。

◆ 著　　　　袁春然
责任编辑　杨　璐
责任印制　马振武

◆ 人民邮电出版社出版发行　　北京市丰台区成寿寺路 11 号
邮编　100164　　电子邮件　315@ptpress.com.cn
网址　http://www.ptpress.com.cn
北京雅昌艺术印刷有限公司印刷

◆ 开本：889×1194　1/16
印张：20.5　　　　2023 年 4 月第 1 版
字数：689 千字　　　　2023 年 4 月北京第 1 次印刷

定价：199.00 元

读者服务热线：(010)81055410　印装质量热线：(010)81055316
反盗版热线：(010)81055315
广告经营许可证：京东市监广登字 20170147 号

前 言

非常荣幸，这本书被你翻开。我是春然，很高兴认识你。

筹备这本书，算下来应该有4年的时间。从2015年的《时装画马克笔表现技法》，到2017年的《时装时光——袁春然的马克笔图绘》，再到如今，每一本书籍大纲就像是一张充满了填空题的试卷，题目涉及不同的范围、不同的题材，时间慢慢流逝，纸张、画笔、墨水被慢慢地消耗，填空试卷逐渐被一一对应填满，然后不停地修改、审阅，最后印刷装订，安静地展现在你的面前。

我对书籍，或者说出版书籍一直有比较深的热情，这件事漫长而深远。编写一本书需要时间，在这个过程中，将自己以往的技法和知识汇总成章节，从而获得一个相对完整的知识体系，并收获成长。而书籍被出版，有使命、有销售周期、有评判、有机缘，它会带着我、编辑及出版社的期待，去往很多角落，被观看、被阅读、被使用。这个旅程就像一个完整的人生，而我作为孕育它的主体，给予它很多期待和关切，因为被印刷在纸张上的每一幅画、每一段文字，就像是我的神经一样，布满整本书。这是我有幸可以做到的——作为个体存在的无形的扩张方式，于我而言它是悄无生息的陪伴；于你而言，作为教程性质的图书，如果它有助于你的学习和成长，是我的荣幸，也是我的期许。

这本书的内容结构非常完整、系统。由于内容繁多，数次面临被删减的命运，目的是顺应市场上大家对于教程书籍厚度的认知。幸运的是，最终它的内容被全数保留，一方面是因为这六章缺一不可，每一次递进都有助于学习的过渡和进阶；另一方面，这样的结构基于我希望展示给大家一系列完整的绘画方法，其中几乎没有重叠的技法，也没有雷同的案例，这是我从事多年时装画教学工作的经验汇总，我希望完整地被记录下来。

最后，感谢一直和我并肩作战的编辑，感谢支持这本图书得以问世的人民邮电出版社。感谢时装画，它开始是我的爱好，是陪伴，现在是工作的一部分，偶尔觉得疲惫，但是相伴的感恩从来没有减少过。也要感谢因为时装画而认识我的你们，你们的支持是我不断前行的动力。

2022.年.秋.于北京

袁春然

目 录

Chapter 03 时装画人体

Chapter 04 服装材质的表现

目 录

Chapter 06

马克笔的风格表现

01 Chapter

马克笔的选与用

马克笔本身可以实现的画面效果其实并不多，看起来丰富是因为使用了多种画笔进行辅助。不同种类的画笔相互搭配，往往会给画面带来惊喜。铺陈的方式、色彩的渐变、过渡的方法、笔触形状的变化等，它们让画面变化多样，具有层次，也展现了马克笔的可塑性。

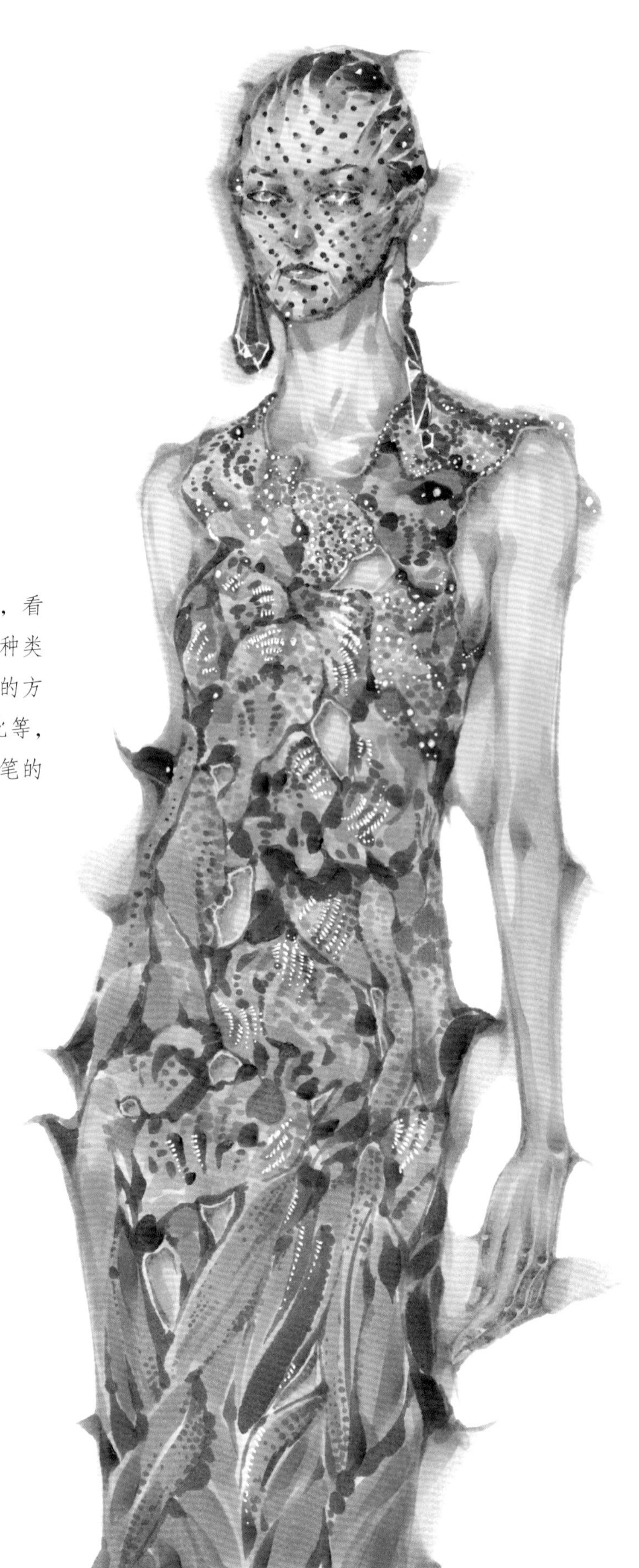

1.1 需要用到哪些工具

马克笔作为时装画最主要的着色工具之一，颜色丰富，可以表现出具有高饱和度、高透明度、强视觉冲击力的色彩和特点鲜明的笔触。但因马克笔自身的不足，绘画时有两点需要下功夫：首先，碍于笔尖的形状，用马克笔能够绘制出的笔触形状有限，所以在表现服装面料时，需要尽可能地了解褶皱的形态和结构，才能通过有限的笔触较好地表现出面料的柔软质感；其次，马克笔的色彩调和性较弱，但色彩相互叠加能够形成一定的色彩变化，所以如何“搭配”颜色使之产生画面所需的效果，也就成为绘制需要注意的地方。

为了尽可能发挥马克笔的优势、规避其不足所带来的问题，就需要掌握马克笔的特点，做到选用得当。当然，为了完善马克笔时装画的效果，还需要一些辅助的绘画材料：刻画细节需要借助精细的勾线笔，铺陈背景可以借助喷枪或者宽头马克笔，规范轮廓和明确结构转折则可以借助小楷笔完成。总之，充分了解和掌握绘画材料的风格特点，并对它们进行搭配使用，是完成完整画面的重中之重。

1.1.1 马克笔怎么选

宽头马克笔：笔尖的宽度为20mm左右，可以通过控制笔尖与纸张接触的面积来调整笔触的形状，适合大面积铺色或绘制背景。

软头马克笔：方头的一面适合平整地铺陈颜色及层叠铺色；用软头的一面绘画时会因用笔力度的变化出现颜色的深浅变化，适合刻画细节，塑造明暗关系。

酒精性马克笔：渗透力强，颜色融合充分，适合平涂大面积颜色或晕染背景。

硬头马克笔：笔尖为多面棱台，适合铺陈平整的颜色。笔触之间的重叠痕迹较小，反复叠加笔触时，颜色的变化也不大。

水性马克笔：笔触有明显的边界，笔触重叠时会出现明显的叠痕，适合绘制格纹图案或者透明质感的面料。

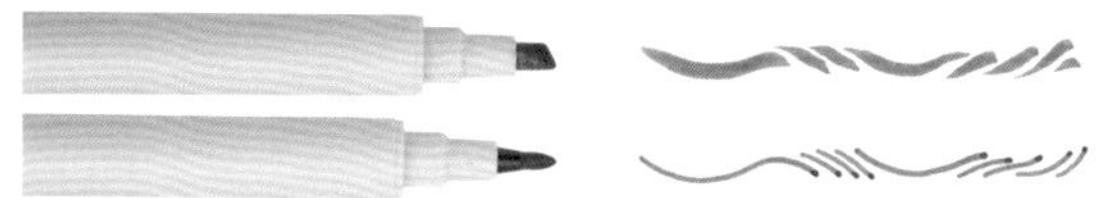

马克笔喷抢：可以调整与纸张的距离，喷绘出不同面积的色块和虚实效果，也可以借助模板进行背景、细节的绘制，还可以制作出柔和的渐变色。

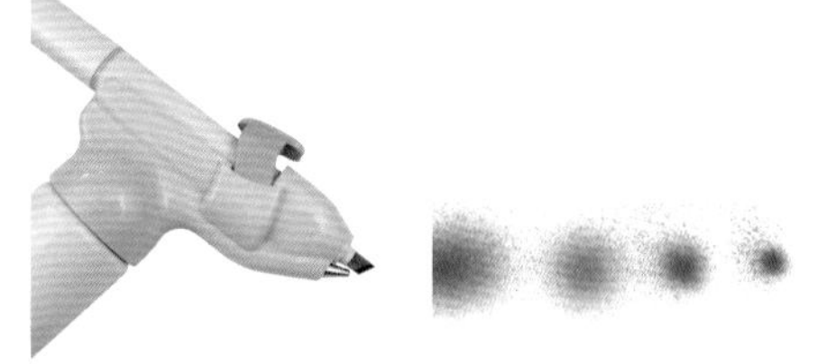

1.1.2 其他辅助性画笔

高光笔：有较强的覆盖力，通常绘制在底色之上，用来提亮高光、添加光泽感或表现细节。干固以后可以再覆盖其他颜色。

黑色书法笔：笔尖弹性较好，可以用于绘制轮廓，丰富画面细节，增强视觉冲击力。

彩色书法笔：颜色丰富、清透，但笔触较难控制，可以绘制出多变的线条。适合勾勒轮廓，表现出褶皱的丰富性。

中硬细尖小楷笔：笔尖较硬，适合绘制头发的细节或轻薄的面料边缘，可以绘制出非常微妙的线条变化。

彩色水性秀丽笔：笔尖弹性较强，墨液流畅，可以绘制出充满力量感、富有变化的线条，适合勾勒厚重、起伏明显的面料。

水性彩色小楷笔：颜色丰富，可以通过颜色的叠加绘制出精致的渐变效果，一般适合刻画五官、妆容等细节，或者表现配饰的质感。

彩色勾线笔：笔尖较硬但有一定的弹性，绘制出的线条流畅顺滑，适合表现格纹细节，或者用来绘制均匀的边缘轮廓线。

针管勾线笔：笔尖较硬，绘制出的线条精细均匀，颜色比较稳定，不容易被晕染，适合表现五官细节或局部精细的装饰。

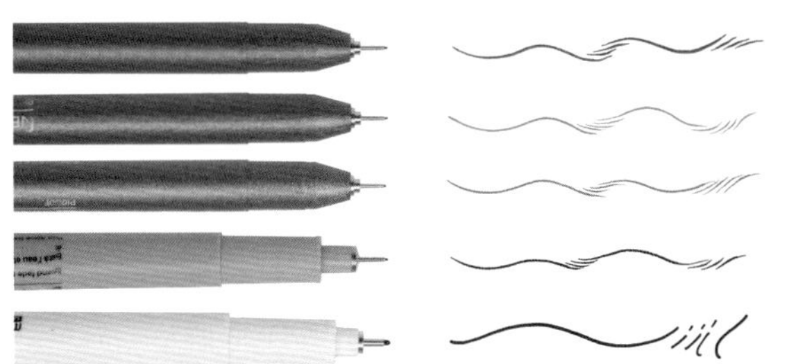

单色油性小楷笔：笔触弹性适中，比较容易控制，对于勾勒面料边缘、缝合线及头发细节等都是较好的选择。

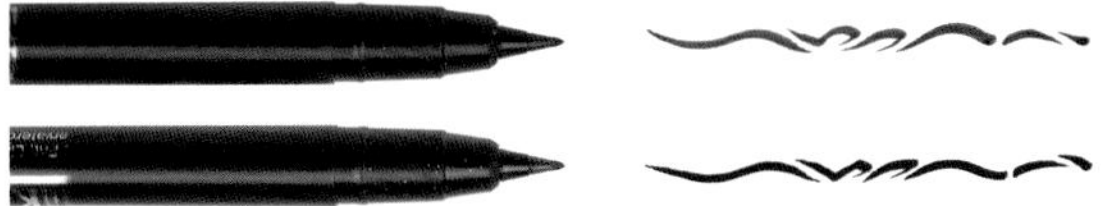

彩色自动铅笔：可以对局部的颜色进行细节补充，但是需要叠加在马克笔绘制的底色之上。

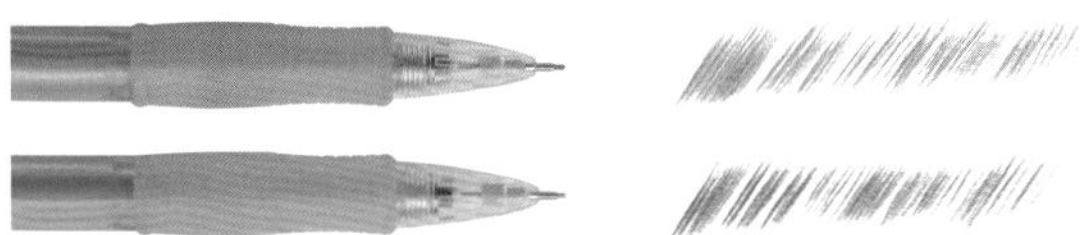

彩色铅笔：给时装画着色的基础工具之一，颜色丰富，适合绘制渐变的、细腻的色彩，可以用来表现面料质感。

自动铅笔：用于起稿、绘制草图，便于擦除。

1.1.3 马克笔时装画常用的纸张

速写本：纸张较薄，容易被墨液渗透，适合平涂颜色，形成类似水墨的效果。不适合精细刻画，可以作为练习时的辅助材料。

灰色卡纸：吸水性中等，不利于过于精致的刻画。但是灰色的底色能够很好地衬托一些特殊面料或配饰的质感，尤其能够增强高光的效果。

马克笔专用本：纸张有背胶，墨液的渗透恰到好处，适合大面积铺陈颜色，也适合进行精细的刻画，不会出现渗透、损坏等问题。

马克笔专用纸：吸水性较强，大面积铺陈颜色时会出现明显的渐变色，适合绘制细节丰富的光感面料，但不适合绘制平整的大背景。

从左到右依次为速写本、灰色卡纸、马克笔专用本、马克笔专用纸

1.2 马克笔的勾线技法

马克笔作为一种快速表现的绘画材料，其艺术特色主要以笔触的变化为主。根据马克笔时装画的绘制步骤及笔触的作用，我们将多种多样的笔触进行归纳，可分为用于勾线的笔触和用于着色的笔触两大类，而马克笔的基础技法也是围绕这两大类笔触的变化展开的。

点、线、面是构成画面的三要素，不同形态的点、各种变化的线条、不同笔触排列出的面，传递出的艺术语言和视觉感受是不一样的。在充分了解区别之后，可以更加明确下笔的力度，更好地控制笔触效果。

1.2.1 用线条对形体和明暗关系进行归纳与提炼

在马克笔时装画的绘制过程中，线条的使用较为常见。除了用线条来表现不同的材质，更重要的是用线条来塑形，即对轮廓或边缘进行强调。尤其是在快速表现中，着色的笔触不够精准时，用于塑形的线条就显得至关重要。

我们一般可以根据线条的形态，把线条分为均匀的线条、有粗细变化的线条，以及以线代面的线条。使用的勾线工具不同，用笔方法不同，线条的形态也会产生巨大的差异。在下列案例中，将为大家展示不同线条呈现出的效果及绘制方法。

轮廓与结构暗示

这是一个行走过程中的模特，面料呈现出丝滑柔顺的质感，所以要将面料覆盖下的身体轮廓曲线完美地呈现出来。身体的结构和关键的转折处可以通过线条的勾勒来展现起伏效果。由于光影的变化，一些主要的位置可以适当调整曲线的层次，如胸部、腹部、膝盖等，都可以通过绘制不同力度的线条来表现人体和褶皱的关系。

通过线条的叠压塑造空间关系

线条的粗细变化，可以让服装更具层次感。案例中手臂和身体的空间关系，就是依靠线条的粗细变化和叠压进行诠释的。距离观者最近的袖口，使用的线条肯定有力，并且线条的粗细变化反映出了褶皱的走向和层叠褶量的大小，从而塑造出公主袖蓬松的体积感。衣身上的褶皱线条较为纤细，和袖子拉开距离，以此来完善整体的层次细节。

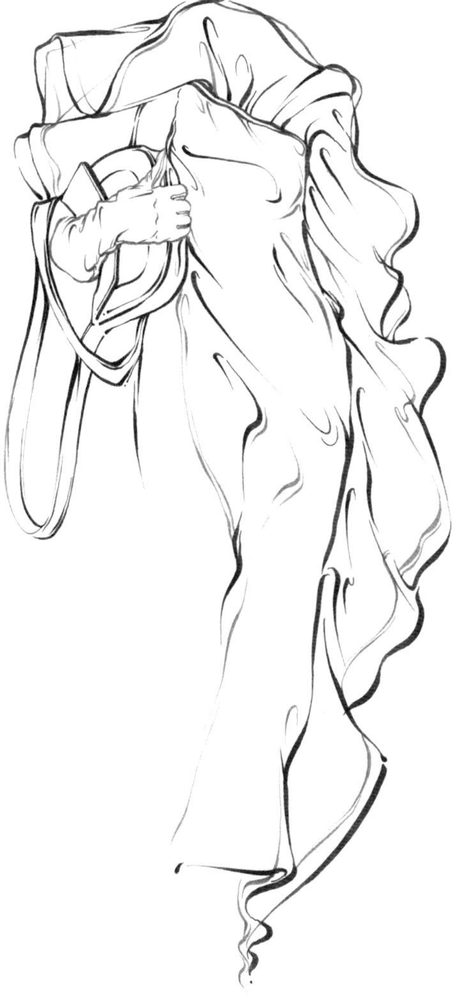

规划线条的疏密对比

根据衣服的结构来规划线条的疏密关系，形成视觉上的对比。身体的轮廓可以使用较为连贯而有力的线条进行勾勒，被遮挡的部位也要表现出“笔断意连”的效果，给人简洁而肯定的印象。飘动在身体周围的荷叶边，其褶皱呈现出放射性的方向感，再根据褶皱的层叠关系来组织线条。较为密集的线条能够很好地诠释轻薄面料所产生的细长褶皱，以此让画面形成疏密对比关系，突出细节的变化。

1.2.2 多种绘画材料结合进行线条的绘制

在这组案例中，使用到的勾线工具不止一种。根据绘制对象的质感、形态及造型来选择画材，不同性质的线条在画面中自然产生了不同的效果。

均匀的线

主要使用针管笔来绘制均匀流畅的线条，一般用来表现五官细节和皮肤的轮廓，形成细腻微妙的转折，起到明确边缘线的效果。

微妙变化的线

小楷笔的笔尖软硬度适中，弹性较强，直立用笔可以绘制出变化细微的线条，侧锋用笔可以绘制出宽实有力的线条转折。在行笔过程中，中锋用笔和侧锋用笔的变化可以通过“转笔”的方法调整笔锋来实现，将两种用笔方式结合起来，可形成更丰富的变化。小楷笔绘制的线条比较适合用来表现贴合身体、质感细腻的面料。

以线代面的线

直接使用马克笔绘制线条时，可以依靠马克笔笔尖的多角度变化，绘制出富于变化的线条。由于线条较宽，因此更加适合表现硬挺的面料，鲜明的变化更能展现出线条本身的质感和轮廓的转折。

硬头马克笔绘制出的笔触，既可以看作一条宽线，也可以概括为简单干净的块面，或者在运笔过程中转动笔尖绘制出锋利的转折效果。而软头马克笔可以借助笔尖的弹性，通过按压或者转动笔尖进行更为精细的角度控制，绘制出更多变的笔触，从而更准确地表现出面的形状变化。

1.3

马克笔的着色技法

当画面已经建立起一个较为完整的线条框架时，就可以用笔触构成块面，进而塑造出体积效果。不同的用笔方式会形成不同的着色效果，本节将介绍和展示平涂、叠色、笔触着色及渐变效果等几种在用马克笔绘制时装画时常用的着色技法，并通过具体的案例将这几种技法的应用效果直观地展现出来。

马克笔的着色和笔触形态的变化是一个相辅相成的整体

1.3.1 平涂底色

单色，或底色为单色的服装，适合使用平涂底色的技法，可以使服装呈现出完整的轮廓感。尤其是不具备较强光泽感的单色面料，在平铺底色后，通过刻画暗部的褶皱和纹理细节的变化来塑造服装的体积感。如果是具有纹理和花纹的单色底色服装，体积感的塑造则可以通过图案的变化来完成。

单色亚光大体积感表现

❶ 绘制完整的线稿，将表现外轮廓的线条和衣服褶皱的内部线条进行层次上的划分，在视觉上有所区别。

❷ 选择在视觉上较为稳定的水红色进行整体底色的铺陈，用笔力度均匀，色彩平整即可，在触及轮廓和裙摆底部的边缘位置时，保留高光和褶皱的空隙，可以让画面有较好的透气效果。

❸ 选择上身的褶领、夸张的袖子及腰身，进行暗部褶皱笔触的排列和绘制，对已经存在的线条褶皱进行块面的叠加，形成区别于底色的笔触，塑造出服装包裹住身体的体积感和褶皱的立体感。

❹ 塑造裙摆。摆脱身体结构的局限，对裙摆造型进行夸张和提炼，根据褶皱的形态进行笔触的绘制，刻画出褶皱层叠的细节，完善画面即可。

单色柔软细纹理表现

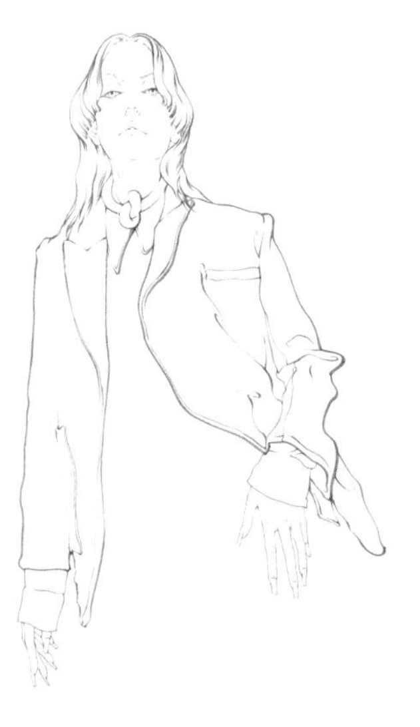

①绘制完整线稿，针对西装外套的质感，使用平滑连贯的线条进行勾勒。对于袖肘部分的细节，使用较为精细柔和的线条来绘制。

②根据服装的结构部件和轮廓变化，为服装整体铺陈底色，利用留白来划分边缘。

③选择与底色匹配的两个色号进行纹理细节的绘制，这两个色号一深一浅，但都深于底色。先使用较深的颜色进行纹理的排列。

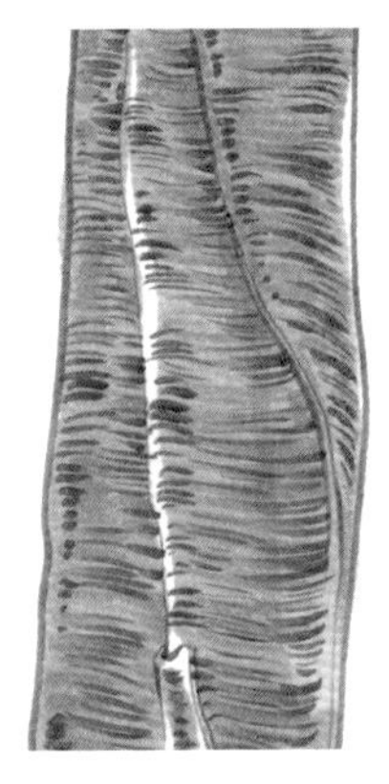

④使用较浅的颜色绘制过渡的颜色，将深色纹理进行延伸，以通过纹理的颜色变化，呈现出体积感的变化。

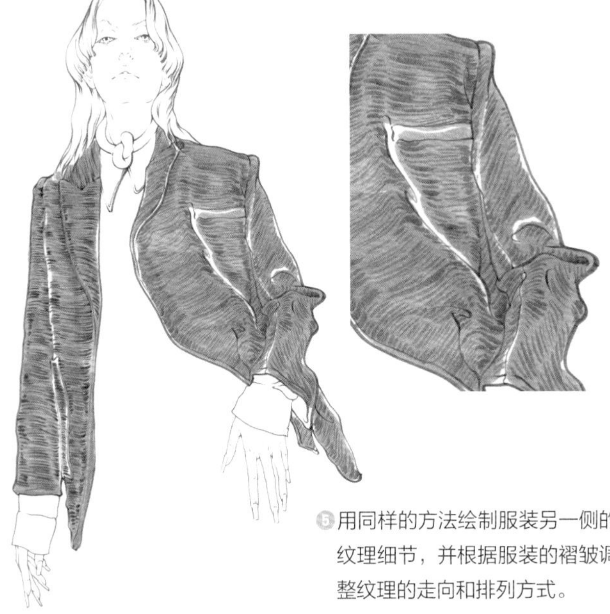

⑤用同样的方法绘制服装另一侧的纹理细节，并根据服装的褶皱调整纹理的走向和排列方式。

⑥使用较深的颜色晕染服装的暗部，叠加阴影效果，使整体服装具有明确的起伏变化，在质感上表现出适当的光泽。

单底色带花纹表现

❶ 绘制人物造型，以及服装的轮廓线和褶皱细节。

❷ 选择领子区域，进行底色铺陈，可以根据纱向来用笔。

❸ 用同样的方式将整个衣服的底色铺陈完成，不需要将颜色涂死，可以保留笔触自然交叠的痕迹，显得较为透气。

❹ 分析服装印花的形态，为了更快速地进行花纹的绘制，可以分为横向和纵向的笔触交叉绘制。先选择一个方向，这里选择横向，用方点状的笔触排列绘制。

⑤针对该区域的花纹，用深色进行叠加，增添花纹的层次。

⑥用同样的方法，绘制其他部位的花纹的横向点状笔触。根据服装褶皱的起伏，笔触的宽窄形状和排列的疏密应进行相应的变化。

⑦绘制纵向的笔触，与横向笔触相交叠，完成整体的花纹绘制，形成规律排列的印花效果。

⑧使用比底色稍微深一点儿的颜色，对服装的暗部和阴影进行颜色的叠加，形成较好的体积效果，完成该案例的绘制。

1.3.2 用笔触变化直接着色

马克笔的笔触会受到笔尖形状的局限，但也正因为笔尖的形状，马克笔可以展现出独具特色的笔触，在绘制服装面料的图案和印花时，可以展现出更为鲜明的面料特征。以简洁、干脆、明确的笔触塑造复杂的图案细节，正是马克笔的魅力所在。

条纹上衣的绘制

❶ 使用针管笔和小楷笔绘制线稿，清晰准确地描绘出五官细节、服装轮廓和褶皱变化。

❷ 观察服装的褶皱，使用宽头颜色较深的马克笔，绘制褶皱暗部的条纹。

❸ 根据褶皱的走向，选择较浅的颜色，使用同样的笔触与暗部笔触衔接，绘制出亮部的条纹。这可以让条纹本身产生深浅变化，使其融入到服装整体的明暗关系中。

❹ 用同样的方式绘制右侧衣身和袖子的暗部区域，使用方头马克笔排列线条，绘制条纹走向，尽量还原条纹因褶皱起伏所导致的变化的细节。

❺ 用同样的笔触形状排列亮部线条，与暗部衔接。在转折突出位置进行留白，但同时要保证条纹的连贯性，完成条纹的整体绘制。

❻ 使用较浅的紫灰色，绘制服装的暗部和褶皱的投影，表现出立体感。

叠染效果纹理表现

1 使用勾线笔，用均匀的细线绘制出人物形象以及身体的轮廓。针对面料的弹力特性，在必要位置进行褶皱的绘制。

2 分析印花的颜色构成，选择浅紫色的软头笔，用“扫笔”的方法绘制图案，将图案铺满整个印花区域。

3 选择较深的颜色，用同样的笔触对局部印花区域进行叠加晕染，用更细小的笔触营造图案细节。

4 根据浅紫色的底色，完成深紫色笔触的叠加。

5 重复笔触的形式，在相应的位置绘制浅橙色，在颜色上与深紫色形成对比，在笔触形状上与紫色笔触相呼应。

6 用较深的橙色在浅橙色上依次进行局部叠色，笔触的形状和方向保持统一，使局部印花具有颜色变化，细节更加丰富。最后使用浅灰色对暗部进行晕染，完成整体的塑造。

岩石花纹上衣的绘制

❶ 使用勾线笔绘制完整的五官细节，用明确而连贯的线条绘制服装的轮廓。

❷ 上衣划分为纯色区域和印花区域。用暗红色绘制纯色的区域，笔触使用平涂形式。

❸ 绘制左侧袖口的图案，平涂出底色区域，再用有粗细变化的波浪线绘制出印花图案细节。

❹ 针对面积较大的印花图案，借助方头笔尖，利用笔尖的多角度绘制出轮廓起伏变化的宽曲线，尽量与印花的花纹接近。

❺ 更换笔触形式，使用软头的一端，绘制宽窄变化更为明显，转折更多的线条，填充在宽曲线之间，完成图案的细节绘制。

1.3.3 渐变色的表现

与水彩和彩铅相比，马克笔在渐变色的绘制上并不具备优势，色彩的晕染与过渡较为繁琐，需要用多种色阶的颜色不断衔接与叠加，来完成渐变色的绘制，所以要求绘画者准备色阶相邻的色号，并对其进行色阶的排列。大面积渐变色是马克笔较为弱势的绘画形式，但是针对具体图案和印花进行层叠晕染，能够较好地控制色彩变化，展现出较为自然的渐变效果。

单色渐变与晕染过渡

① 针对案例的颜色特征，使用不同色阶的蓝色绘制服装的外轮廓线条和褶皱线条。

② 单色渐变图案可以从最深的颜色开始绘制。用墨蓝色绘制图案的起始部分，手肘褶皱的区域要注意色块形状的变化与褶皱相关联。

③ 尽量选择相近的颜色，对起始色的边界进行拓展，逐渐形成渐变。

④ 用同样的方法，选择浅一号的颜色，在上一个颜色的边缘区域进行叠色，再将较浅的颜色推开，进行大面积的晕染。

⑤ 注意在绘制较浅的颜色的过程中，要考虑到褶皱本身形成的光影效果变化。

⑥ 最后使用最浅的蓝色，完成蓝色与白色的衔接和过渡。

多色渐变与晕染过渡

❶针对服装的颜色分布，使用不同的勾线笔来绘制线稿：头部使用棕色针管笔、上衣使用棕色小楷笔，领口、手臂及裙摆则使用黑色小楷笔。

❷选择钴蓝色作为起始色，在手臂和衣身的相应位置绘制出条纹图案。

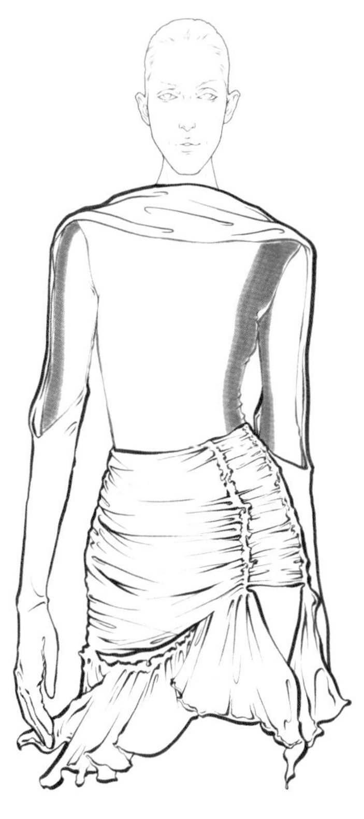

❸使用与钴蓝色较为接近的淡紫色，对蓝色进行叠染，并在钴蓝色的边界处向外进行扩展，直到渐变成淡紫色。

❹以相同的方式，使用橘色对淡紫色的一侧进行叠色，并在边缘处进行颜色的扩展。

❺橘色和浅紫色是对比色，如果晕染不自然，可以在边缘处使用较浅的同类色反复进行晕染。

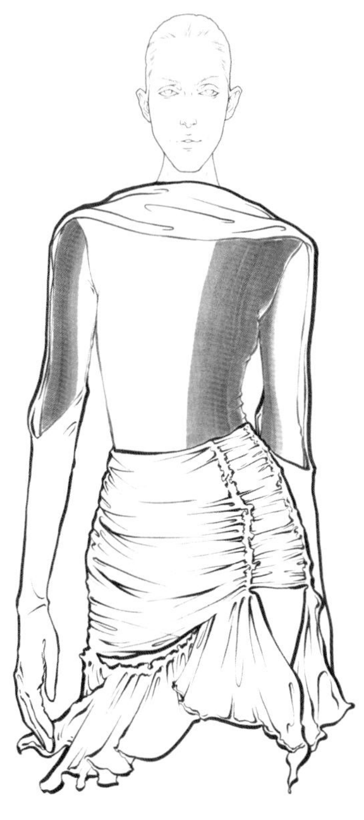

❻选择与橘色接近的浅水红色继续叠加过渡。

⑦ 选择与水红色接近的肉粉色继续进行渐变，完成自然的过渡后，用肉粉色平涂出所需图案的宽度。用同样的方式，对袖子上的图案进行颜色的晕染。

⑧ 使用较浅的橙黄色，在空白区域铺陈出条纹的底色，边缘处的用笔力度放轻，使颜色稍浅，形成与留白处的过渡。

⑨ 依次使用深黄色与灰紫色在浅橙黄色上进行叠压染色，形成自然过渡，完成整体渐变细节的绘制。

渐变色图案的晕染与过渡

❶ 使用勾线笔绘制完整的人物造型细节和服装的轮廓。

❷ 针对图案的内容，使用“点”画的方式，对关键的结构区域进行绘制。

❸ 用同样的手法，选择浅一号的颜色来拓展红色区域。由于要衔接其他色相相近的颜色，因此在绘制过程中，靠近边缘的位置，可以使用“扫笔”的方式来减淡颜色的浓度。

❹ 红色系和黄色系都属于暖色，不论是色相还是明度，这两个色系的颜色用来表现渐变会显得比较自然。使用深黄色，先对红色进行覆盖，进而扩展出本身的笔触形状，增加图案的层次。

❺ 使用较浅的黄色，进一步进行晕染和绘制，使色块的边缘与留白区域有更好的衔接效果。同时用较浅的红色及小楷笔绘制图案中眼睛和嘴巴的细节。

❻ 完善画面，对深色区域的颜色进行叠加晕染，进一步加重暗部，丰富细节层次。添加眼珠、唇中缝等细节，完成图案的绘制。

02 Chapter

头部特写

我始终觉得，“面貌”是时装画区别于其他绘画的要素之一，时装秀场上的模特永远保持着高度亢奋的状态，用短暂的几十秒演绎风格和时代的变化，他们表现得张扬、性感、强势或者平静，因此尽管他们带着某种程式化的表情出现，却可以俘获人心，抓住人们对于美、对于前卫、对于潮流的向往。在这一章里，我画了很多面孔，展现不同的肤色、五官的变化、头发的流动，用详尽的步骤告诉大家，生动并不是一蹴而就的，而是细节的真实性带来的感受。

Yohji Yamamoto
Fall 2017.
Illustration
2021.11.26

2.1 头部的比例与五官结构

头部的表现包括头部比例和五官结构两部分。

头部比例是指五官在整个头部的分布情况，包含相对位置和大小关系，一般情况下可以借鉴通用的比例数据来定位，但是东方人和西方人的头部骨骼形状不同，比例数据的应用上也有一定区别。目前所采用的通用比例数据，是根据黄金分割理论和平均数据总结、优化而来的。熟练应用头部的比例数据，就可以绘制出准确、视觉上舒适的头部造型。

五官的结构，在时装画中一般指立体构造和造型细节。立体构造是指五官的体积状态，例如眼球的体积、眼睑的厚度、鼻子的凸出程度、上下嘴唇的转折等。而造型细节则是在熟知这些基本的结构知识之后，对五官轮廓细节和特征的表现，这也是在人物绘制中最富魅力之处，想要生动地绘制出人物形象，学会观察和抓住人物面部的特征就尤为重要。

2.1.1 头部与五官的比例关系

一般讲到头部与五官的比例关系时，我们都会提到“三庭五眼”的基本比例规范。它的依据是把面部放在一个坐标系中，从横向和纵向两个方向进行衡量。横向划分为“五眼”，即把面部包括耳朵在内的宽度划分为五等份，其中两只眼睛刚好在第二段和第四段的位置；纵向从发际线到下颏底部的长度，划分为三等份，这三段称为“三庭”，眉弓骨和鼻底是三等分的分界点。在对基本比例有一个比较明确的划分标准后，就可在此基础上定位五官的位置，进而完成五官的绘制。

正面头部的绘制

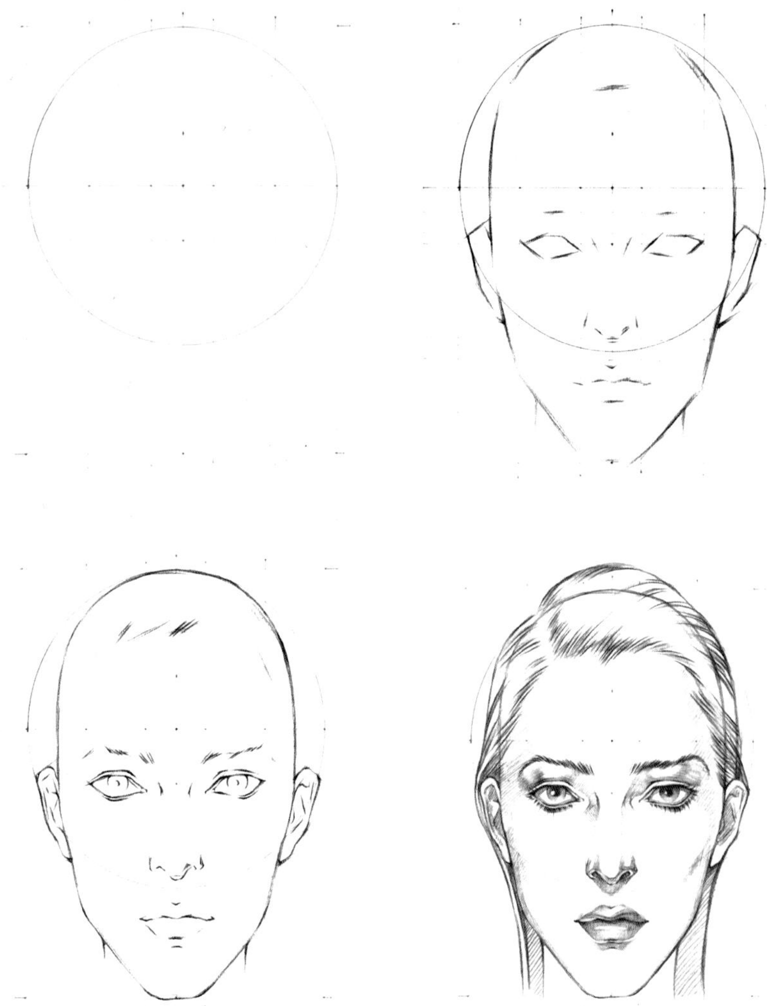

1. 先绘制出圆形，将圆形的直径分成三份，向下延伸一份，形成3：4的头部比例。找到整个头部长度的中线，即眼睛的位置。再将中线划分为五等份，即“五眼”的宽度。
2. 在“五眼”的基础上绘制出眼睛的位置。确定眉弓骨，眉弓骨到下巴的中间处是鼻底的位置，绘制出鼻子的形态，可以通过内眼角的垂直下延线来确定鼻翼的宽度。确定三庭的高度后，再确定发际线的位置。绘制出耳朵的形状，耳朵的位置对应中庭。在鼻底到下颏的1/3处确定唇裂线的位置，再根据眼珠内侧的垂直下延线确定嘴巴的宽度，然后确定上下唇的厚度。眼珠外侧的垂直下延线可以确定脖子的宽度。面部轮廓的绘制可以通过确定不同的骨点转折来完成：耳朵的中间位置对应颧骨的转折，嘴角的水平位置对应下颌骨的转折，再根据下巴的形状找到下颏结节的转折位置。根据这些坐标，就能够绘制出人物面部的轮廓。
3. 确定了五官的基本位置之后，用肯定的线条描绘出五官的形态。在发际线的位置绘制出发根走向，从而完成面部的基本造型。
4. 使用铅笔排线形成明暗色调，来强调五官结构的转折和起伏，加强五官的立体感。明确头发的走向和层次，完成对正面头部的绘制。

3/4侧面头部的绘制

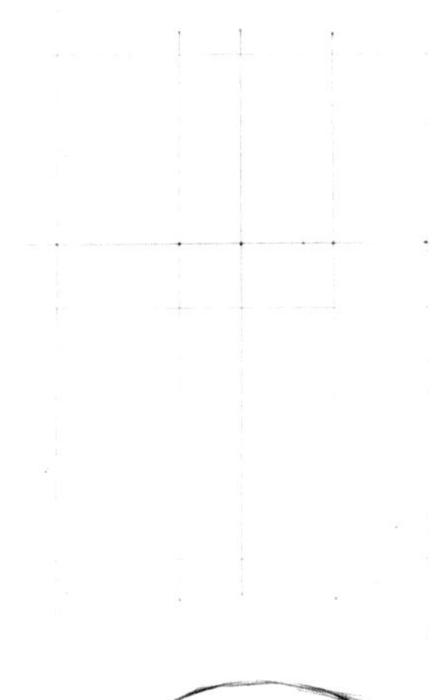

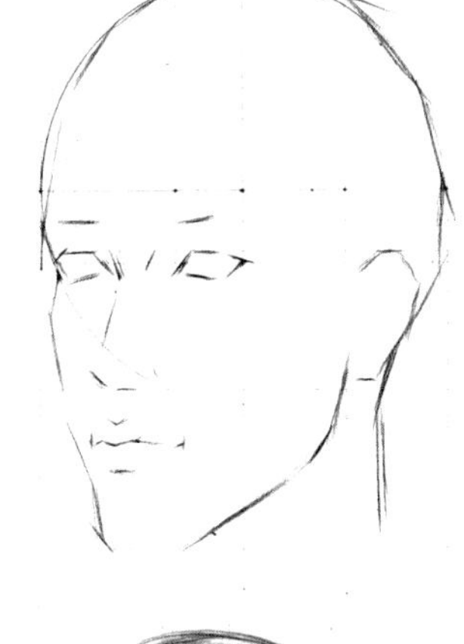

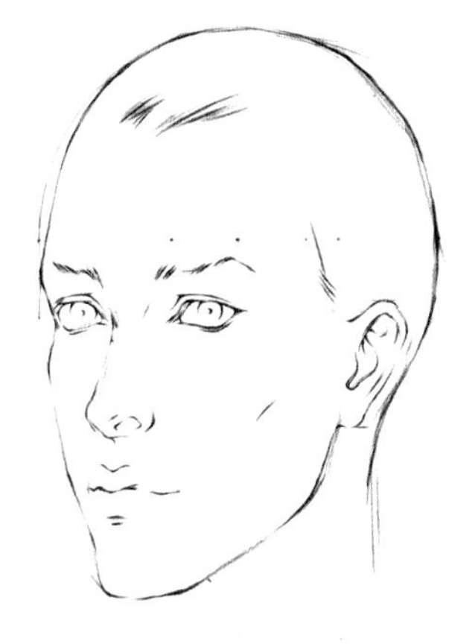

❶绘制出3/4侧面头部的轮廓，在3：4的长宽比例基础上，根据人的五官比例，按照“三庭五眼”的比例关系，从上向下依次确定出头顶、发际线、眉弓骨、眼睛、鼻底、唇裂线、下颏结节的位置。和头部正面相比，3/4侧面头部的主要变化为横向的五官比例变化。绘制时可先确定出一条纵向的中线，该纵向中线与横向中线交叉的点靠近外眼角的位置。此时按照“五眼”的比例将横向中线五等分，交叉点左侧占三等份，右侧占二等份。

❷根据近大远小的透视关系，在横向中线左侧分别确定出眼睛的位置及其间隔的宽度。根据右侧二等分垂直下延线的位置，确定出耳朵前缘的位置。根据3/4侧面面部轮廓转折处的重要结构，依次确定出上额结节、眉弓骨、眼角、颧骨的高点、口轮匝肌的肌肉线条、下颏结节的位置，并以此最终确定出面部的外侧轮廓。由于能够显现的面部内侧轮廓较大，因此可延伸下颌的宽度至耳朵下方，并在嘴角水平线对应的位置进行转折，最终确定出内侧的面部轮廓。

❸根据“三庭”的比例划分，绘制出发际线的位置，并确定头发的基本走向。使用比较肯定的线条，对已经确定出的五官进行深入描绘，将五官的造型状态初步绘制出来。

❹根据确定出的头部骨骼的轮廓，绘制出头发的基本轮廓，并使用排线形成明暗色调，绘制出五官的体积状态、骨骼转折及相应的立体感。

正侧面头部的绘制

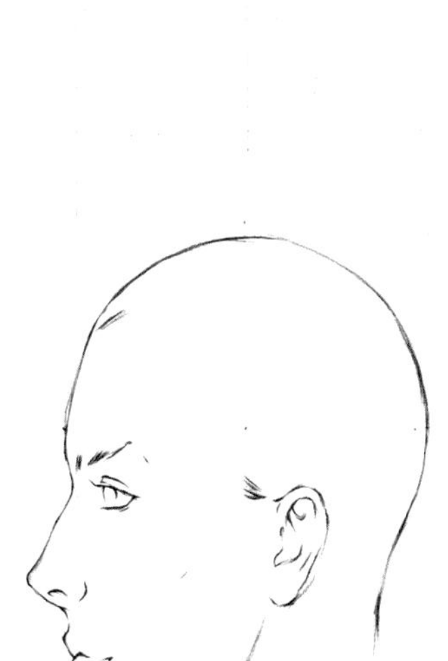

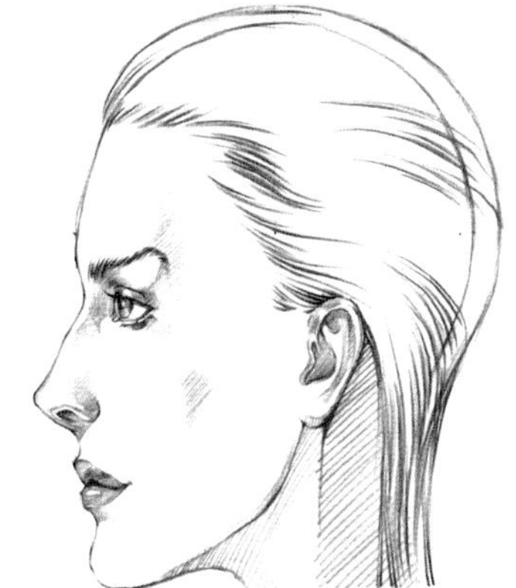

❶绘制正侧面的头部时，可在已有的3:4的比例基础上，向左侧延伸约1/6的宽度，预留出鼻子及嘴巴突出位置的大致空间来进行绘制。

❷正侧面五官的曲线是最明显也是最复杂的。一般来说，我们会把正侧面五官的起伏简单地归纳为“四高三低”。“四处高点”从上向下依次为眉弓骨、鼻头、唇珠及下巴;“三处凹陷”的位置分别为眉毛和鼻子的连接处、人中的位置，以及下嘴唇与下巴间的连接凹陷处。这7处重要的凸起和凹陷部位形成了正侧面头部的轮廓曲线。绘制正侧面头部时，先根据轮廓曲线确定出头部的基本形态，再依据“三庭”的比例划分找到鼻子、耳朵的相应位置。其中鼻子的位置最为突出，耳朵约在中线偏后的位置。

❸根据“五眼”的比例划分，确定眼睛、眉毛等的位置，进一步完善五官及头部轮廓的绘制。

❹使用铅笔排线形成明暗色调，绘制出额头转折及颧骨转折，并完善头发的基本走向。同时刻画出五官起伏产生的阴影，并塑造出立体感。

2.1.2 五官结构

时装画中，我们一般通过线条概括造型，并通过排线所形成的块面和光影来塑造形体质感。这些都需要通过五官来表现，这一节我们就来解决五官的结构问题。五官不单单是线条的勾勒，也是立体感的体现，想要绘制出生动的人物形象，就需要抓住其神态和表情表现。而要做到这些，就必须对五官结构有充分的了解，以绘制出真实感，同时还要注意影响整个画面层次的关键要素——质感的表现。

眼与眉

以人物为主的时装画中，眼睛是重要的元素之一，因为表情、神态、妆容等都需要通过眼睛去塑造，同时眼睛能够传递出的内容更多，也更加复杂。眼睛的结构包括眼珠和眼睑，两者之间为叠压和包裹的关系，不同的角度和妆容下，眼睛周围的变化非常复杂且微妙。

眉毛既不是骨骼的一部分，也不是肌肉的一部分，但是对于表情的塑造尤为重要。眉毛的生长有一定的方向，绘制时需要注意。眉毛由眉头至眉尾方向生长，绘制时从眼窝内侧向眉弓骨外侧描画，经过眉弓骨的位置后向下转折，转折位置的颜色较重。此外，眉毛的状态也十分重要，其形状和年代风格、人物性格及人物的表情都有很大关系。

在绘制人物面部的时候，眼睛和眉毛都是需要我们细心观察、谨慎塑造的区域。

正面的眼与眉

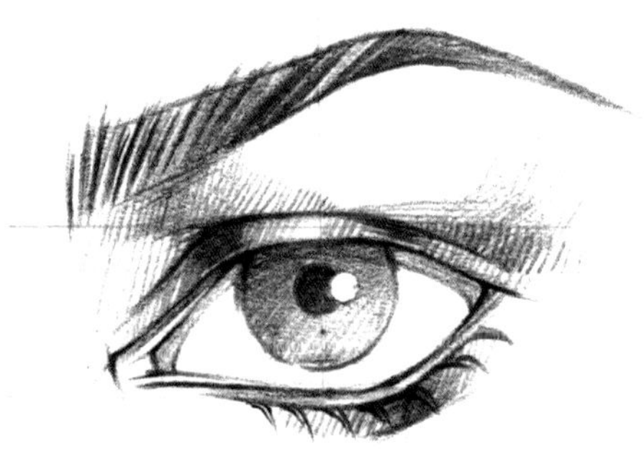

❶ 眼睛的形状可以简单地看作一个平行四边形。一般情况下，内眼角的位置低于外眼角。正视前方，眼睛处于自然状态下时，大概1/5的眼珠部分会被上眼睑覆盖，绘制时注意在眼角的位置表现出上下眼睑的厚度。眉毛部分可以用简单的双勾线体现出宽度，眉峰一般在中后段。女性的眉毛宽度一般由宽渐窄，绘制时要注意区分。

这一步主要用简单的直线线条，勾勒出眼睛和眉毛的形态，并确定出眼珠的位置。可以用相对轻松的线条进行勾勒。

❷ 使用平滑的线条绘制形体部分：眼睛的轮廓接近于杏仁的形状，注意表现出内、外眼角的形状及叠压的结构关系；精细地绘制出双眼皮的线条走向，同时表现出下眼睑的转折位置及厚度；在眼珠的中心绘制出瞳孔，注意线条间的衔接和轻重变化。

使用顺畅的线条将眉毛描绘出来，形成平滑的眉毛走势。

❸ 绘制出眉毛和眼睛的体积感、色调及质感。加重内眼角和外眼角的色调，突出上眼睑的弧度，同时配合双眼皮的色调体现出体积感和质感。使用排线加强下眼睑的色调，突出其厚度和转折区域。

绘制眼珠部分，注意表现玻璃体的颜色渐变，以形成半透明的状态，并保留高光形状，强化该部分的质感。

使用排线对眉毛进行绘制，保持一定方向的笔触变化。眉头部分的笔触可以清晰一些，以体现毛发的质感；中间转折部分可以适当加重，加强其与骨骼间的关联；眉尾处则进行弱化处理，软化毛发质感，保证形状感。

3/4侧面的眼与眉

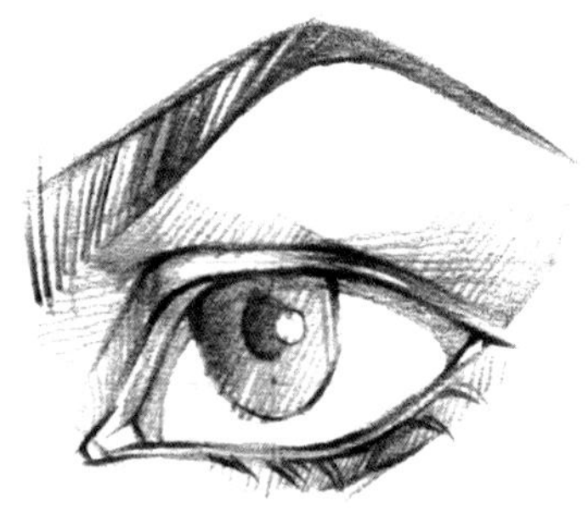

❶ 根据近大远小的透视原则，在3/4侧面状态下，眼睛的宽度会相应变窄，上下眼睑的弧度也会相应变得更为明显。由于眼珠处于眼球偏下的位置，眼珠的角度也会相应地产生倾斜。在立体结构上，由于侧视时眼睑的厚度更容易被观察到，因此内眼睑的厚度需要体现出来，以增强透视感。同时，眉毛的弧度也会相应地变得更加明显。

❷ 使用相对明确的线条，绘制出眼睛和眉毛的形体转折，使其更加顺畅。注意线条间衔接的叠压关系表现。

❸ 绘制出眼睛的色调，加深内眼角部分的颜色，同时注意外眼角连接眉弓骨处的转折。刻画上眼睑，营造出其厚度感，并绘制出眼睑在眼白上的投影。同样刻画出下眼睑的厚度，使眼睑包裹眼珠的层次感更强。使用渐变色调绘制眼珠的玻璃体部分，营造出质感，并保留高光的部位。在上下眼睑的中后方，以组为单位绘制出眼睫毛，注意自然分布。

保持一定的方向性绘制眉毛，注意在眉头部位表现出毛发的清晰质感。

正侧面的眼与眉

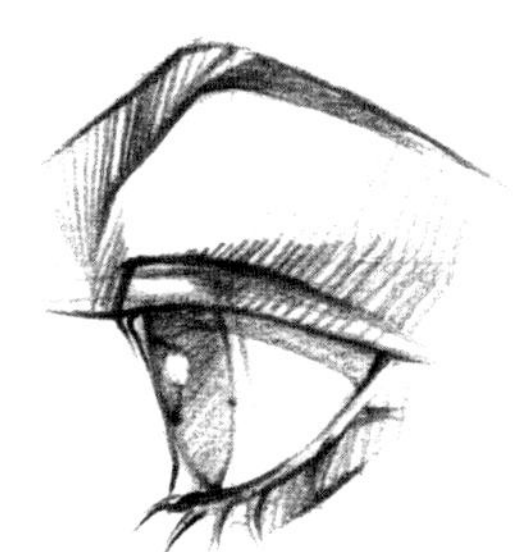

1 正侧面视角时，眼睛只能看到外眼角，眼珠的倾斜角度会更加明显，上下眼睑包裹着眼珠的感觉也会更加明显。眉头转向内侧后，能够看到的面积变得更小。

2 确定出眼珠的弧度，以及眼珠与上眼睑的关系。连接轮廓线条，确定眼睛的形态。

3 内眼角部分在正侧面角度下是看不见的。使用简单的色调绘制出向内转折的上眼睑，并绘制出外眼角连接眉弓骨处的转折。眼睑在眼球上的投影和上下眼睑的厚度，在正侧面角度下会更加明显，绘制时要注意加强。

眉毛的部分，由于透视的原因几乎只能看到中后段，绘制时注意透视关系及毛发质感的表现。

鼻

鼻子的立体感相对较强，因此在光影的影响下，其块面感也会比较强。绘制时我们可以把鼻子从上向下依次划分为：山根，即连接鼻子和额头的凹陷处；鼻梁，皮肤直接包裹着软骨组织，因鼻梁的高度产生左右两个侧面，是光影影响较大的位置，这部分的转折更为明显，高光的形状也更加清晰；鼻头，由于有肌肉组织，为了强调其质感，该处的高光会与鼻梁部分相互关联；鼻翼，鼻头两侧包裹着鼻腔的部分，低于鼻头的位置，绘制时要注意层次的区分；鼻底，在受到光照的影响时处于暗部，所以在向下转折的位置会形成比较明显的明暗交界线，绘制时这部分可以适当地进行强调；鼻孔，该位置在绘制时应适当地加深颜色；投影，一般在处于由上向下的光源环境时，鼻子产生的投影会投射在嘴唇上方的人中位置，这部分也需要注意。

正面的鼻子

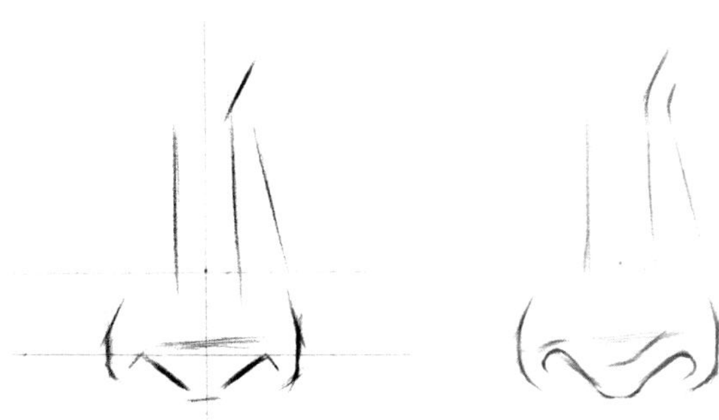

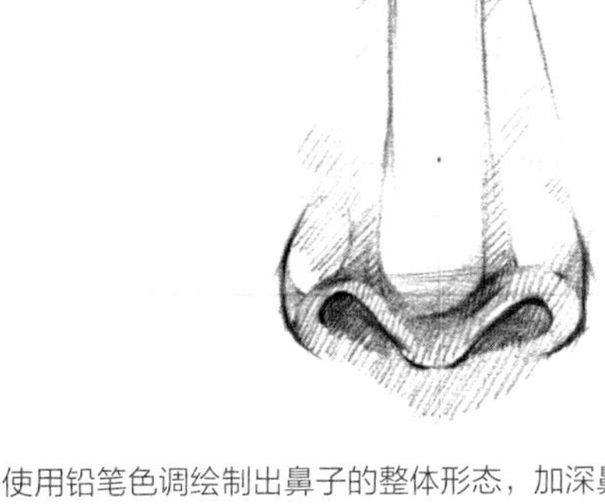

1 先大致勾勒出形体轮廓。可以把鼻子看作是一个立体的三角体，然后对其进行结构块面划分。正面划分出鼻梁的宽度，连接鼻头部分。左右为鼻子的侧面。绘制出明暗交界线，划分出鼻底区域。简单勾勒出鼻孔的形状和鼻翼的宽度。

2 在轮廓的基础上绘制出鼻翼和鼻孔，并强调出鼻底的明暗交界线。

3 使用铅笔色调绘制出鼻子的整体形态，加深鼻梁两侧的阴影，使其转折更加明显。绘制鼻头至鼻翼两侧转折的倾斜面，表现出高低层次。加深鼻底的明暗交界线，使鼻子的立体感更强。同时注意表现鼻底的反光，并与阴影部分进行衔接。

3/4侧面的鼻子

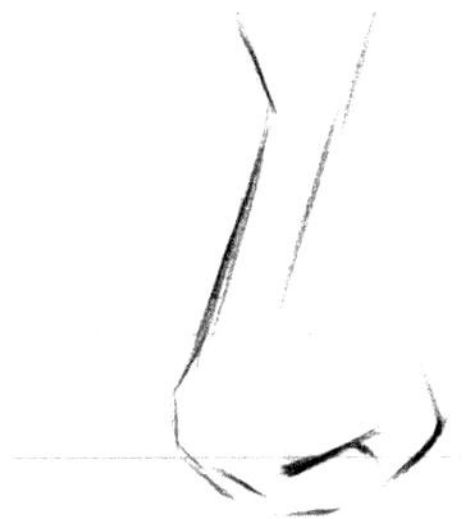

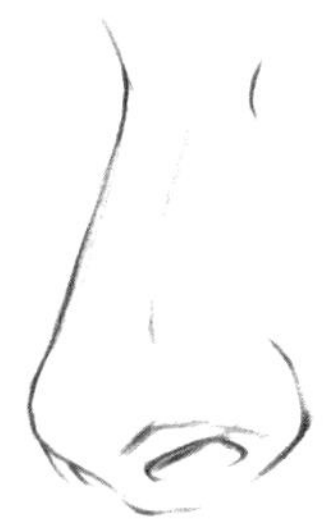

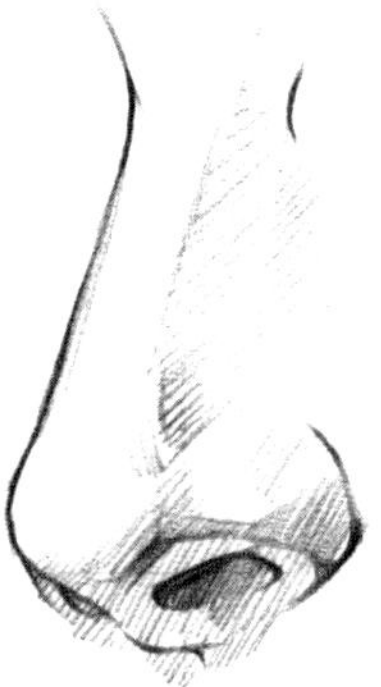

1 当处于3/4侧面角度时，一侧的大部分鼻翼会被遮挡，这时鼻梁的线条成为鼻子的主要轮廓线，靠近视线的鼻翼部分会更加突出。

先简单勾勒出鼻子的轮廓和明暗交界线。

2 明确鼻子山根的高度，框出鼻头、鼻翼的轮廓，确认明暗交界线走向。

3 加深所有侧面的颜色，包括鼻梁侧面、鼻头至鼻翼转折的侧面以及鼻翼侧面。注意与之关联的明暗交界线的处理。加深鼻底的颜色，绘制阴影的同时注意适当地保留反光。

正侧面的鼻子

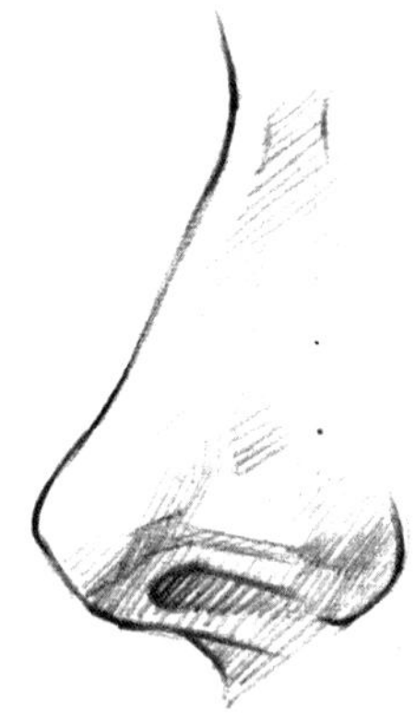

❶ 正侧面角度的鼻子主要以鼻梁的起伏轮廓为主要轮廓。从山根到鼻头，再由鼻头向下转至鼻底，绘制出侧面角度的鼻子轮廓。再确定出鼻翼和鼻孔的位置。

❷ 用长线条连接每个部分间关联的转折线，确定明暗交界线的位置。

❸ 对所有侧面进行色调铺陈，同时保持鼻梁正面、鼻头和鼻翼突出部分的高光层次。注意明暗交界线的变化，完成对鼻底和阴影部分的绘制。

嘴

从嘴的颜色来看，由于上嘴唇向内转折，处于背光状态，因此颜色比较深。下嘴唇由内转向外侧，再由外向下转折，形成的弧度使下嘴唇比上嘴唇更加饱满。嘴唇周围的肌肉结构为：上嘴唇的唇峰连接着人中；中间部分的肌肉为唇珠；下嘴唇连接下巴的凹陷处为颏唇沟，绘制时需要特别注意刻画该处的阴影。上下嘴唇自然闭合后形成的线条为唇裂线，由于上嘴唇的唇珠肌肉向下突出，左右两侧嘴角自然向上，因此唇裂线是轴对称曲线。

正面的嘴

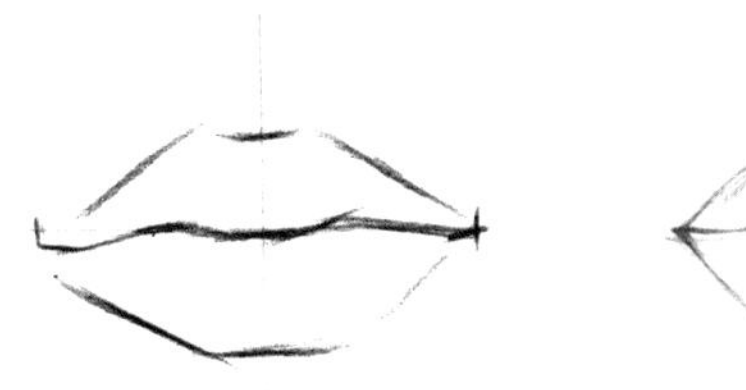

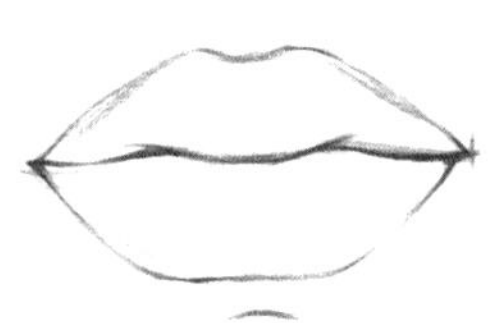

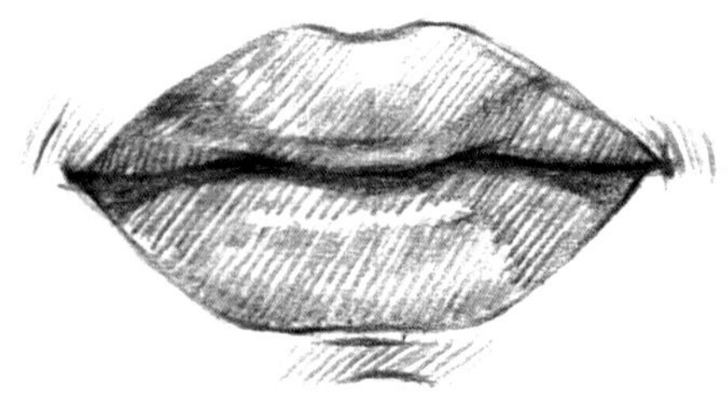

❶ 先确定出嘴的宽窄和基本形状，正面嘴的形状类似于菱形。

❷ 用线条进一步绘制嘴的形态，注意刻画上嘴唇的唇峰。再绘制中间部分的唇珠结构，注意唇裂线的线条转折。同时明确上嘴唇转向里侧形成的明暗交界线。下嘴唇的轮廓比较缓和，注意刻画嘴唇转折所产生的起伏。

❸ 为嘴唇上色。先绘制上嘴唇部分，向内转的明暗交界线处的颜色最深，向上颜色逐渐变浅。由于上嘴唇包裹犬齿，因此绘制时需要注意两侧的转折状态。再绘制下嘴唇部分，注意上嘴唇投射在唇裂线边沿的投影，先向外侧延伸，再向下转折处，高光区域留白，以体现质感。最后绘制颏唇沟的阴影，体现出嘴唇的立体感。

3/4 侧面的嘴

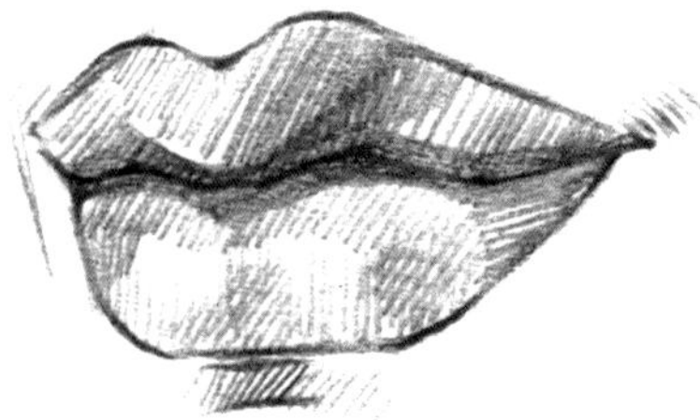

❶ 3/4 侧面角度的嘴因近大远小的透视关系，导致以中心线为基准，一侧宽度变窄，嘴角被隐藏，一侧则可以看到完整的嘴角结构。

❷ 使用线条勾勒出嘴唇边缘，唇峰向下凹陷的曲线弧度变大，唇珠的的曲线相应地产生透视的变化。这个角度下可以看出，嘴在自然闭合的状态下，上嘴唇是压在下嘴唇上面的，位置也更加靠前，所以嘴唇的中线也会随之产生倾斜。

❸ 通过疏密变化的笔触形成色调，绘制出两侧嘴角向后转折的状态，注意上嘴唇唇珠的体积感及整体的明暗交界线的走向。然后为下嘴唇绘制肌肉转折，并适当保留高光。在表现明暗转折的同时，体现肌肉的质感。

正侧面的嘴

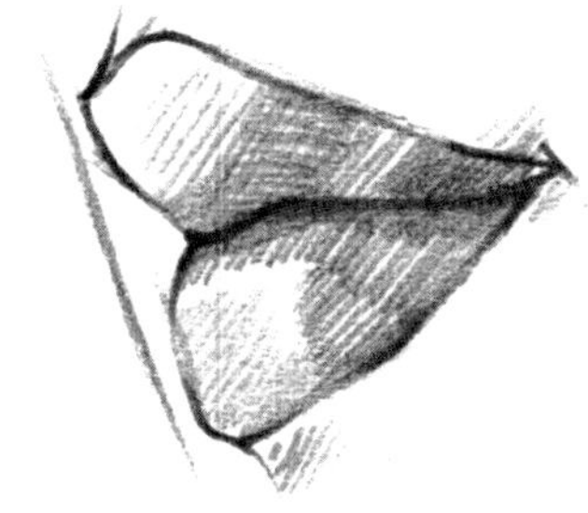

❶ 从正侧面观察嘴部，注意上下嘴唇中线的倾斜程度，根据上下嘴唇的关系，画出嘴唇的边缘。该角度下只能看到嘴唇一侧的部分。

❷ 使用线条明确嘴唇的边缘。绘制时需注意：上嘴唇可以看到唇峰的位置，线条从唇峰转向嘴角；唇珠对下嘴唇有明显的挤压；下嘴唇向外的转折比较明显，嘴唇边缘更加柔和。

❸ 精细刻画嘴角的细节，明确上下嘴唇间的叠压和投影关系。同时绘制肌肉的状态，体现嘴部的结构和质感。

耳

在时装画的绘制中，一般不会十分注重耳朵的结构，但是放大到人物特写的角度，耳朵又是细节较多的部位，所以也需要我们对耳朵的结构有一定的了解。耳朵生长在头部的侧面，所以当面部处于正面朝向时，耳朵则处于侧面状态，只能看到一部分。

正面的耳朵

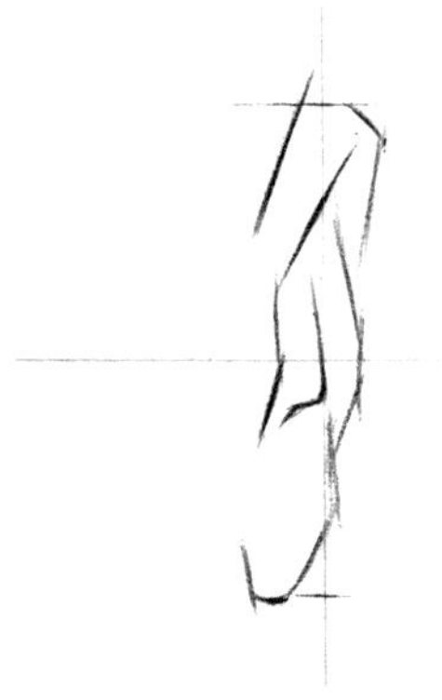

❶ 距离我们最近的耳朵结构为耳屏。上部可以看到一部分耳轮，其轮廓线条从后面转到前面。对耳轮的位置相对较高，所以在正面角度时也可以看到。最下面的部分是耳垂部分。耳朵的结构形状比较复杂，很难简单地用形状概括。绘制时先用简洁的线条划分出每个结构的基本廓形。

❷ 使用流畅的线条将能够看到的耳朵结构绘制出来。每根线条代表不同的结构，注意将叠压关系刻画出来。

❸ 绘制耳朵的色调。在凹陷结构处适当加深色调，并塑造出耳轮、耳垂侧面的厚度和体积感。在耳朵结构中比较突出的位置适当留白，以表现层次感。

3/4侧面的耳朵

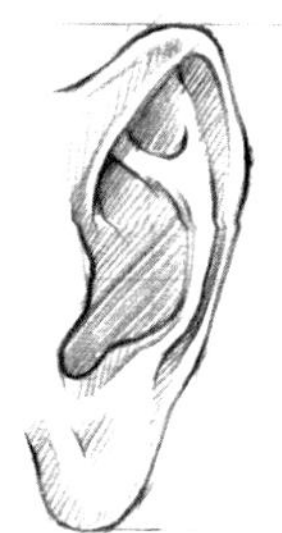

❶ 3/4侧面角度下，能够看到耳朵的全部结构。绘制时首先勾勒出整个耳朵的外轮廓，包括对耳轮、耳垂、耳屏等结构，然后简单绘制出耳朵内部的耳甲腔轮廓。

❷ 使用比较肯定的线条进一步绘制，并完善三角窝、对耳轮结构等细节。

❸ 对耳甲腔、三角窝、耳舟等凹陷位置的结构进行颜色叠压，加深这些结构；在耳轮、对耳轮、耳屏及耳垂等比较突出处留白，并对其突出的侧面转折进行刻画，使整个耳朵的黑白灰关系更加明确，增加耳朵的立体感。

正侧面的耳朵

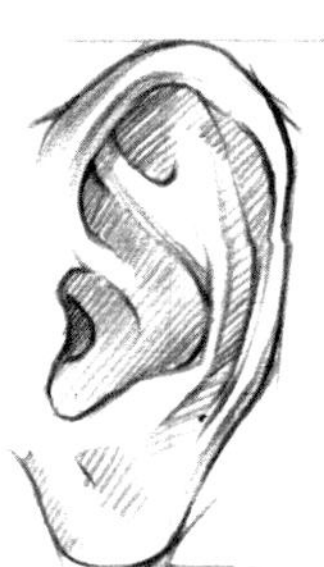

❶ 处于正侧面角度时，能够看到的耳朵结构更为全面。绘制时先勾画出耳朵的轮廓，再用线条勾勒出耳朵内部的耳甲腔和耳轮的内部边缘。

❷ 使用流畅而肯定的线条，绘制出耳朵各个部分的结构。正侧面角度下可以看到外耳道的局部形状，耳轮之间的耳舟也更加明显，使用穿插的线条勾画这两部分。

❸ 用深色叠压凹陷的结构部分。绘制出结构侧壁的灰色和明暗交界线，增强立体感。最后在突出的结构部分留白，以明暗关系塑造出整个耳朵结构的立体感。

2.1.3 头部和五官表现范例

2.2 不同种族的面部特征

根据不同的肤色，可以把模特儿划分为欧美模特、黑人模特和亚洲模特。由于生长区域不同，不同种族的模特有不同的肤色、骨骼架构以及五官特质。而这些特征是需要在时装画中直观展现的，所以在选择表达对象的时候，应尽量选择特质明显的人物，以展现出不同人物的魅力。

2.2.1 欧美模特

在绘制不同肤色的模特时，首先要对其整体面部构造有充分的了解，这样在进行绘制的时候，就能比较有侧重地来增强其特质。欧美模特的肤色一般较为白皙，在选择马克笔的颜色时，需要与肤色相匹配；头部的骨骼呈现左右较窄、前后比宽的状态，这使得其五官比例更为饱满，尤其是眼角与面部轮廓的距离较近，眉毛和眼睛的距离较近，鼻子有棱角，嘴唇也很饱满，使整体五官的立体感较强。了解了这些特质后，更有助于我们对人物进行绘制和表现。

欧美模特表现步骤详解

❶绘制草图。用组合的方式分别展现模特处于正面视角和侧面视角时的状态，这样更容易观察到人物的眉毛和眼睛之间的结构关联、鼻子的侧面高度，以及整个面部轮廓的特质。

使用较轻的线条，先确定出组合人物的基本构图。接着绘制头部和发型轮廓，并确定出头发的构造。依据五官的基本比例关系，对其进行相对精细的刻画。这一步可以使用较多的辅助线，完善五官的分布、比例和细节。

❷使用不同粗细的针管笔，用流畅的线条勾勒出草稿，包括五官的细节和形态，区分出层次感，以便后续着色。使用较粗的针管笔绘制出面部轮廓和头发部分的轮廓，注意划分出不同区域的层次，使整个画面的轮廓更清晰、完整。

❸ 绘制人物的皮肤。先用较浅的颜色进行底色铺陈，再使用较深的肤色，加深强调局部转折和阴影部分，例如眼睛周围、鼻子的鼻底部分，以及颧骨的转折部分等。这样可以使整个肤色富有变化，且与面部骨骼相贴合。同时注意留白的细节，尤其是鼻梁和颧骨部分的高光。用留白的方式来体现高光，一方面可以使骨骼的构造更加明显、立体，另一方面也可以让肤色的质感显得更为轻透。

❹ 适当绘制嘴部的颜色。可以选择水性画笔，以避免其与皮肤颜色产生渗透，同时保证嘴唇边缘的完整和整洁。绘制时要注意用嘴唇的颜色变化来加强转折处肌肉的立体感。

❺ 选择更深一些的肤色，进一步加深面部转折和阴影结构。注意利用笔尖来细化结构的转折和阴影边缘，让结构看起来更加清晰。利用笔的侧锋，扫出自然的颜色过渡效果，使较深的肤色与底色融合得更加自然。
细化眼睛部分，注意表现眼窝的深度和下眼睑的厚度。鼻子部分可通过加深肤色、提亮高光来强化立体感。使用精细的笔触叠加耳朵的转折处和结构的暗部颜色，绘制出颧骨的暗部，让面部结构更加清晰。

6 绘制五官细节。使用水性画笔，晕染出眼线随着眼睛弧度变化而产生的效果。绘制眉毛的形状，并使用勾线笔适当加强眉毛的细节。眼珠的颜色一般可以用灰绿色或者灰蓝色来绘制，以突出其细节。同时需要注意表现出上眼睑的厚度，及其在眼白上的投影效果。简单平涂出人物的头发部分，衬托出人物效果即可。

7 最后完善画面中的细节。先绘制出配饰部分的珍珠材质，然后加强头发的质感与光感变化。最后使用高光笔为整个画面进行装饰和点缀。

欧美模特表现范例

2.2.2 黑人模特

在绘制黑人模特的时候，肤色的选择非常重要，可以选择偏棕色、偏深红色的皮肤色号进行尝试。从面部五官的骨骼和特征来看，黑人模特的头骨一般比较圆，所以额头都比较饱满；眉毛较为浓密，眼睛的形状也比较圆，更接近杏仁的形状。相较于欧美模特，黑人模特的山根较平，鼻子则更加饱满，鼻翼较宽；嘴部的形状也偏圆，且嘴唇较厚。

黑人模特表现步骤详解

①绘制两个3/4侧面的人物组图。人物的五官造型非常重要，后续所有的着色和质感的绘制都建立在这一步的基础上。绘制时注意人物特点的表现，比如有棱角的面部轮廓、较厚的嘴唇形状等。这些特质还可以适当地进行夸张，比如眉毛高挑的状态，可以让表情更加生动。

②使用不同型号的勾线笔勾勒出人物的形态和五官细节。再使用较细的针管笔绘制出精细的五官，注意眼睑的厚度、鼻翼与鼻孔的包裹关系、唇线等。最后使用较粗的针管笔绘制出人物面部和肩颈部分的轮廓，线条要流畅且富有层次。

③绘制肤色。选择浅棕色的肤色，使用平整的笔触绘制底色，为了避免笔触间产生叠色，笔触的走向应与肌肉的走向一致。关键的骨骼转折位置可以适当留白来体现高光，例如额头部分连接眉弓骨的转折、鼻梁、颧骨连接犬齿方向的面部转折等位置。这一步至关重要，颜色的选择既要考虑是否符合客观的肤色状态，也要顾及是否有相应的色阶匹配，以此来塑造人体的立体感和皮肤受光后的层次变化。

④利用马克笔叠色的特性，使用同一肤色色号的马克笔绘制面部的转折和阴影，加深眼窝与眉弓骨间的凹陷处，强调鼻子的颜色与转折，以及面部颧骨的转折和下巴在颈部上的投影等位置。上一步面部的笔触是完全依据整体面部肌肉的走向来进行描绘的。这一步则加强了面部的立体感，是根据五官的肌肉和骨骼结构进行绘制的，这样可以使五官更为生动，立体感更强。

⑤强化空间立体感和结构。先铺陈出眉毛的底色，然后用深色号肤色代替眼妆，对眼睛周围的结构进行绘制，加深因骨骼的起伏而产生的投影。

⑥使用较粗的勾线笔勾勒出人物的轮廓，这样起装饰效果的同时，让人物的形体更加鲜明。用较深颜色的水性画笔绘制眉毛、眼线、鼻孔、唇裂线、耳朵暗部和下颏的暗部线条，确定整个面部最深的色阶状态。

⑦以上一步最深的颜色为参照，绘制妆容部分。加深眉毛的颜色，注意眉头部分保留毛发的细节。加深眼睛和鼻子的结构，并加深皮肤的质感。绘制唇色，塑造嘴唇的立体感。完善整个人物面部的皮肤质感和立体感。

⑧最后绘制眼睛的细节，注意保留瞳孔处的高光。使用肉红色的画笔绘制眼白处的投影。黑人模特的眼珠的颜色一般以棕色居多，使用棕色绘制眼珠，并在上下眼睑的中后部绘制眼睫毛。最后调整细节，完成画面。

黑人模特表现范例

2.2.3 亚洲模特

亚洲模特的五官一般比较清秀，面部骨骼整体较为平整，起伏较小，但是颧骨比较凸出。如果说欧美模特是以塑造不同的块面来形成面部整体构造的话，那么绘制亚洲模特则是以线条为主，比如眉眼、鼻子、嘴唇等处的线条，对于营造具有亚洲气质的人物形象尤为重要。

亚洲模特表现步骤详解

❶ 规划构图，选择同一模特的不同形象进行组合，并使用不同的肤色去完成。先确定出人物的布局，然后绘制出人物五官的细节线稿。注意眉毛与眼睛间的舒展状态，以及眼睛线条的曲线和走向等细节。

❷ 使用勾线笔描绘草稿的细节。亚洲人的头发一般为黑色，为了减少勾线笔对头发颜色的影响，可使用比较细的勾线笔勾勒面部五官，以及脸部和头发的轮廓。

❸ 擦掉铅笔草稿，保留勾线笔的线条。

❹ 绘制人物的肤色，使用正常色彩绘制左侧的人物，右侧人物则处理成黑白效果，以增加画面的层次感。肤色的选择有两个关键要素，一是颜色本身的色相是否符合要表达的人物形象；二是皮肤色以组合的方式出现时，既要有底色铺陈，又要有较重的色阶相匹配，以此来塑造面部结构和立体感。

❺绘制画面中最深的色阶部分。亚种模特的眼睛和头发都是黑色的，因此选择黑色勾线笔对人物的头发轮廓和眼线进行勾勒。

❻使用水性画笔绘制左侧人物的五官细节。使用较浅的颜色对眉毛进行淡化处理，同时加深眼睛周围的肌肉效果，使眼睛的神态更为突出。接着绘制嘴巴的质感。绘制时注意头发在面部的投影、头部在颈部上的投影，以及耳朵的暗部结构走向。加深面部周围的层次关系，可以使整个面部更为突出，立体感更强。

❼使用装饰手法，以平涂方式绘制出黑色的头发底色，同时在高光区域留白。

❽绘制右侧人物的面部。使用灰色色阶的画笔加强眼睛周围肌肉的立体状态。加深鼻底的投影，突出鼻子的结构。绘制嘴唇的细节，保留唇纹的走向，体现出质感。绘制出人物面部周围的叠压关系，营造出光影效果，突出人物面部造型。

⑨使用灰色色阶的画笔绘制头发的留白区域，表现出灰色色阶，展现出头发的质感。使用黑色针管笔绘制发丝。这种表现手法的装饰感较强，所以发丝的笔触需要流畅而精准，富有形式感。最后绘制出右侧人物的面纱装饰。

⑩丰富画面细节。使用灰色的针管笔勾勒右侧人物的面纱，降低黑白人物的整体色调，使两个人物的主次关系更为明显。

⑪绘制人物的耳环部分，刻画出材质质感。使用高光笔进一步完善头发的细节及面纱装饰，使画面更加完整。

亚洲模特表现范例

2.2.4 不同种族面部表现范例

Maison Margiela
spring 2018
2018.03.02

illustration by

Christian Dior
Fall . 1997 .
illustration by
Chenran R
2020 . 03 . 07

2.3 妆容的表现

妆容的表现在时装画中的作用较大，人物所处的环境、穿着与搭配、发型和神态等这些都是一个整体，只有贴合的妆容才能衬托出最好的人物效果。绘制妆容并不是单纯地在面部涂上颜色，是需要考虑颜色在面部肌肉的起伏下产生的微妙变化，我们其实是在绘制“有颜色的皮肤”。只有这样才能让妆容的颜色与面部的结构产生紧密的贴合感，从而让人物更加自然、生动。因此无论是裸妆的清透，还是创意妆容的天马行空，我们都需要有所了解。

2.3.1 素朴裸妆

裸妆的绘制更像是对完整人物形象的还原。对于清透的肤色，需考虑皮肤色的转折和体积质感的表现，尽可能地呈现出眼睛的细节，并保持眉毛的质感。嘴唇部分用到的红色要尽量与整个画面的色调融合，不需要过于出挑，要注重质感的营造。此种表现方式可以减轻妆感，让整个人物更加自然、生动。

裸妆表现步骤详解

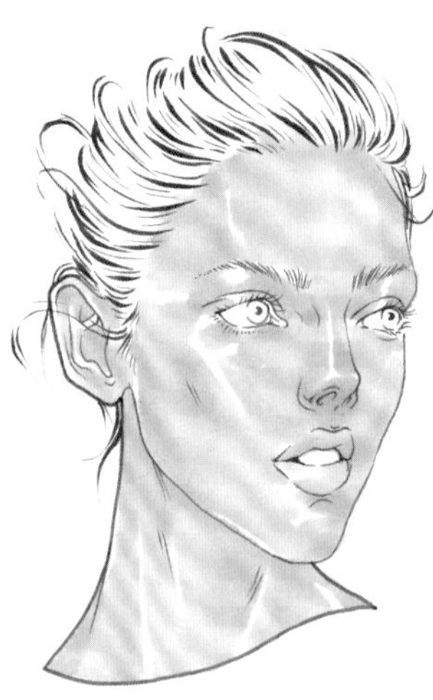

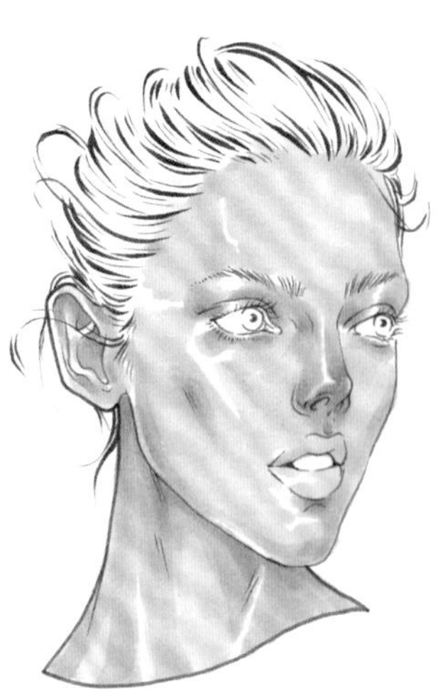

❶ 绘制头部的基本廓形及五官草图，适当画出五官细节。

❷ 使用较细的针管笔清晰流畅地勾勒出五官。使用同色系的小楷笔简单勾出头发的线条，注意空间感的同时，勾画出头发与皮肤交界的细节，尽量让发根部分有平滑的边缘，显得自然。

❸ 使用肤色画笔组合，铺陈出面部的基本肤色。平涂皮肤底色，并适当留白高光区域，让肌肤质感清透。用较深的颜色叠加上色，画出因转折和背光所产生的暗部，注意色块的形状要与肌肉的走向和结构保持一致，这样颜色融合得会更加自然。

❹ 使用深一些的肤色绘制局部细节。用画笔的侧峰加深眼窝的暗部，绘制出下眼睑的厚度，注意笔触与皮肤的底色衔接要自然。加强鼻子的块面颜色，反衬出高光，增强鼻子的立体感。加深颧骨转折的下缘、颏唇沟、下颌转折、颈部等投影细节的颜色，使皮肤的层次感和立体感更强。

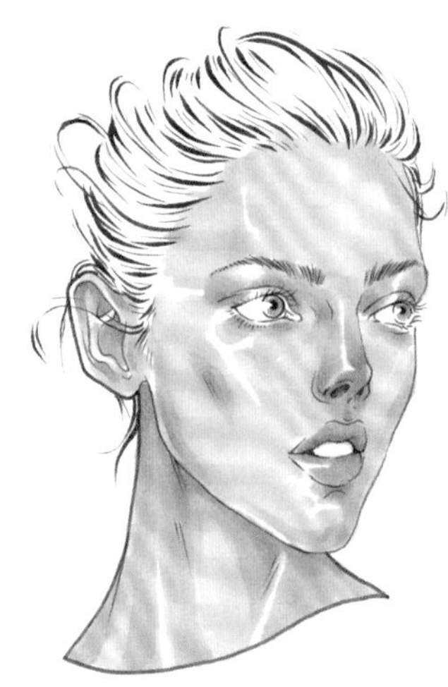

❺ 使用浅棕色画笔涂染眉毛，颜色边缘应与眉毛的形状相吻合。绘制绿色的眼珠，留白高光区域。

❻ 着重绘制妆容部分。先绘制眼睛周围，选择贴合肤色的肉红色适当点染，着重描画眼窝暗部、眼尾及眼睑区域，加强妆容感。使用较深的棕色加深眉毛中段，和底色自然过渡，并加深眉弓骨的转折位置。用较精细的深棕色勾线笔描绘眼线，注意眼线从内眼角到眼尾由细变粗的微妙变化。绘制上下眼睫毛，加深眼白部分的投影，增强体积感。最后用较淡的红色对嘴唇进行适当晕染，在高光处留白，使嘴唇的质感相对莹润，完成绘制。

裸妆表现范例

2.3.2 日常妆容

日常妆容相较于裸妆应该更加随意、更加明显一些，使人物显得既有生活的仪式感，又不会太正式，一眼看过去就像是街边随意瞥一眼看到的一张俏皮的脸，自由、轻松，无拘无束。

日常妆容表现步骤详解

① 用铅笔线条勾勒出人物头部的轮廓和基本构造，利用辅助线标注出五官的位置。尽量使用清晰的线条勾勒出人物的轮廓，并将五官的草图细节绘制完成。

② 使用针管笔勾勒出五官细节，挑起的眉毛可以加强人物表情，3/4侧面的眼睛要注意画出眼睑的厚度和透视关系。使用较流畅的线条绘制出面部轮廓。使用同一色系的小楷笔绘制发丝，利用线条的疏密表现出头发的空间感，注意发丝间的叠压效果的刻画。

③ 使用肤色的组合色号画笔绘制面部皮肤。用较浅的颜色平涂皮肤的底色，留白突出位置的高光区域，例如鼻梁、颧骨、眉弓骨等位置。使用较深的肤色对暗部进行叠加上色，使皮肤有初步的起伏变化和光感。

④ 使用更深色阶的肤色塑造皮肤的立体感。加深眼窝及眉弓骨的颜色，并绘制下眼睑的色彩浓度。加深鼻梁、鼻梁侧面和鼻底的投影，然后使用流畅且均匀的色块绘制整个面部的侧面、颧骨转折的下缘、下颌的转折部分。根据肌肉的走向，加深脸部在颈部的投影，使整个面部更加立体，且富有层次，同时五官的细节也更为生动，且更有质感。

⑤ 使用灰绿色的水性画笔绘制眼珠部分，注意按高光的形状留白。接着绘制人物的妆容：先晕染出眼睛周围的颜色，在高光部分留白；然后用深色晕染眼窝、上眼尾和下眼尾，增强眼妆效果；再用较深的冷紫色晕染嘴唇里侧，并由深到浅向外过渡，在嘴唇转折处的高光区域留白。

⑥ 使用浅棕色沿眉毛的生长方向均匀涂染，确定眉毛的形状。使用较深的棕色加深眉毛中段，让眉弓骨转折更加明显。加深眼部周围，使之明显深于肤色暗部，体现妆感。精细描画眼睑边缘，用冷灰色绘制眼白上的投影，使眼白与眼睑的叠压包裹关系更明确。最后刻画眼线部分，用较深的针管笔仔细描绘眼线从内向外由细变粗的精细变化。用较细的针管笔以排线方式绘制眼睫毛，排线不要过于均匀，以免产生不自然的感觉。使用棕色晕染嘴唇靠内侧的部分，再使用较浅的颜色向外过渡，并留白高光区域。最后调整面部细节，完成绘制。

日常妆容表现范例

2.3.3 宴会妆容

用于宴会这种高规格礼仪、社交场合的妆容，应该更加完整、正式、精致，但是又不能过于浮夸。妆容呈现出来的感受应该是端庄、优雅的。所以在绘制妆容的时候既要注意妆容的颜色层次，也要对妆容的细节有充分的控制。

宴会妆容表现步骤详解

❶ 首先简单地划分出人物的轮廓和五官的基本分布，并使用铅笔线条勾勒出辅助线。

❷ 根据结构的划分，勾画出面部轮廓及角度，并确定五官，注意头、颈、肩部的基本关系。

❸ 用针管笔勾画出五官细节，用自然流畅的辅助线明确肌肉转折和走向，用较肯定的线条绘制面部和肩颈轮廓。用同色系小楷笔绘制头发，用流畅线条绘制头发的整体走向，并利用线条的疏密营造空间感和光感。

❹ 选择较亮的皮肤色号，均匀平滑地涂出面部底色，并在肌肉突出位置的高光处留白，例如鼻梁、脸颊、锁骨等位置。配合相应的深色叠色，加深整体结构的暗部，例如眼睛周围的肌肉、鼻底、下颏等位置，以增强皮肤的光感和立体感。

❺ 使用更深的肤色绘制肌肉和骨骼的起伏感，为高光区域和大部分的皮肤底色留白。绘制因叠压关系产生的阴影，例如头发与额头、下巴与颈部。绘制面部结构产生的阴影，例如眼窝与眼睑、鼻翼与鼻底、脸颊、颏唇沟等位置。用较肯定的笔触绘制结构的转折处，淡化舒展的位置。

❻ 初步绘制妆容，用较浅的棕色涂染眉毛的形状，适当运用叠色加深眉头。选择与妆容相匹配的浅色对眼睛周围进行初步晕染。加深鼻底的投影，增强鼻子的立体感。用浅粉色绘制嘴唇，留白高光，增强质感。

❼ 进一步加深眉毛的颜色，注意颜色变化和质感表现。用较深的棕色晕染眼妆，加强眼窝的凹陷效果。用深棕色绘制眼线，注意适当加宽眼尾。用针管笔绘制眼睫毛，自然舒展即可。加深鼻子侧面的转折和脸颊，使其更加立体。用适当的红色绘制嘴唇，使用叠色增强转折处和质感。

宴会妆容表现范例

2.3.4 创意妆容

创意妆容一般出现在秀场、演出以及艺术作品里面，这种妆容不单纯追求浓和淡，很多时候还会用夸张的视觉效果来强化造型，有时也会辅以特殊的配饰。所以创意妆容呈现出来的效果更加戏剧化，富有张力。绘制过程中，越是复杂、夸张的造型，越要还原其本身的空间感和光线的统一性。妆容附着在皮肤上，一定要注意其与皮肤的关系，这样才会让夸张的妆容更加生动，有可信度。

创意妆容表现步骤详解

① 确定画面的基本布局和人物轮廓，利用辅助线确定出人物五官的基本位置以及头颈关系。

② 进一步确定人物轮廓，并绘制五官的草稿。

③ 使用精细的针管笔绘制五官细节，适当添加眼妆的装饰线条。使用较粗的针管笔绘制人物的面部轮廓。

④ 使用同色系的小楷笔绘制人物的发型，利用笔触线条的疏密关系体现出头发的体积感、转折和光感。

5 绘制皮肤底色。用留白的方式确定眼睛周围装饰的白色羽毛。用较浅的肤色均匀地平涂出肤色，再用较深的肤色进行叠色，突出面部肌肤的起伏变化和阴影状态。

6 加深眼妆部分。以眼线为边缘向外进行晕染渐变，利用画笔的色阶与皮肤底色自然衔接，达到自然过渡的效果。

7 使用较深的肤色绘制面部的投影和转折的暗部，包括头发在额头上形成的阴影、鼻底及两侧、颏唇沟的暗部以及下巴在颈部形成的投影等。对于这组造型来说，装饰羽毛在脸上形成了极为明显的投影，这也需要在这一步中绘制完成，以达到统一的光影效果。绘制嘴唇的底色，注意嘴唇的转折处，明确高光区域。

8 用浅绿色绘制眼睛半透明的质感，留白高光区域。进一步塑造嘴唇的立体感，上嘴唇向内倾斜，颜色要比下唇略深，下嘴唇的留白区域在叠色时也要保持住。

⑨绘制左侧人物眼妆部分的深色羽毛，并用针管笔刻画细节。用浅色晕染白色羽毛的留白区域，绘制出颜色的层次感，同时进一步加强投影。最后加深唇色，完善妆容的整体感。

⑩着重刻画眼妆的装饰部分，绘制出羽毛在面部形成的投影，使羽毛与皮肤间产生明确的空间关系。叠加白色的羽毛根部的层次，使装饰羽毛更具有细节变化。

Valentino spring 2019 Couture.
illustration! by Chun nan R.

⑪绘制人物的面部轮廓，使画面边缘更加完整。使用相应的画笔绘制人物的头发，注意笔触的方向要统一，并区分出留白区域的层次变化，营造出整体的光感。最后调整画面细节，完成绘制。

创意妆容表现范例

Maison Margiela.
Fall 2017 Couture.
Maison Margiela
Fall 2017 Couture.
Maison Margiela.
spring 2016

2.3.5 妆容表现范例

Alexander McQueen
From yuanchunrong

2.4 发型的表现

时装画中，发型的状态一方面影响整体的人物形象设定，需与服装、配饰相吻合；另一方面也和人物的性格相关，它能反应人物性格的多样性。无论是干净利落的短发，还是妩媚的长发，抑或是庄重的盘发，都十足地影响着画中人物的性格和面貌。

2.4.1 短发

在绘制头发的时候，还是要先了解人物头部的立体感和转折关系。头发因光线的影响而产生的颜色变化与头部的立体结构有着密切关系。由于短发的蓬松程度更加明显，因此对头发光泽度的诠释也尤为重要。

短发表现步骤详解（1）

① 铅笔起稿。绘制出基本的人物面部造型，并大致概括出头发的主要分区以及基本走向，注意发际线的连续性和头发的整体轮廓。

② 使用小楷笔勾勒出头发的线条。用富于变化的笔尖，绘制出自然的曲线和整体的发丝走向，分块面以排线的方式绘制出发丝。用笔触线条的疏密排列来确定头发整体的光感变化和结构关系。擦除铅笔草稿痕迹，留下明确的勾勒线条。

③ 绘制出人物五官的基本光影和立体感。

④ 利用马克笔柔软的笔尖绘制出头发的光影，利用笔触的参差变化表现出头发的走向。把左右两侧的头发看作是较为立体的两个区域，以明显的转折部分为划分，用同样的笔触线条绘制头顶上部和发根内侧，这样头发的部分就形成了基本的块面关系。

⑤ 使用较深的色阶，再一次深度晕染一侧的头部光影，加强明暗对比关系，区别块面转折。

⑥ 同样加深头顶局部和发根的深色位置，在部分中间色和高光区域留白，使头发的层次更加明确。

⑦使用较深的色阶绘制五官的细节，使面部层次更加丰富。

⑧使用更深色阶的画笔颜色加深头发的纹理细节，使相对明确的暗部块面中也有了较为精细的起伏变化。

⑨调整整体画面，加深面部皮肤块面的暗部光影。整理头部周围较为零散的发丝状态，让头发的细节更加生动，完成人物的绘制。

短发表现步骤详解（2）

①绘制出侧面的头部轮廓和五官细节。头发的部分较为复杂，这里的人物发型为偏分发型，从侧面角度来看，上面的发丝方向较为统一，下面的发丝走向主要跟随头发的生长方向进行排列。使用铅笔线条勾勒出头发的区域划分和走向，对一些重要的发丝进行适当强调。

②勾画出头发的分区、块面和走向。用线条的叠压关系来体现头发上半部分的中间区域和前方刘海区域的头发。下半部分可分为上下两个层次，一部分从头发中缝开始整体向后，可穿插长短线条，并用排线绘制出发际线边缘。最下面的发丝较短，整体发丝向头部贴合。

③绘制五官的暗部颜色，明确立体关系，笔触的形状要和面部结构相契合。

④以勾勒的线条层次为依据，绘制头发的叠压关系，主要强调头发的暗部及发根背光区域，同时注意留白头部后面的反光区域。

⑤铺陈出头发的底色，留白头发因转折而产生的高光区域。注意要留白局部笔触间的缝隙，以明确头发的蓬松质感。

⑥加深头发发根的暗部及因叠压产生的暗部，突出头发区域分布的同时，加深明暗对比，完成头发明暗关系的划分及色泽与质感的绘制。

7 使用较深的色阶绘制五官的细节，加强层次感。

8 使用较深的颜色刻画暗部区域的头发细节，使整体暗部更富有层次。

9 调整和概括整体的投影关系，利用轻松的笔触绘制出蓬松的头发质感。

短发表现步骤详解（3）

1 绘制基本的五官比例和头部细节的草稿。该发型分为上下两个部分，上面为头发较长的部分，从头顶到侧面转折；下面为头部侧面及后面较短的部分。划分出头发的结构和区域，绘制出轮廓和发际线，确定头顶头发的层次。

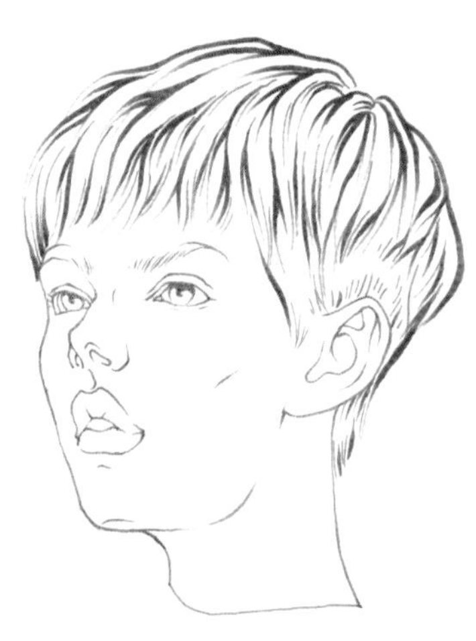

2 使用较平滑的线条绘制五官的细节。用软笔绘制头发的细节。绘制较长的顶部头发时需要注意发丝间的叠压和层次关系；绘制侧面较短的头发时可用短排线来表现整体的头发状态。擦除铅笔草稿，留下勾勒的线条。

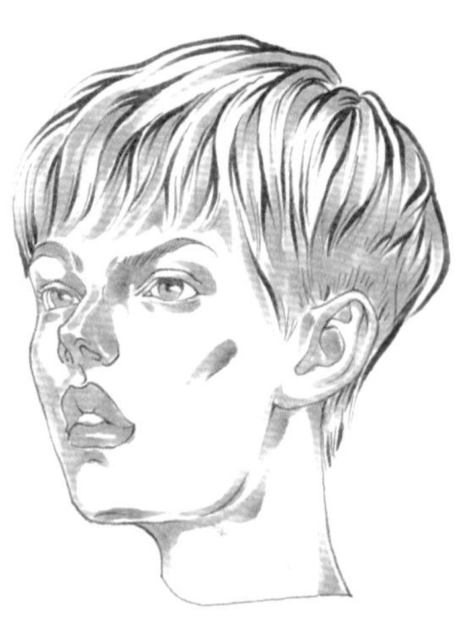

3 均匀铺陈出五官暗部的颜色，涂出立体关系。初步绘制头发的层次关系。先绘制头顶部分每一缕发丝因叠压而产生的暗部，接着绘制上面部分发丝自然垂下时形成的投影，最后绘制侧面及后侧的整体颜色。

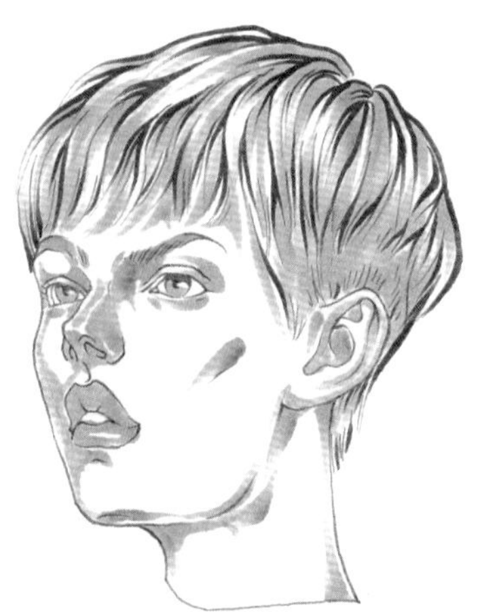

4 完成明确的明暗层次划分后，进一步绘制亮部的头发层次。绘制头发转折面的明暗关系，注意高光的连贯性和整体性。

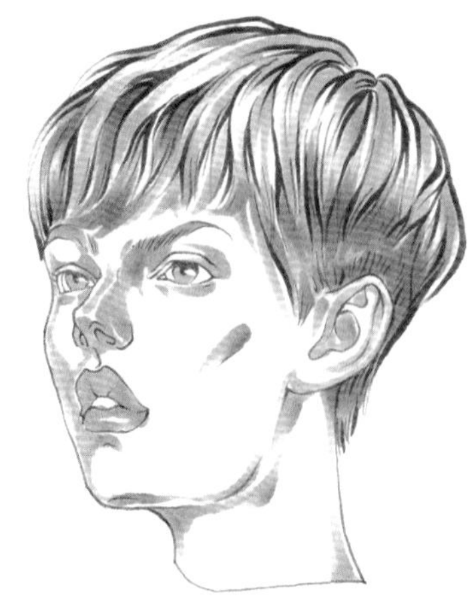

5 使用较深的颜色加强暗部头发的层次，突出亮部的头发颜色，增强明暗对比。

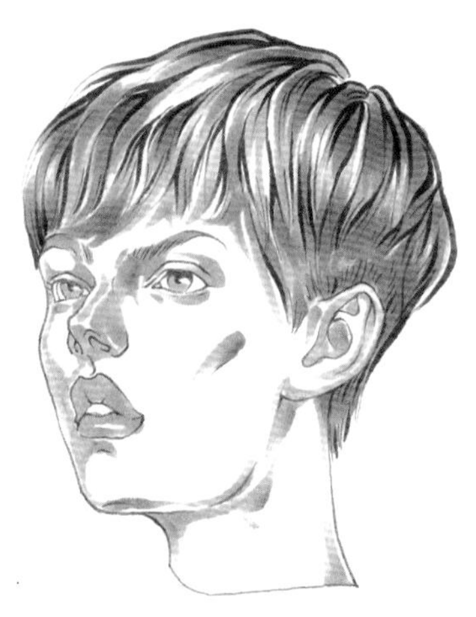

6 调整头发整体的明暗层次，突出头发的质感和光泽。

7 使用较深的颜色，加深强调五官的细节，使之更具有层次感。

8 进一步完善暗部层次，突出头发的光泽感。

9 使用较浅的环境色适当覆盖头发的高光区域，使光泽区域集中。调整整体画面的明暗区域，完成绘制。

短发表现范例

2.4.2 盘发

我们通过线条表现发丝的走向和疏密，利用颜色的深浅强调头发的光泽和体积。绘制时更多的时候既要考虑头部的体积变化，也要顾及头发本身。盘发的特点是头发既依附于头部，同时又具有自身的特点、细节和光泽，所以需要既兼顾盘发与面部的关系，又要考虑头发的细节和质感。

盘发表现步骤详解（1）

1. 这款发型是先把头发编成麻花辫盘于头顶。绘制时先使用铅笔勾勒出线条来体现发丝的穿插关系及疏密变化。由于头发盘于头顶产生了透视效果，因此要注意头发与头部的透视关系，还要注意五官的基本比例，接着绘制出头部整体的草稿。
2. 使用小楷笔在草稿的基础上绘制发丝的细节，注意利用小楷笔本身的粗细变化来表现头发发丝紧密和蓬松的质感。使用针管笔精确地绘制五官的形态和细节。
3. 擦掉铅笔痕迹，使用适当的肤色绘制面部五官较暗的转折结构部分。
4. 使用同一颜色绘制盘发部分的细节。以突出的一组头发为例，从较为紧密的细节部分开始，向中间蓬松和突出的部分进行“扫”笔，通过适当的留白来表现高光部分，体现质感。
5. 用同样的方法，将头发的底色铺陈好。
6. 使用较深的颜色，以一组头发为绘制单元，加强体积感和颜色的晕染。
7. 完成整体头发的颜色、质感及每一组头发的体积感的绘制后，使用较深的肤色适当强调五官的暗部和结构转折处。
8. 使用更深一些的颜色晕染盘发两侧区域的转折暗部和阴影区域，加强画面的整体对比度和质感，同时强调盘发的整体感。
9. 使用偏暖色的黄色适当晕染头发，让头发整体色调更强。使用较浅的暗部颜色简单铺陈和过渡面部的转折块面，完成绘制。

盘发表现步骤详解（2）

1 使用铅笔绘制出简单的人物面部结构，观察头发的穿插结构和发丝走向，利用线条的疏密关系绘制出头发挤压和蓬松的效果。

2 根据草稿，使用小楷笔勾勒发丝细节，利用小楷笔本身的粗细变化来体现头发紧密和蓬松的变化。使用针管笔均匀地绘制五官的形态和细节。

3 擦掉铅笔痕迹。使用适当的肤色，绘制面部五官的转折结构部分。

4 使用较浅的发色，从紧密的发丝根部和叠压部分开始，向中间蓬松和突出的部分运笔，形成自然的留白效果。注意发际线和皮肤的衔接，利用笔稍绘制出发丝的形态和整体走向。

5 用同样的方法，铺陈出头发的底色，底色就要将大的体积关系塑造出来。

6 使用较深的颜色，以一组头发为绘制单元，加强体积感，深色和浅色之间尽量过渡自然。

7 完成整体头发的颜色、质感及对每一组头发的体积塑造后，使用较深的肤色适当强调五官的暗部和结构转折处。

8 在头部侧面叠加更深一些的颜色，发髻的暗部和阴影死角的部位也进一步加深，增强画面整体的明暗对比度，使得体积更加突出。

9 使用较暖色的黄色适当晕染头发，让头发整体的色调更统一。使用较浅的肤色过渡面部的亮面和暗面，完成绘制。

盘发表现步骤详解（3）

① 使用铅笔线条绘制出人物面部的基本结构和五官形态。观察模特头发的结构和特点，并对其进行分割，利用笔触的疏密来表现头发的光泽感和发丝走向，并绘制出发际线的细节。

② 在铅笔草稿的基础上，使用针管笔绘制出精致的五官轮廓和细节，包括眉毛的走向、眉心的毛发质感以及肩颈部位的肌肉转折。使用小楷笔集中绘制头发密集的部分，强调出光泽质感。利用成组的排线绘制发际线的自然分布状态。

③ 擦掉铅笔痕迹，使用适当的肤色绘制面部五官较暗的转折结构，并初步绘制出鼻子和嘴巴的质感。

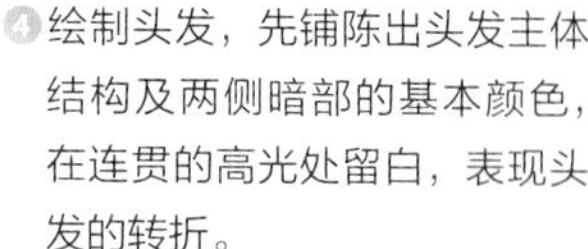

④ 绘制头发，先铺陈出头发主体结构及两侧暗部的基本颜色，在连贯的高光处留白，表现头发的转折。

⑤ 绘制头发主体转折部分的光泽，注意其暗部颜色的位置与小楷笔的排线位置保持一致。

⑥ 加深头发的整体颜色，增强对比，使光泽感更为明显。

⑦ 进一步刻画面部五官的暗部颜色，如眉毛、眼睛以及嘴巴部位，强调五官细节和妆容质感。

⑧ 进一步加强头发的质感和暗部细节，还原深色头发原有的颜色和质感，并对亮部高光产生反差作用。

⑨ 使用暖黄色的环境色，调整画面的整体色调，尤其是头发部分的环境色。进一步完善头部、肩颈暗部颜色延伸等细节，完成绘制。

盘发表现范例

2.4.3 长发

长发的界定是以头发的长度来判断的，但是从头发形态的角度来看，本章节所展示的长发多为直发，所以在绘制时要更注意头发本身的垂顺质感和光泽感，以及头发与头部结构相吻合的转折结构关系的表现。

长发表现步骤详解（1）

❶ 使用铅笔绘制3/4侧面人物的五官细节。该发型结构较为完整，且发丝走向统一，简单绘制其轮廓和发梢的基本细节即可。需要注意，由于模特的头部偏向一侧，因此形成了两侧不尽相同的头发状态。

❷ 用针管笔在草稿基础上绘制出五官细节。用小楷笔绘制头发的轮廓。发际线和发梢部分用自然的“尖”笔触进行绘制，头发转折和叠压产生的阴影用有力的“宽”笔触进行绘制，强调虚实变化的视觉效果。用短小的虚线来绘制头发的转折区域，体现出头发的疏密变化。

❸ 用较浅的皮肤色绘制五官的阴影，用运笔的缓急和留白来表现五官的质感。用较浅的颜色简单铺陈出头发的底色。转折突出的部位自然留白，体现出光泽质感。

❹ 加深左侧头发的暗部细节，尤其是头部上方的转折处、发梢的自然卷曲和左侧面部在头发上的投影等部位，突出明暗对比，增强质感。

❺ 精细描画面部五官细节，加深局部色彩变化和妆容质感，包括眉毛、眼妆、鼻底暗部以及嘴唇的质感。

❻ 进一步加深头发整体明暗对比，以及转折部位和暗部的颜色，突出亮部细节。用较浅的暖黄色作环境色，调整画面整体色调，增强亮部层次，达到统一的色调效果。

长发表现步骤详解（2）

❶ 用铅笔勾勒出五官细节和形态。绘制出头发，注意发梢丰富的层次变化和自然的发丝走向。

❷ 用针管笔勾勒出较为精细的五官细节和质感。利用小楷笔的粗细变化绘制头发，强调头发的质感，用笔触的疏密变化形成蓬松感，并用线条的虚实变化强调头发轮廓与层次的对比。

❸ 使用浅肤色绘制五官阴影和转折面，并留白高光，体现出五官的质感。将头发分为上下两部分，先绘制下面层次丰富的发梢，保证笔触顺畅的同时，适当留出笔触间的空隙，营造蓬松的视觉效果。

❹ 留白头部转折区域的高光，使头发的体积感与头部结构保持一致。

❺ 加深头发的颜色，从头顶的中缝开始，自然过渡到头顶侧面的转折区域。在局部转折处和暗部叠加颜色，加强头发的明暗对比，突出光泽质感。

❻ 完善五官的质感和细节，加深局部色彩，使五官更加立体、生动。再次从头顶开始刻画头发的细节，进一步加深发丝层叠处的阴影，丰富层次细节。

❼ 使用较浅的暖黄色过渡面部的亮面和暗面，形成柔和的中间调。调整头发的整体色调，完成绘制。

长发表现步骤详解（3）

❶用铅笔绘制出面部五官的基本比例和形态。使用简单的线条勾勒出头发的结构，注意区分头发的叠压和穿插关系，以及发丝的走向与面部的关系。

❷用针管笔绘制较为精细的五官轮廓和细节。用小楷笔绘制头发，模特左侧的刘海打破了边界的轮廓，需要注意线条的连贯性和穿插关系。用笔触的疏密排列呈现头发从耳朵后面转向胸前的自然状态。

❸加深五官的暗面，表现出立体质感。统一光源方向，绘制出基本的面部结构层次。

❹划分头发的区域，首先铺陈出头发“由内向外”区域的底色，注意发丝间因叠压关系在发根区域形成的阴影效果，以及发梢区域的自然过渡。适当留白笔触间的缝隙，营造出蓬松的质感。

❺绘制头发的底色，利用留白表现头发本身的转折结构和头发的光泽变化。绘制时，在统一的光泽质感中，注意每一组头发的细节表现。

❻按照明暗对比、发丝的体积结构和彼此间的叠压关系，叠加头发暗部的颜色，加强头发的层次。

❼ 进一步加深局部发梢的颜色，使用长短不一的自然笔触，加深整组头发因翻动而形成的体积关系。

❽ 刻画五官细节，深入刻画眉毛、眼睛和嘴巴的质感。

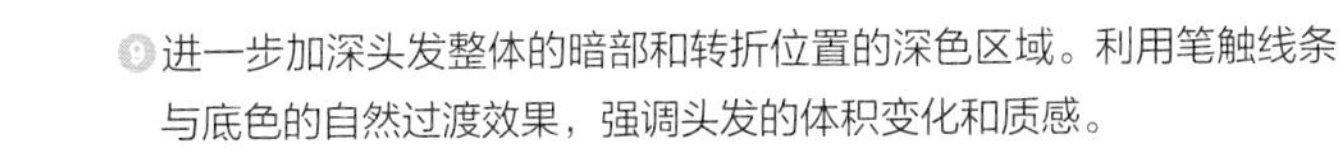

❾ 进一步加深头发整体的暗部和转折位置的深色区域。利用笔触线条与底色的自然过渡效果，强调头发的体积变化和质感。

❿ 使用较浅的环境色调整人物面部及整体画面，使画面色调更加统一。

长发表现范例

2.4.4 卷发

卷发本身较为松软，我们在绘制卷发时，既要注意头发本身的细节结构和光泽感，也要注意用线条来表现卷发本身的发丝扭曲关系和缠绕逻辑。绘制卷发的难点在于既要注意整体，又要兼顾每一个细节。

卷发表现步骤详解（1）

❶使用铅笔描绘出人物的五官细节和形态。用波浪线条绘制出头发的结构和基本轮廓，并将主要结构分割，区分出局部的发际线区域。

❷用勾线笔勾勒出五官轮廓，注意眉毛的走向以及3/4侧面时的五官透视关系。用小楷笔勾勒出头发轮廓，注意该发型的发丝状态较为松散，应多为简短、扭曲的线条，并用重复线条绘制出凌乱感。头顶部分用弯曲幅度较小且统一方向的线条，绘制出扎起来的卷发状态。

❸使用基础肤色绘制出五官的暗部颜色和转折细节，注意利用留白塑造出五官的质感。

❹绘制头顶头发的暗部颜色，注意笔触应与勾勒出来的头发线条间隙相吻合，营造出蓬松的质感，同时还要注意整体的光泽过渡所形成的体积变化。

❺绘制下垂的头发细节，注意暗部层叠头发相对整体波浪发丝的走向。利用短笔触画出高光，表现出光泽感。

❻使用简短的笔触绘制每一个波浪向内的转折面，营造出整体而连贯的光泽质感。

⑦用同样的方式绘制头顶处头发的体积感和质感，加强明暗对比，体现光泽感。

⑧刻画五官细节，描绘眉毛的形态，并绘制出眼睛、鼻子以及嘴巴的质感。

⑨使用更深的发色进一步强化头发的结构。加深头顶部分蓬松的发型结构形成的内部阴影，以及发际线部分的背光转折面。用更深的颜色加深自然垂下的头发形成的厚重质地，强调层次感。

⑩使用环境色调整头发整体的色调及面部阴影的整体色调，完成绘制。

卷发表现步骤详解（2）

①使用铅笔简要描绘出人物五官和发型结构草图。刘海、发髻束起的结构以及发尾都是突出头发卷曲特征的元素，需要着重强调。

②用针管笔绘制面部细节。头发的结构比较复杂，先绘制自然松散的刘海部分，再用疏密相间的排线绘制头顶的转折面。头发翻转扭成发束的位置需要注意线条的叠压关系。自然散下的头发分区域用小楷笔绘制波浪线来表现。

③使用基础肤色绘制五官的暗部，通过留白体现出皮肤质感，同时注意描绘头发遮盖在面部所形成的投影效果。

④先绘制较远一侧的头发，与面部衔接的位置颜色较深。在发梢部分根据发丝的转动适当留白，表现体积感。头顶有两处留白，即中缝及高光区域。发束的位置也要精确留出高光，形成体积感。

⑤加深刘海和靠近视线一侧的头发，注意表现整体的光泽感。用留白体现每一个波浪的立体效果，用轻松的笔触线条绘制出蓬松的头发质感。

⑥用同样的方法和顺序进一步加深头发的颜色，突出体积感和质感。

⑦留白高光区域附近的基础发色作为过渡。加深暗部区域的明暗对比，使头发整体具有更丰富的层次和更明显的光泽质感。

⑧使用较深的颜色进一步绘制五官的暗部，使画面整体更协调。

⑨选择更深的发色，对暗部、转折、叠压位置的头发进行小面积、精准的细节绘制，突出头发的叠压效果和体积关系。

⑩使用较暖的环境色，精细刻画头发的亮色区域以及面部的暗部，统一光源的方向，达到统一的画面效果。

卷发表现步骤详解（3）

❶ 简要地使用铅笔线条绘制出五官的形态。头发的结构比较复杂，既要注意卷曲的麻花辫整体的连贯效果和穿插的扭曲关系，也要注意使用有序的线条体现出每一个细小的蓬松质感。

❷ 在草稿的基础上，用针管笔绘制五官细节。头发从中缝开始分别向左右两侧渐变过渡到耳际。卷曲的头发尤其需要注意线条间的叠压效果，以及疏密变化间形成的体积感。发尾处需要注意用干练的线条绘制出自然的发丝变化。

❸ 使用基础皮肤色绘制出五官的暗部，通过留白体现质感。绘制时注意头发与皮肤之间的叠压关系，以及颈部肌肉的转折细节。

❹ 绘制左侧的头发底色，在高光区域留白。使用短笔触绘制变化复杂的起伏结构。线条互相挤压汇合的位置也是头发最密集的位置，用平涂的方式向外轻扫，留出自然的高光。在绘制周围的发丝时可适当打破轮廓界限。

❺ 绘制另外一侧的头发细节，具有与左侧对称的结构效果，注意保持统一的质感、体积、结构以及头发的蓬松感。

❻ 加深左侧头发的暗部颜色，保留靠近高光区域的头发底色，形成强烈的明暗对比，以及色阶丰富的视觉效果。

7 用同样的方法加深另一侧头发的颜色，使之产生同样的颜色效果，保留连贯的高光，表现头发所处的光源位置，形成统一的视觉感受。

8 使用较深的颜色进一步强调五官的暗部和质感，同步绘制左右两侧头发与皮肤衔接部分的叠压关系。

9 使用更深的颜色加深单侧头发的暗部，统一光源，形成明确的立体效果。使用环境色对整体画面进行调整，达到统一的色调效果。

卷发表现范例

2.4.5 发型表现范例

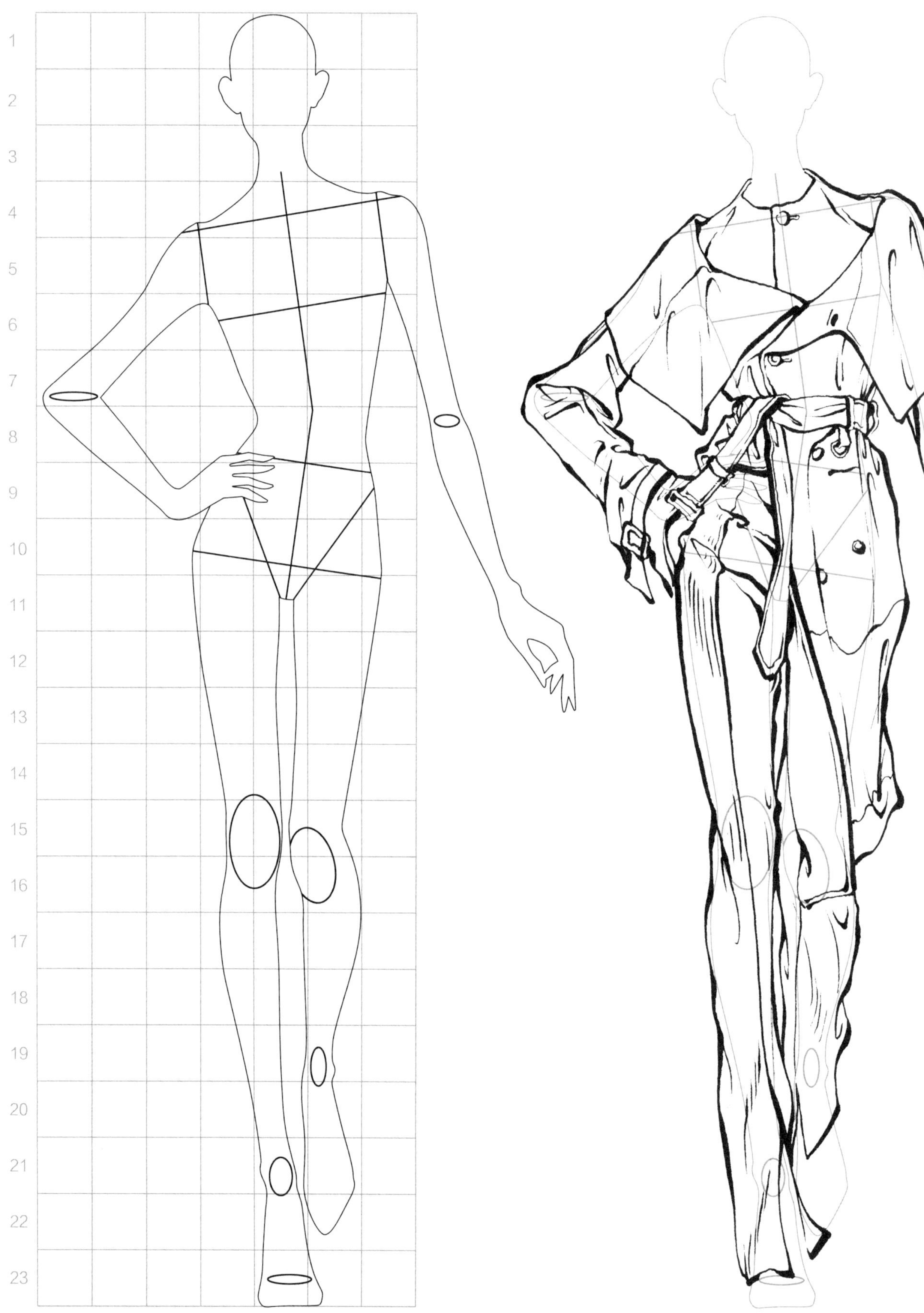

10×10 网格本

9头身比例尺

10 × 10 网格本

1

2

3

4

5

6

7

8

9

9 头身比例尺

10 × 10 网格本

1
2
3
4
5
6
7
8
9

9 头身比例尺

10×10 网格本

1
2
3
4
5
6
7
8
9
9 头身比例尺

10×10 网格本

1

2

3

4

5

6

7

8

9

9 头身比例尺

10 × 10 网格本

1
2
3
4
5
6
7
8
9

9头身比例尺

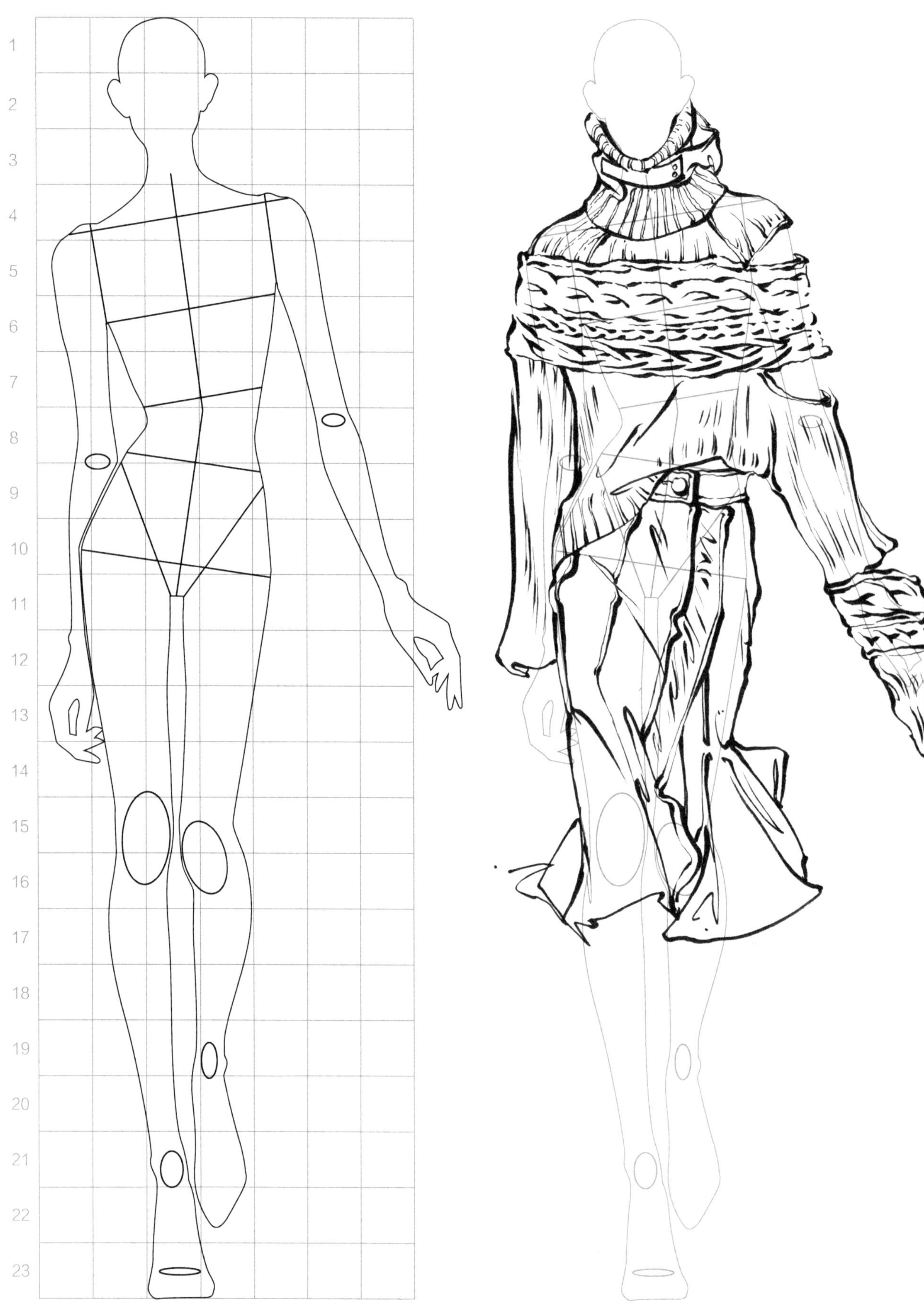

10 × 10 网格本

1
2
3
4
5
6
7
8
9

9 头身比例尺

1
2
3
4
5
6
7
8
9
10
11
12
13
14
15
16
17
18
19
20
21
22
23
10 × 10 网格本

1
2
3
4
5
6
7
8
9

9头身比例尺

10 × 10 网格本

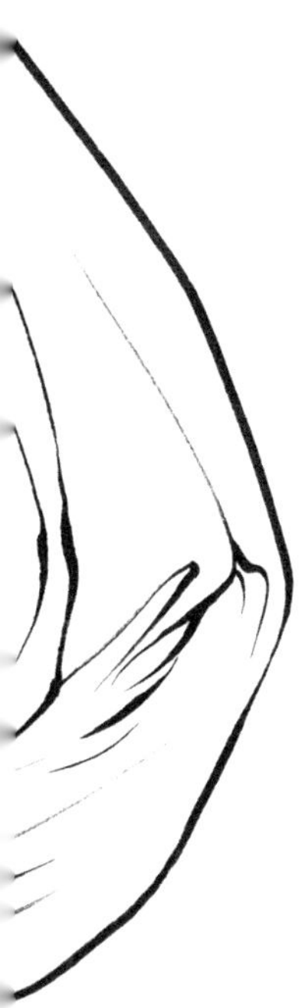

1
2
3
4
5
6
7
8
9

9头身比例尺

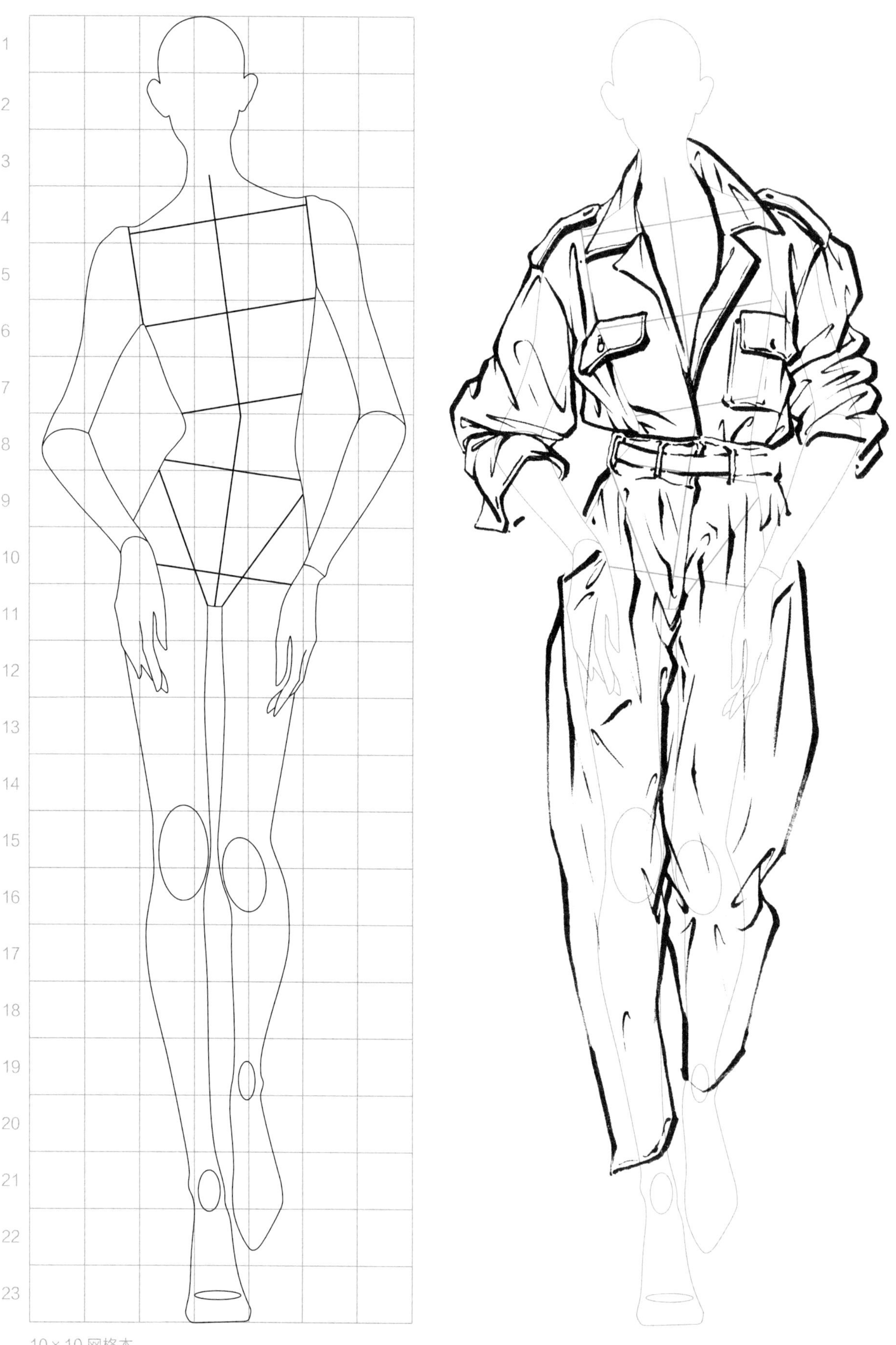

10 × 10 网格本

1

2

3

4

5

6

7

8

9

9 头身比例尺

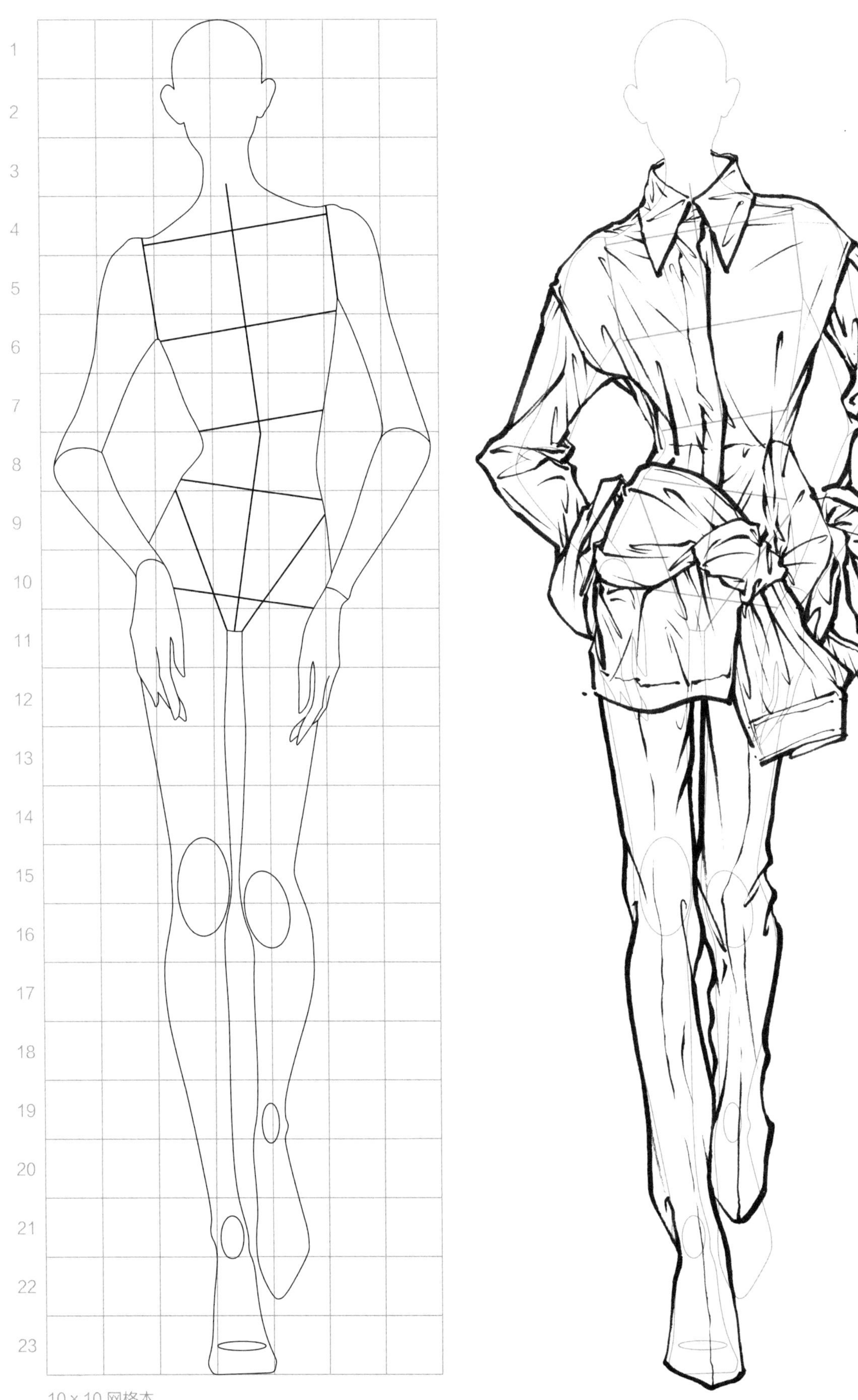
1
2
3
4
5
6
7
8
9
10
11
12
13
14
15
16
17
18
19
20
21
22
23
10 × 10 网格本

1

2

3

4

5

6

7

8

9

9头身比例尺

10×10 网格本

1

2

3

4

5

6

7

8

9

9 头身比例尺

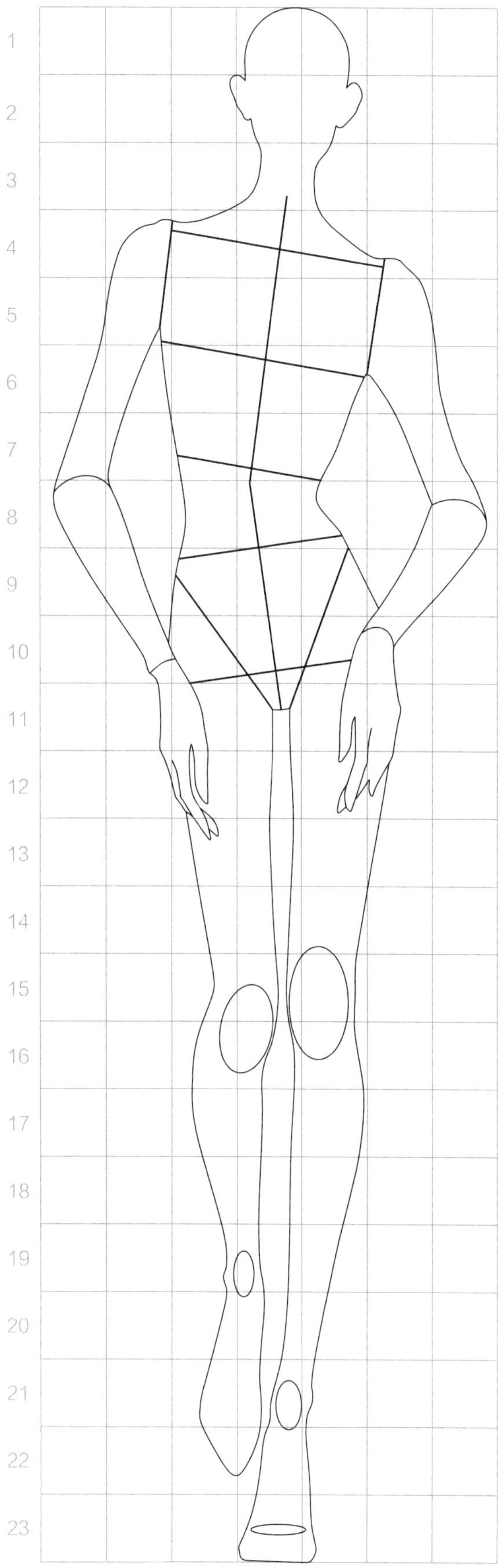

1
2
3
4
5
6
7
8
9
10
11
12
13
14
15
16
17
18
19
20
21
22
23

10×10 网格本

1

2

3

4

5

6

7

8

9

9 头身比例尺

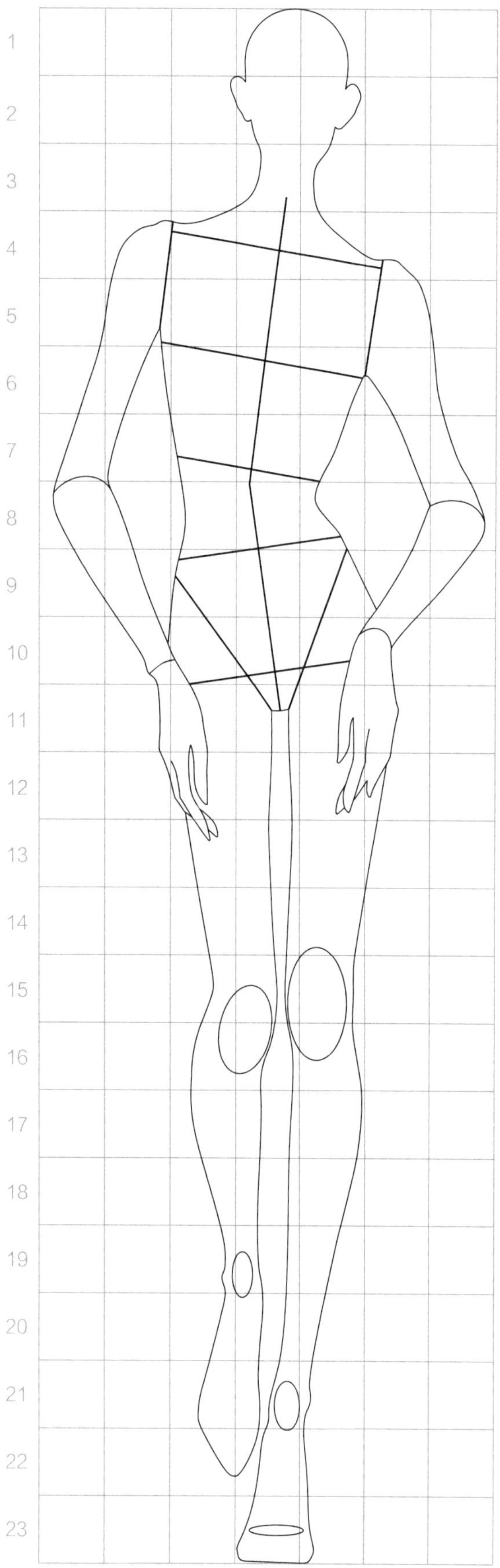

1
2
3
4
5
6
7
8
9
10
11
12
13
14
15
16
17
18
19
20
21
22
23

10 × 10 网格本

1

2

3

4

5

6

7

8

9

9 头身比例尺

9头身比例尺

1
2
3
4
5
6
7
8
9
9 头身比例尺

1
2
3
4
5
6
7
8
9
9头身比例尺

illustration by
2021.07.05

03 Chapter

时装画人体

本章我们主要学习人体的画法，尤其是服装和人体的关系，但我认为最精彩的内容是线条和褶皱。在人体的基础知识部分，详细讲解了比例、体块、结构、动态、重心变化等，这是每个时装设计师都需要具备的基本绘画技能，是需要深入理解和不断练习才能掌握的技巧。在讲解服装和人体的关系部分，我用小楷笔在人体模板上绘制了很多服装款式或部件，用来分析褶皱，在我看来褶皱是理解服装与人体之间关系的开始。一般情况下，我们都是通过面料的褶皱变化来表现人体在服装里的状态以及服装本身在空间上的变化的。另外，服装面料的物质，如垂坠感、轻盈感等，也都可以通过褶皱和线条去表现。

3.1 时装画人体结构

时装效果图的绘制建立在标准的人物比例与形体基础上，绘制一张完整的时装效果图之前，需要对人体的比例、结构有充分的了解。本节从人物形体出发，介绍了人体的基本比例，对身体局部结构进行分析阐述，包括体块关系、四肢结构与动态、手部与脚部的结构等常识性内容；然后回到整体，列举了多种姿势与动态；最后回归身体和服装，介绍了服装的不同区域与身体各部位的关系。本节的内容是绘制时装画的基础，也是重中之重。

3.1.1 时装画人体的基本比例

“九头身”既是时尚行业对模特的身体比例的要求，也是绘制时装画的过程中，对于纸上人物形体的基本要求。这一人体基本比例是以“头宽”和“头长”作为参考依据来划分头部与身体之间的比例关系的。具体的比例关系如下图。

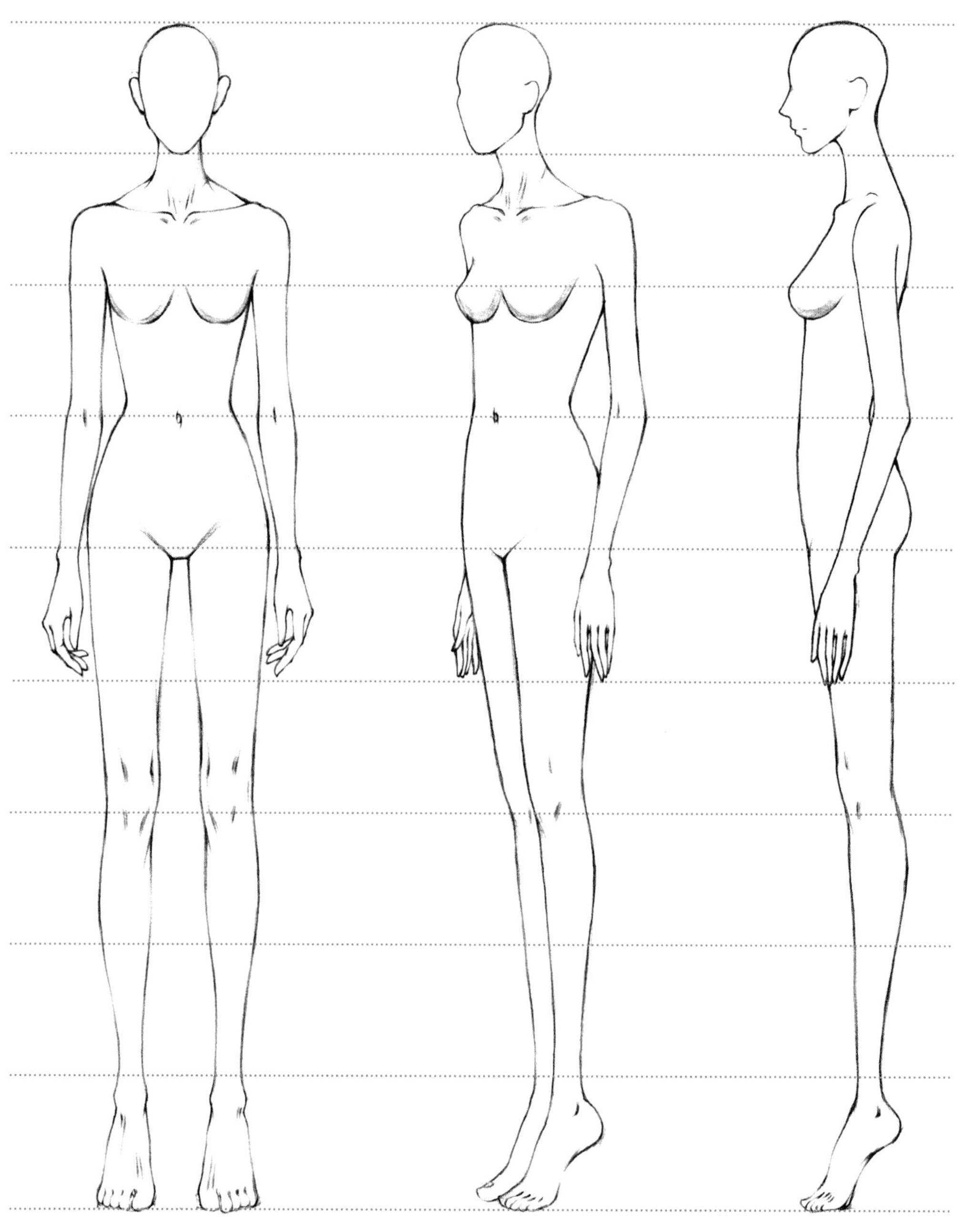

3.1.2 躯干的结构与扭转

为了更直观地了解身体躯干的结构，我们一般会把它划分为两个体块，即“胸腔”和“盆腔”。胸腔可以简单地视为一个“倒梯形”，上缘是肩膀的连线，较宽；下缘是肋骨底部的连线，较窄。而盆腔则可以视为一个“正梯形”，上缘是胯点的连线，下缘是髋点的连线。建立了这样的肩胯关系，我们就更容易理解身体的运动方式了，这样在绘制时装画的时候，也更容易画出标准、自然的形体。

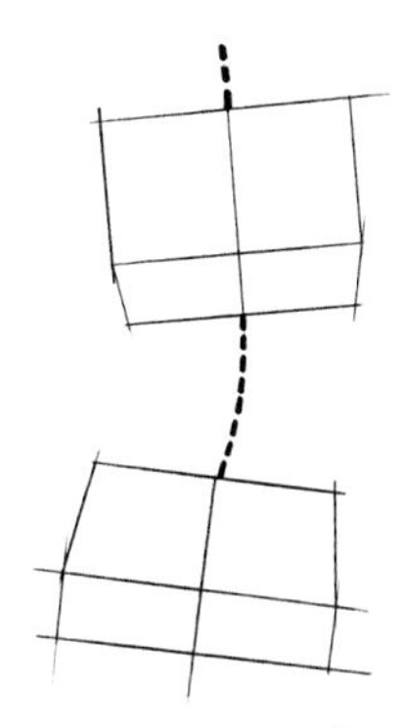

胸腔和盆腔是两个形状相对固定的体块，二者以脊柱相连接，只会发生角度和相对位置的变化，而不会出现体块变形。

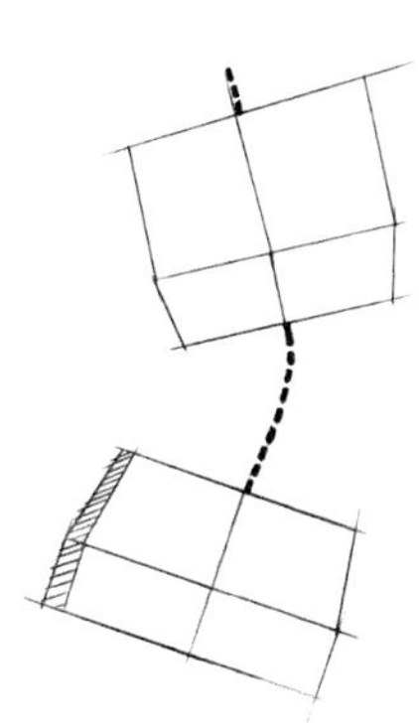

身体在扭动时，胸腔和盆腔一般处于相反的运动方向。被肌肉包裹的脊柱的弯曲程度越大，二者的倾斜角度就越大。

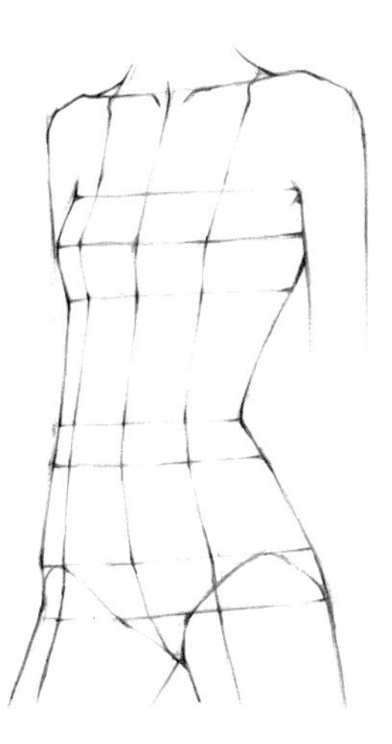

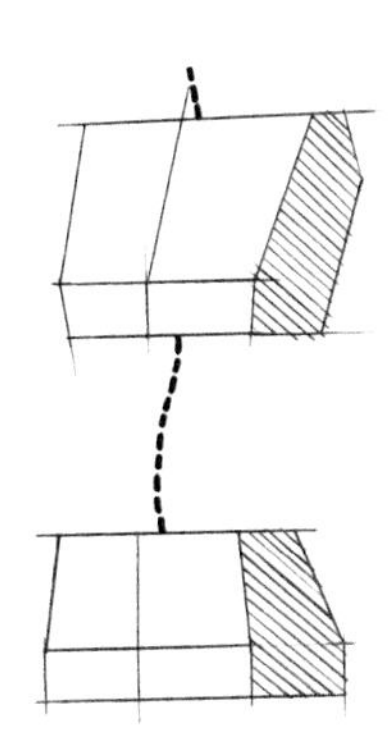

胸腔和盆腔的“梯形”形态是处于正面视角的形态结构，绘制时要注意表现体块的厚度。胸腔背部对应肩胛骨区域的转折，盆腔背面对应臀线的转折。

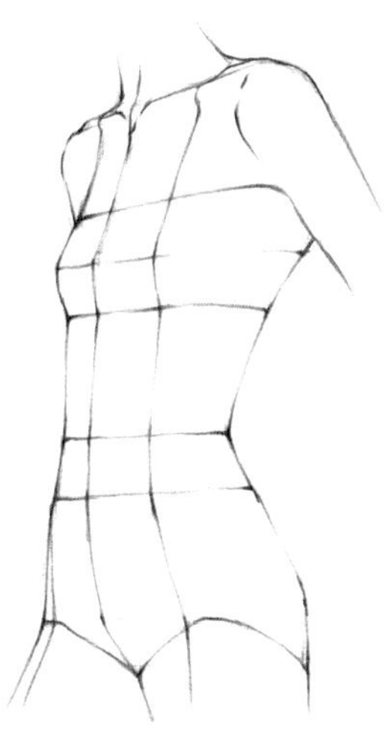

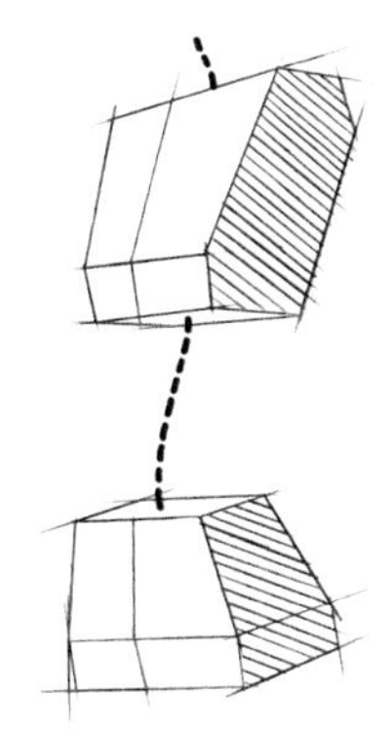

自然站立时，受到脊柱“S”形曲线的影响，胸腔和盆腔会有轻微的角度倾斜，即胸腔上部向后，盆腔下部向后，腰部的脊柱呈现出向前的趋势，成“S”形曲线。

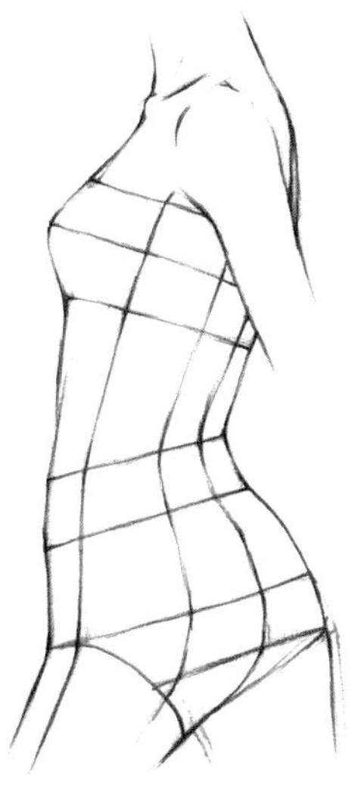

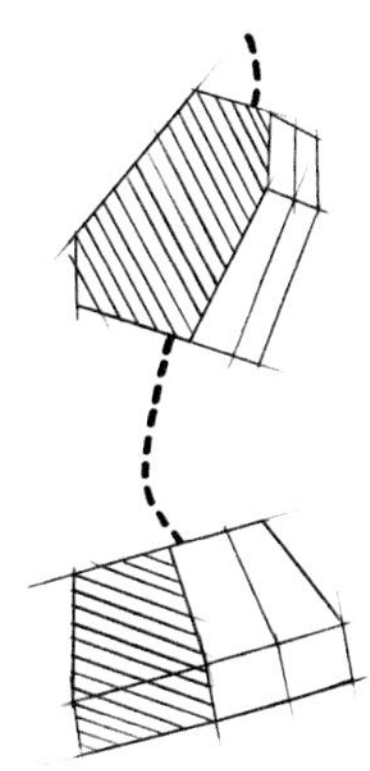

身体因运动发生扭转时，胸腔和盆腔出现相对位置和角度的变化。

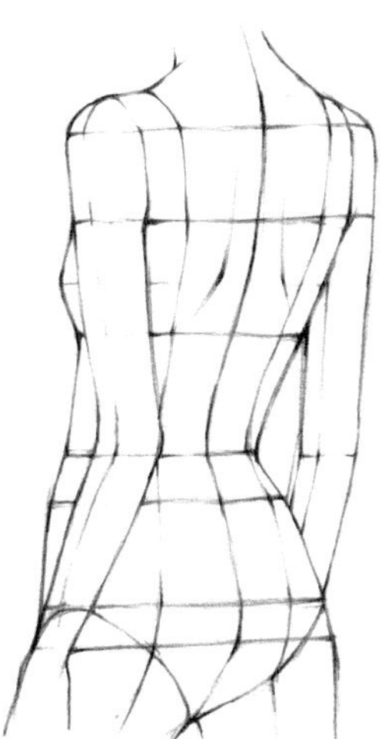

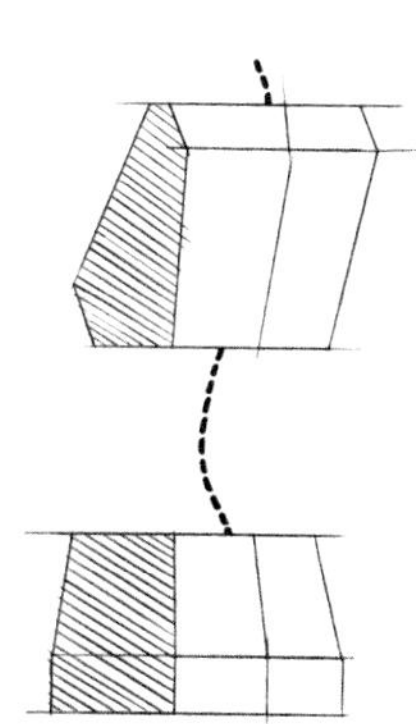

身体背部的中线在正侧面视角下呈“S”形曲线，即颈部、背部肩胛骨、背部腰线、臀部形成完整的“S”形曲线。

3.1.3 手臂和手的结构与动态变化

手臂的结构并不复杂，包括肩膀、手臂、手肘、手腕，一直连接到手部。人体的多数姿势和优美的动态都是靠手臂和手部的姿势和动态共同完成的，本节将详细讲解手臂和手部的关系及在时装画中常用的姿势。

手臂的表现

时装画中，我们将身体可以转动的关节绘制为一个“球体”，即它连接的结构可以产生一定范围的动态，例如肩关节、肘关节、腕关节等，以及下肢中的膝关节、踝关节等。那么相应地，我们可以把手臂、手指等类似于“柱体”的骨节绘制成“圆柱体”，进而更好地呈现动态下“关节”与“骨骼”的相互关系。

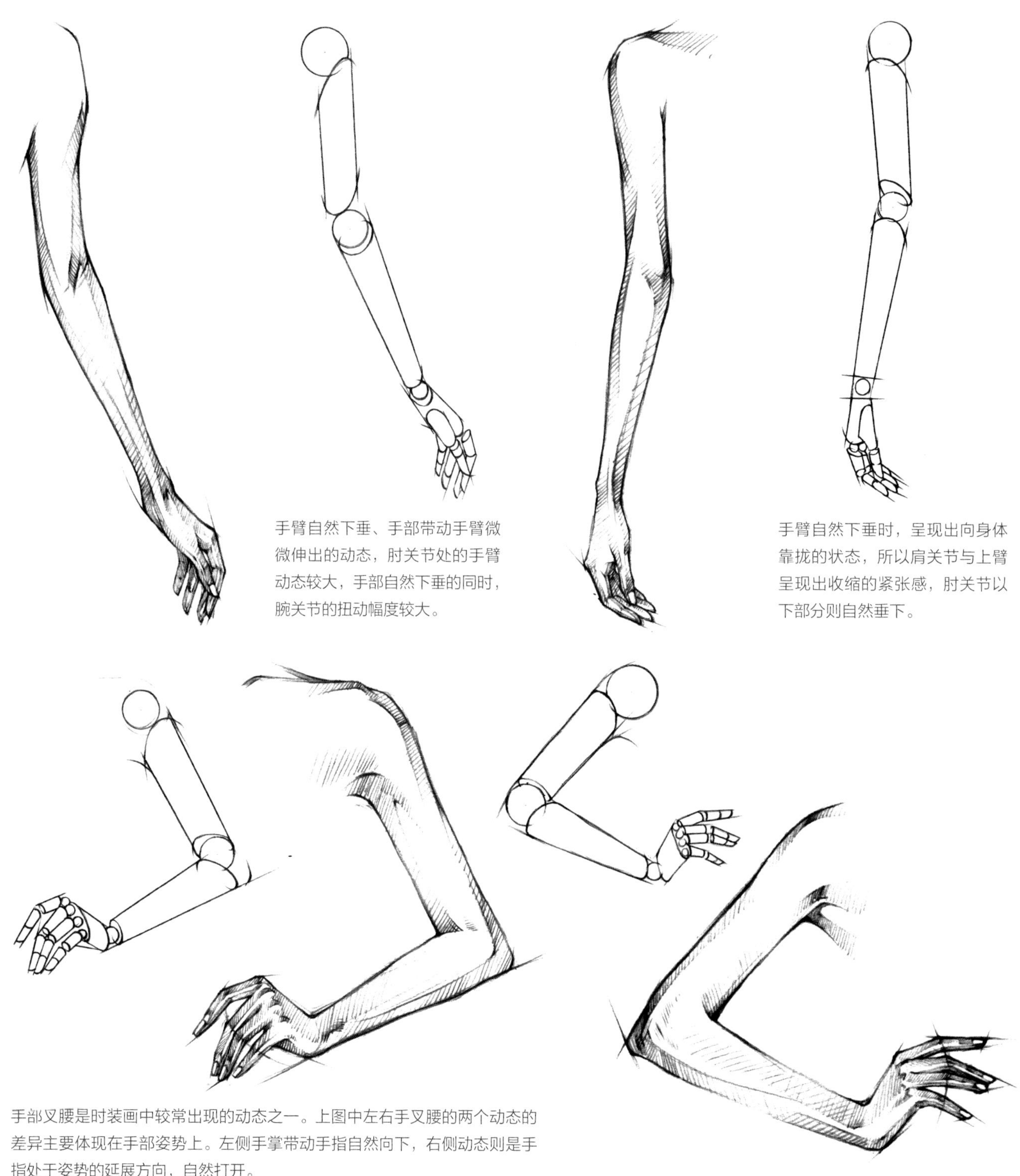

手臂自然下垂、手部带动手臂微微伸出的动态，肘关节处的手臂动态较大，手部自然下垂的同时，腕关节的扭动幅度较大。

手臂自然下垂时，呈现出向身体靠拢的状态，所以肩关节与上臂呈现出收缩的紧张感，肘关节以下部分则自然垂下。

手部叉腰是时装画中较常出现的动态之一。上图中左右手叉腰的两个动态的差异主要体现在手部姿势上。左侧手掌带动手指自然向下，右侧动态则是手指处于姿势的延展方向，自然打开。

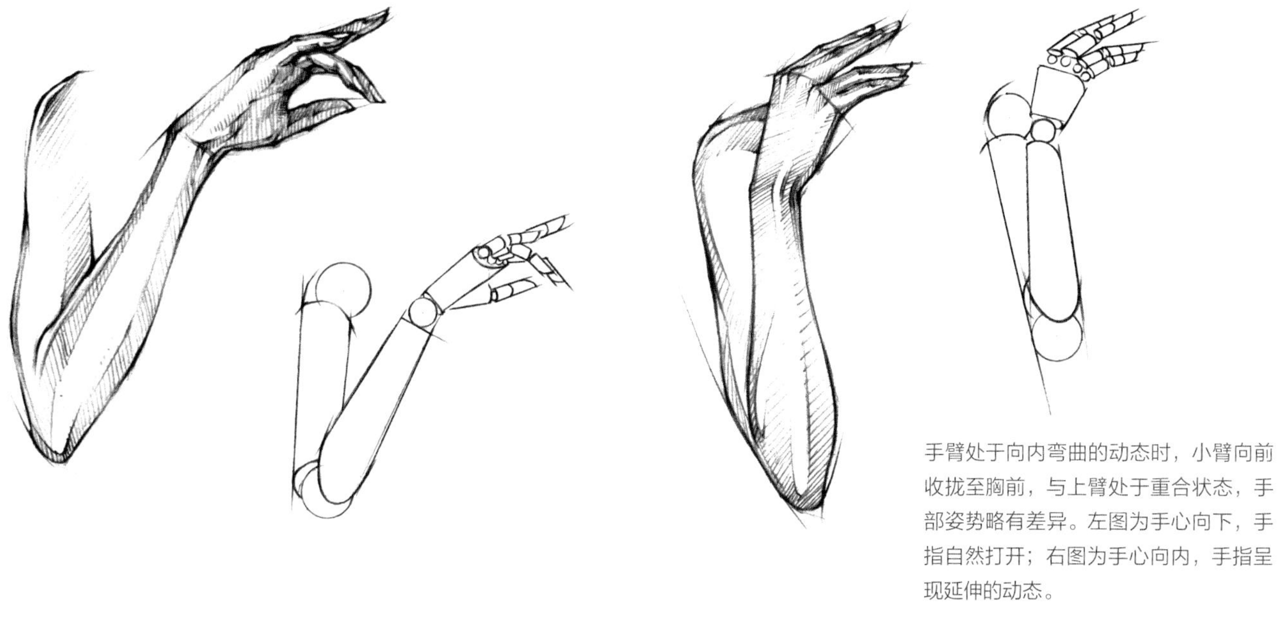

手臂处于向内弯曲的动态时，小臂向前收拢至胸前，与上臂处于重合状态，手部姿势略有差异。左图为手心向下，手指自然打开；右图为手心向内，手指呈现延伸的动态。

手的表现

在时装画中，手部姿势并不会对展现服装产生大的影响，但手部是人体的关键位置。手部的动态灵活多变，所以表现起来更需要注意要领。一般情况下，我们会把手掌看作是一个相对固定的体块，手腕与手掌的动态基本上是联动的，主要是角度的变化和扭动。在了解了这些之后，绘制手指的动态时，只需编排好以手指为半径的活动范围，以手指与手掌之间的关节为圆心，进行动态表现即可。

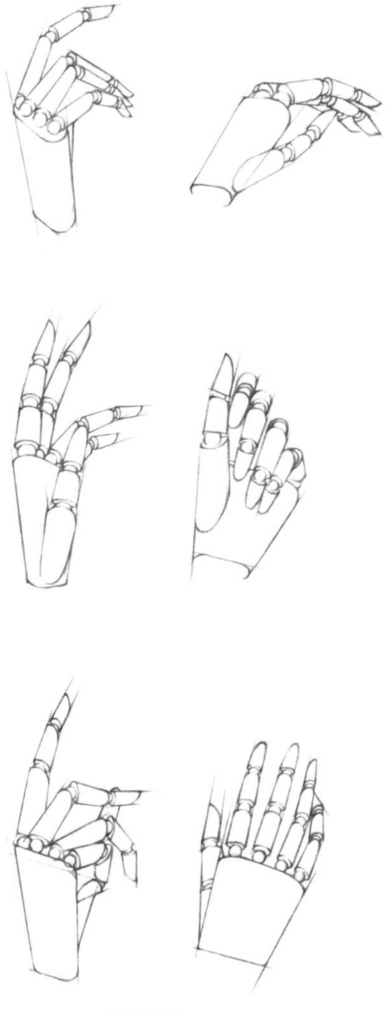

手的结构

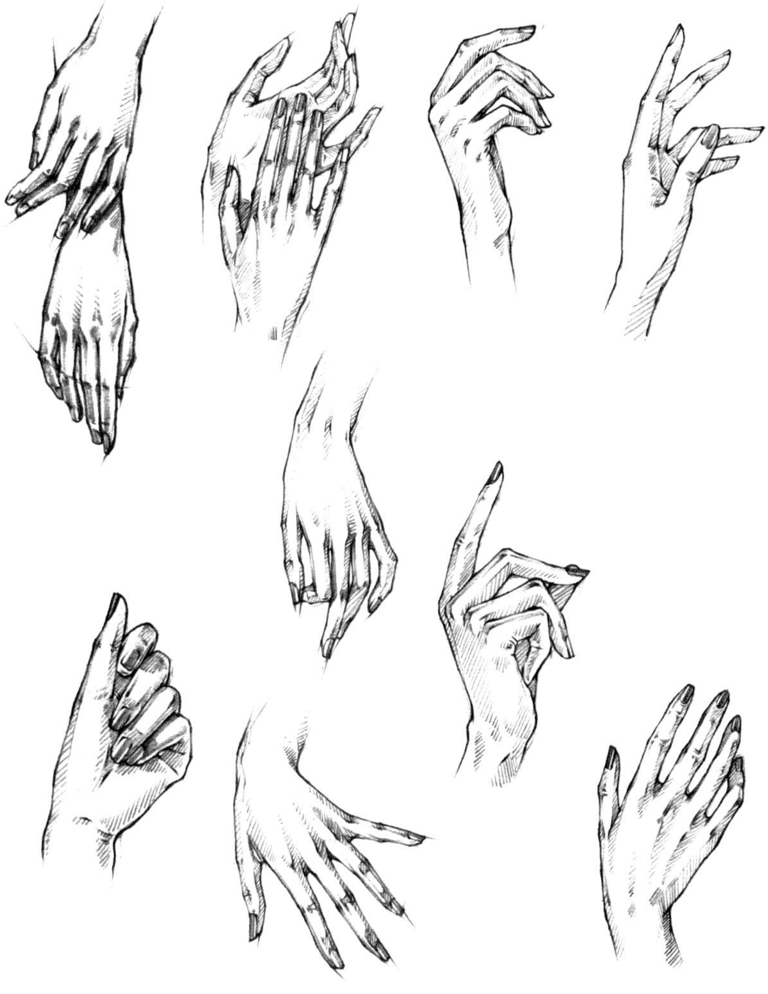

手的动态

3.1.4 腿和脚的结构与动态变化

身体的下肢部分从盆腔处开始，往下依次是胯关节、大腿、膝关节、小腿、踝关节和脚部。下肢的动态与身体的姿势有直接关系，站姿、走姿、坐姿抑或是蹲下的姿态，其实都是依靠下肢的动态完成的，所以掌握下肢的表现手法和运动原理尤为必要。

腿的表现

人体重量主要由腿部支撑，与灵活的手臂相比，腿部显得更为结实、强壮，更具力量感。腿部的活动范围也有较大的局限，在绘制时，我们可以将大转子、膝盖和脚踝等几处关节看作是球体，用以连接盆腔、大腿、小腿和脚，来展现腿部动态的稳定性和节奏感。

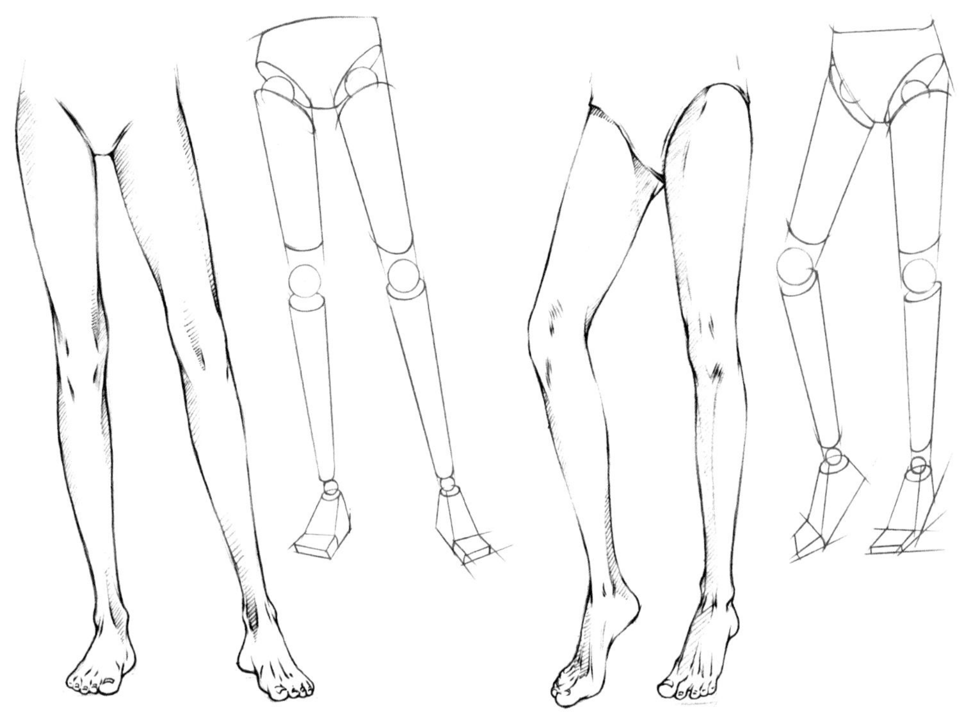

站立动态

在站立的情况下，身体的重心全部集于脚部，抑或是两脚之间的位置。双脚自然打开的情况下，腿部呈现直立的状态，重心落于两脚之间。当一条腿提起，脚部随之抬高的情况下，会出现左图中的右侧图的动态，此时另一条腿承载身体重量，成为重心腿，非重心腿一侧的盆腔会自然向下，处于放松状态。

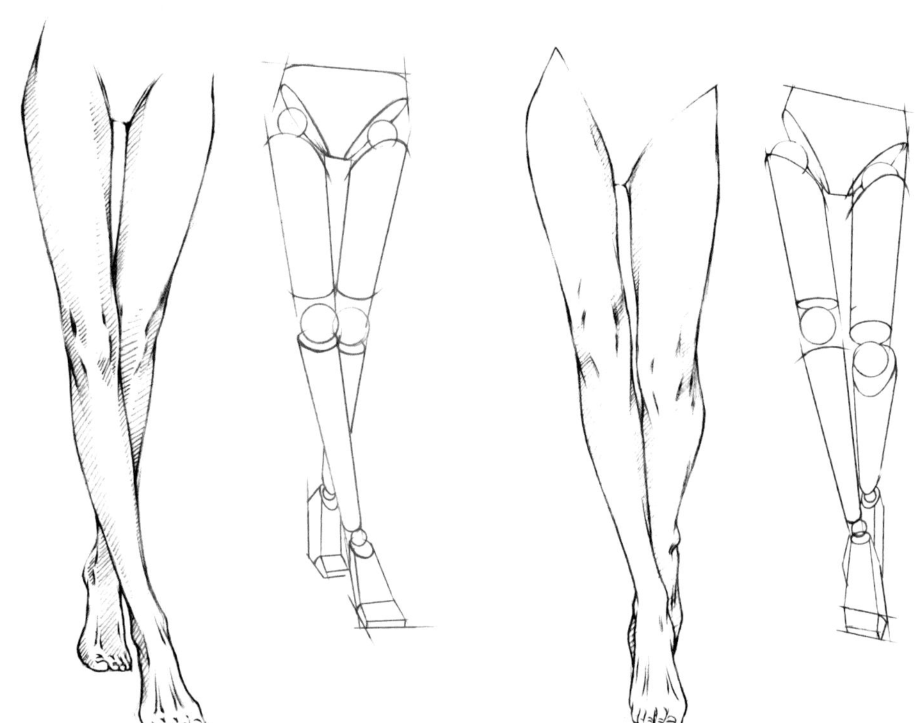

行走动态

在行走的过程中，身体会出现不断切换重心腿的情况。左图的左侧图中的行走姿态刚好处于两腿交换的瞬间，所以盆腔左右两侧的高度和膝盖的位置都处于相对水平的状态，腿部的肌肉和骨骼处于紧张的直立状态。而左图的右侧图中的重心腿相对直立，后方的脚部抬起，处于悬空状态，所以肌肉放松，胯关节处于水平向下的位置。

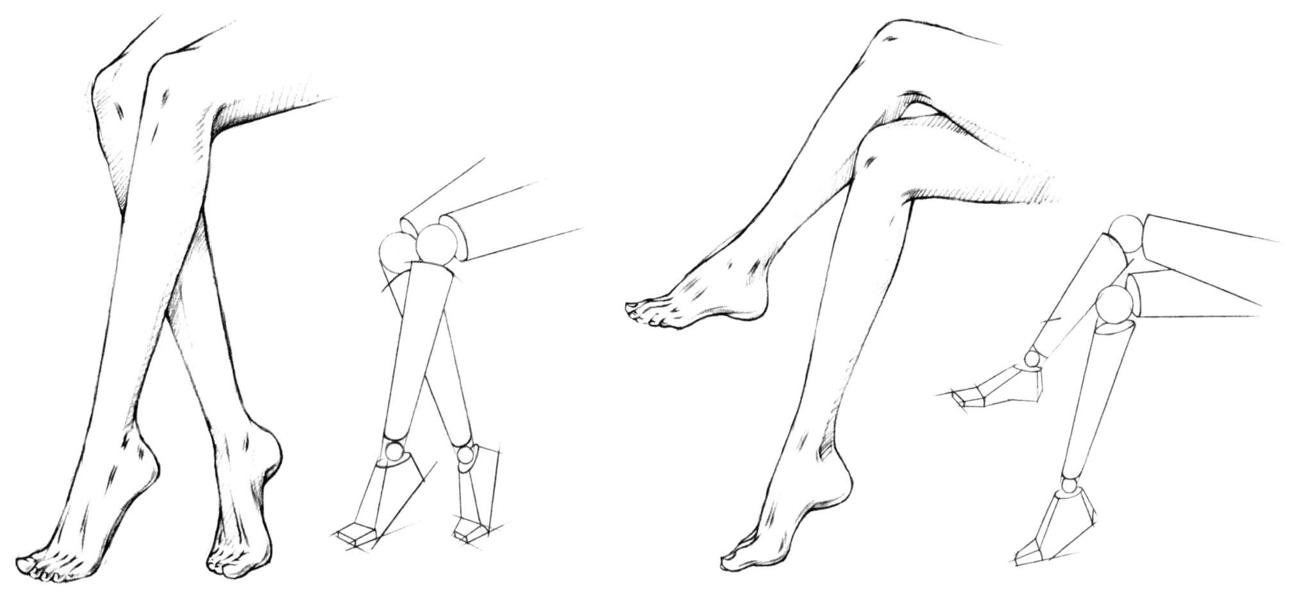

坐姿动态

坐姿中最重要的转折出现在膝关节，画坐姿时要注意两腿的位置变化。坐姿时，膝盖处于弯曲状态，身体的重心位于臀部，所以腿部的姿势更加多变。上面左图中双脚交错，腿部自然延伸；而右图中单腿向上重叠，脚部的骨骼和肌肉更加放松。

脚的表现

踝关节连接小腿与脚部，脚的结构由脚跟、脚掌和脚趾构成，三者相互关联，在运动时产生不同的形态变化。时装画中较少表现脚部的细节，更多是以鞋子的形态出现于画面中，但对脚部的了解，更有利于表现鞋子的形态。

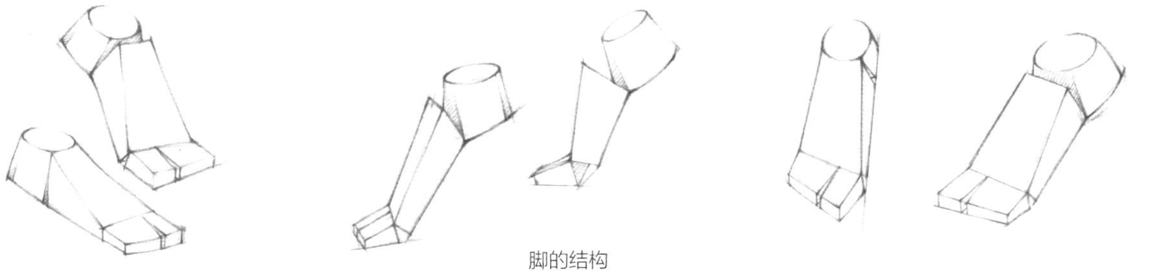

脚的结构

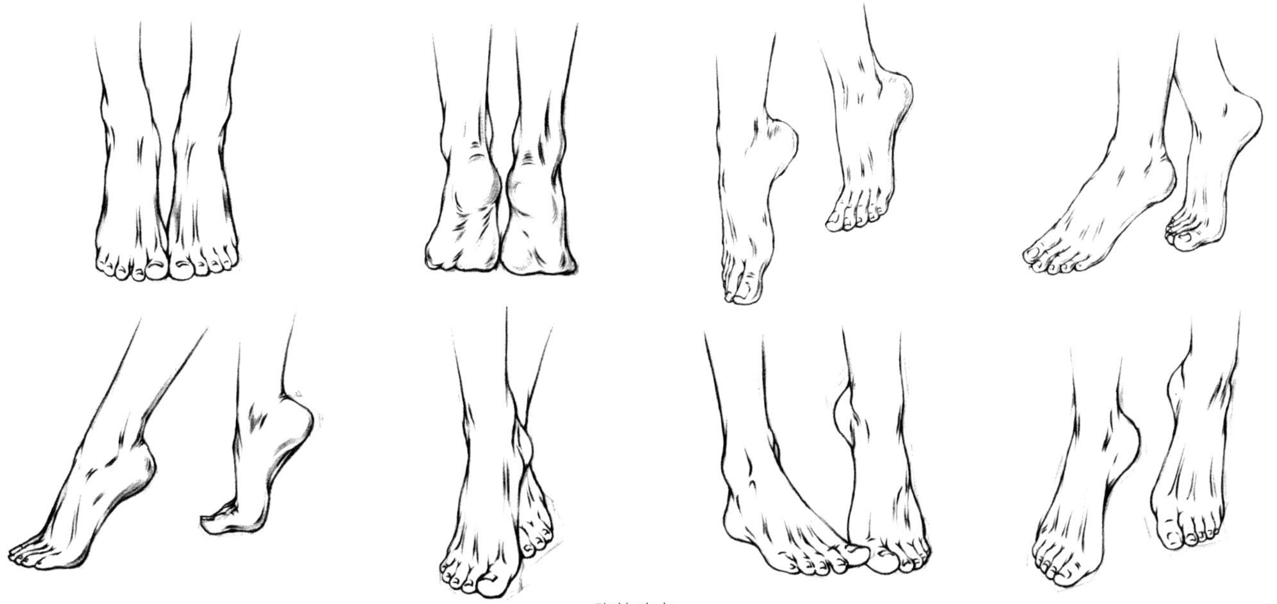

脚的动态

3.2 时装画人体动态

身体是时装画中展示服装的媒介，不同风格的服装也在探究衣服与身体的关系。建立了对身体形态和结构的认知后，下一步就是掌握身体动态了。我们在秀场中看到的模特都处于“猫步”动态中，包括行走、站立、转身等，即便是广告片中看到的模特，也都处于各种别样风格的姿态中。本节就来一一了解时装画中人体动态的表现及注意事项。

3.2.1 站立动态

人体处于站立姿势时，首先需要关注的是人体的重心，然后在此基础上明确腿部的状态，进而确定胯关节与肩关节的关系，最后处理肢体与躯干的形态。明确重心的位置，确定肩跨关系，进而绘制肢体形态，是站立动态的基本绘制步骤。

站立动态表现步骤详解（1）

①观察模特，其身体重心位于两脚之间，相比之下，右腿所承受的重力更大。明确了这一要点后，绘制出头部、躯干及肢体的简单轮廓，并用辅助线进一步明确三者之间的关系。

②确定站姿形态，在保证形体比例的前提下，描画出肩部，身体重心偏移，导致右腿承担的重力更大，左腿跨步，且处于相对放松的状态。用简单的草稿线绘制四肢及手脚的状态。

③明确站立姿势，使用具有变化的线条绘制形体的轮廓，注意转折处的表现。用过渡式线条绘制肌肉拉伸处的轮廓，用铅笔排线绘制出身体的大致立体感。注意表现出因身体扭动而造成的身体侧面的投影细节。

④ 用小楷笔描绘身体轮廓曲线。用小楷笔笔尖描画骨骼和肌肉线条，下笔的力度要富有变化，并注意笔触的顿挫感和流畅感之间的过渡要自然。

⑤ 擦除铅笔痕迹，保留小楷笔的线条，并用简单的笔触绘制锁骨、膝盖等骨骼的转折形态。

⑥ 用与线条匹配的肉色，绘制身体的立体形态及光影变化，表现出肌肉的状态与外部轮廓的关系，完成绘制。

站立动态表现步骤详解（2）

❶明确人物的重心，使用草稿线条绘制出人物的肩胯关系，根据躯干及胯的状态，绘制出腿部。

❷明确躯干状态，绘制人物的头部和四肢动态。头部处于侧面低头的状态，要强调下颌骨的线条。人物的身体重心偏左，所以身体左侧呈收缩状态，身体右侧舒展，手臂自然垂下。胯部处于自然放松状态，自然打开。用草稿线和服装线，初步完成动态轮廓的勾画。

❸进一步完善人物的身体轮廓及骨骼转折点，画出肌肉线条，并用流畅的过渡线条完成轮廓的绘制。然后用铅笔排线描绘出身体的立体结构和阴影细节，着重强调身体的转折部位。

❹更换画材，用小楷笔描画确定的人物站姿。用笔触的叠压效果和虚实变化绘制出关节的转折及肌肉的交叠等细节。用简单的笔触描绘出身体的肌肉线条，以及锁骨、膝盖等骨骼区域。

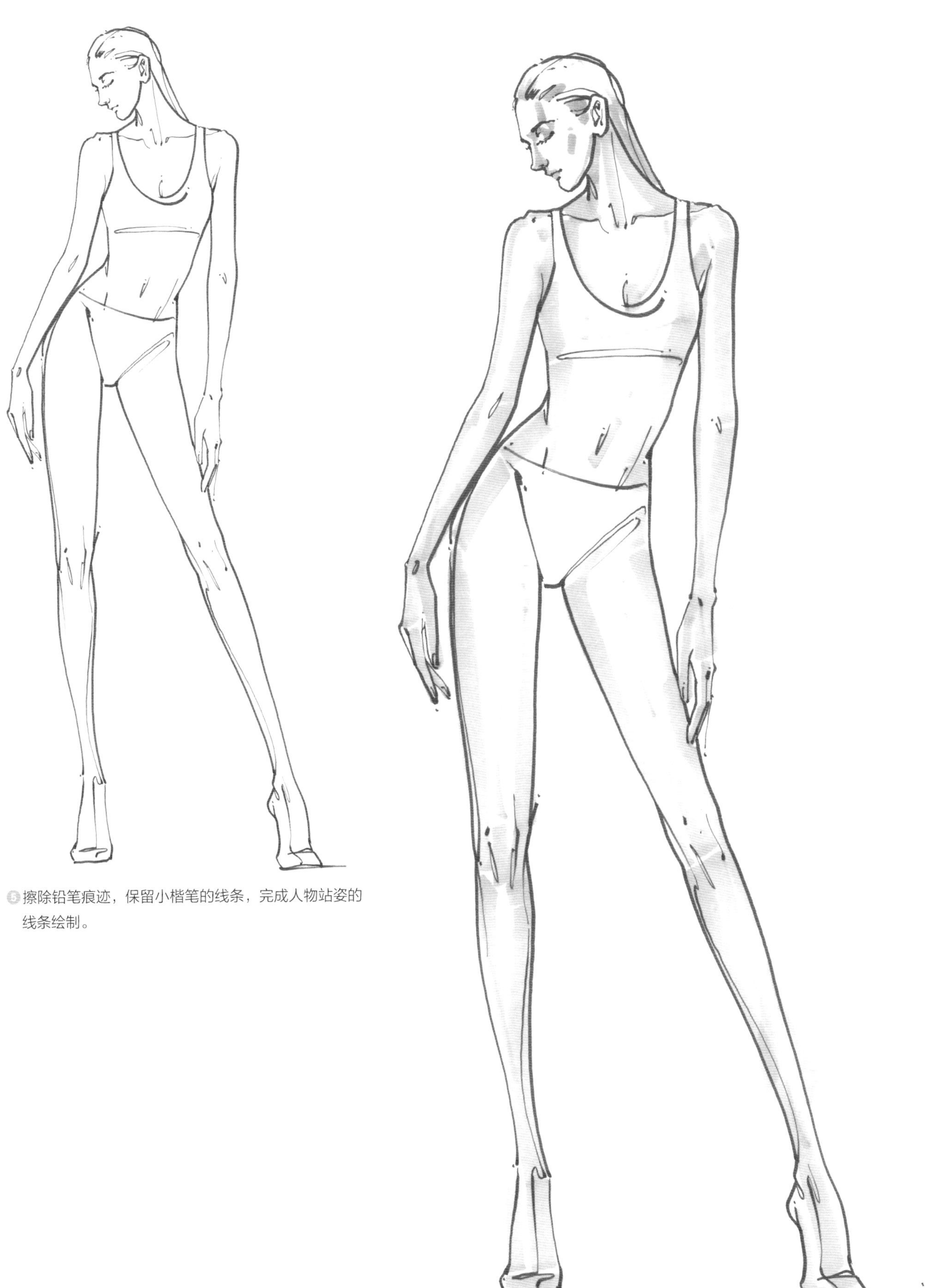

⑤擦除铅笔痕迹，保留小楷笔的线条，完成人物站姿的线条绘制。

⑥用与勾线笔颜色匹配的马克笔，绘制人物身体的立体感和阴影效果，并表现出骨骼与肌肉。

站立动态表现范例

3.2.2 行走动态

行走中的动态，是时装画中最为常见，也是最能生动展示服装与身体关系的动态之一。人物处于行走状态时，重心在两腿之间交替变化，这是绘制行走状态人物的重点，所有的细节描画都建立于这一要点之上，并为之服务。

行走动态表现步骤详解（1）

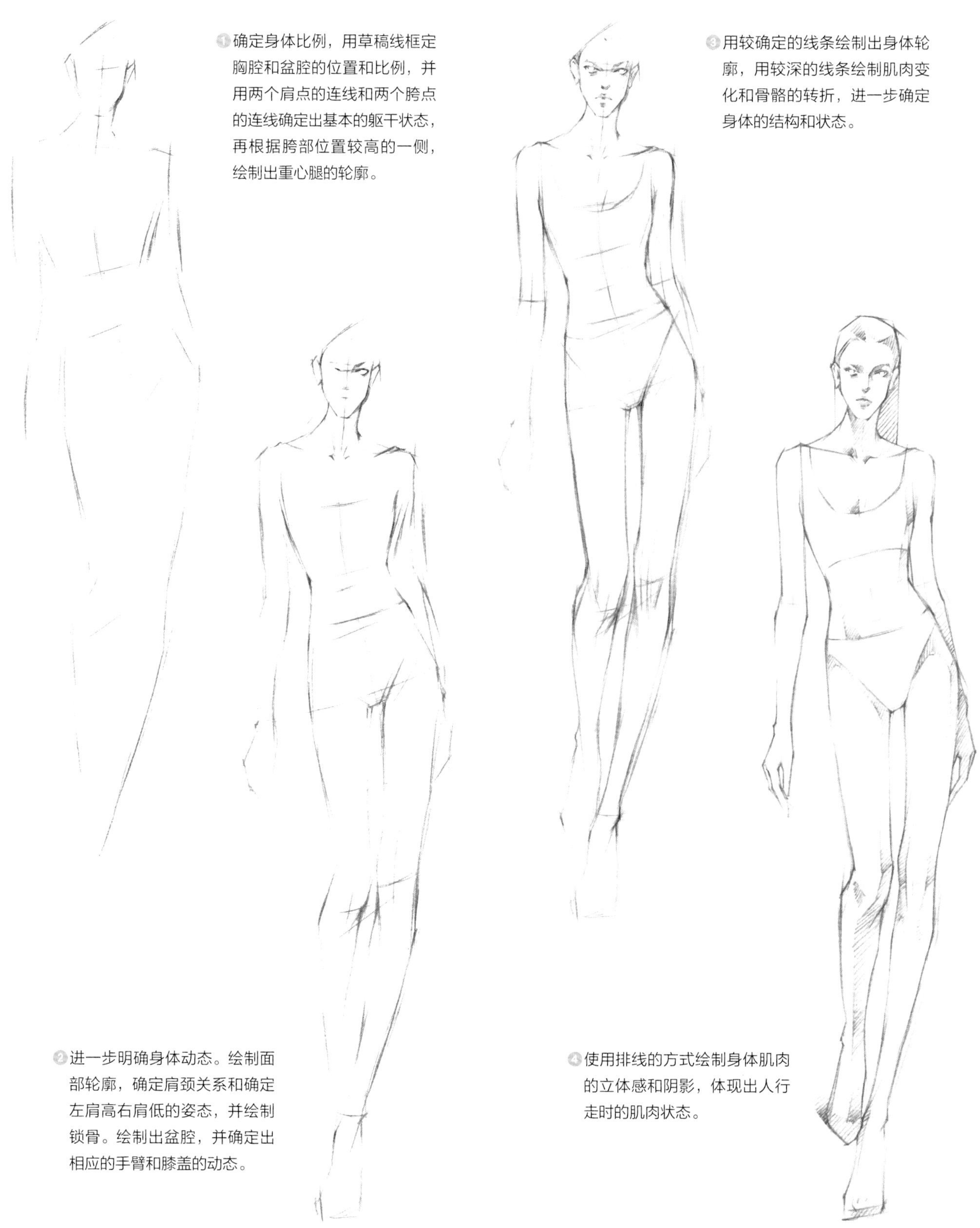

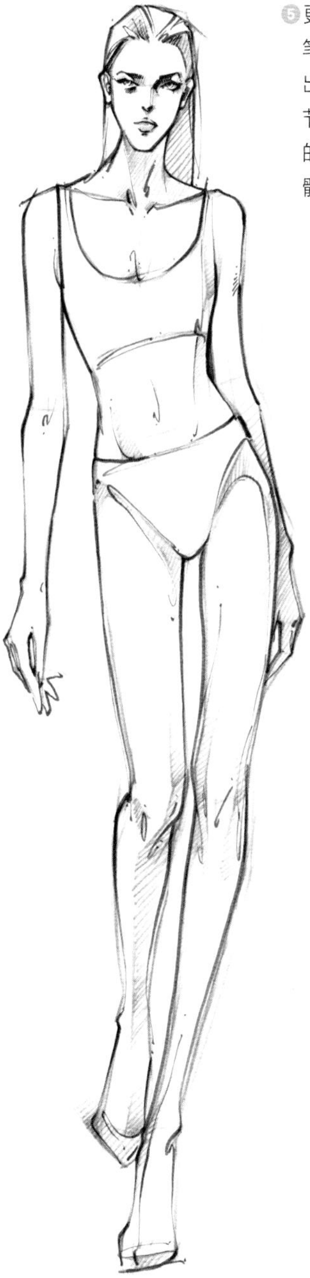

⑤更换画材，用小楷笔描绘人物。用笔触的叠压、顿挫和虚实变化表现出骨骼的转折及肌肉的交叠等细节。用简单的笔触线条勾勒出身体的肌肉线条，以及锁骨、膝盖等骨骼区域。

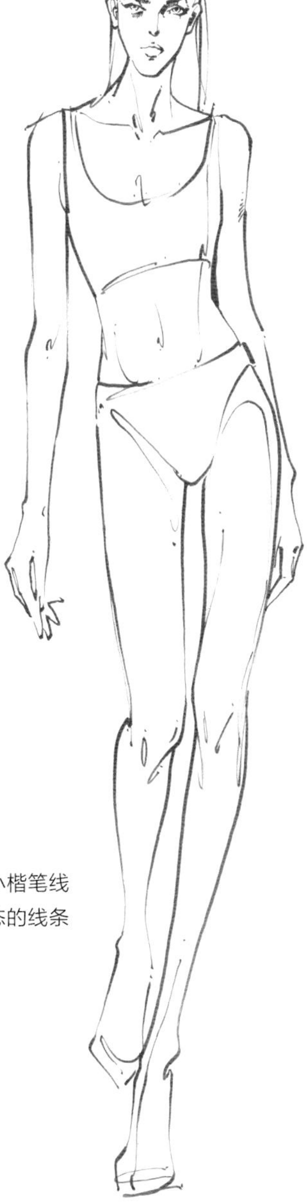

⑥擦除铅笔痕迹，保留小楷笔线条，完成人物行走形态的线条轮廓绘制。

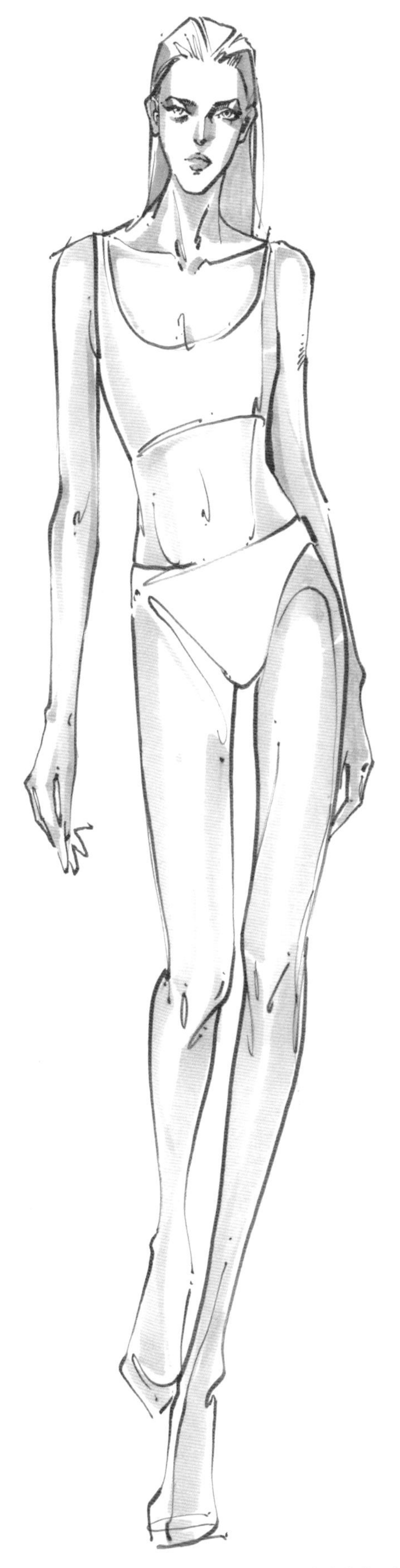

⑦用与勾线笔颜色匹配的马克笔涂画出人物身体的体积块面和阴影效果，并表现出骨骼与肌肉的空间效果。

行走动态表现步骤详解（2）

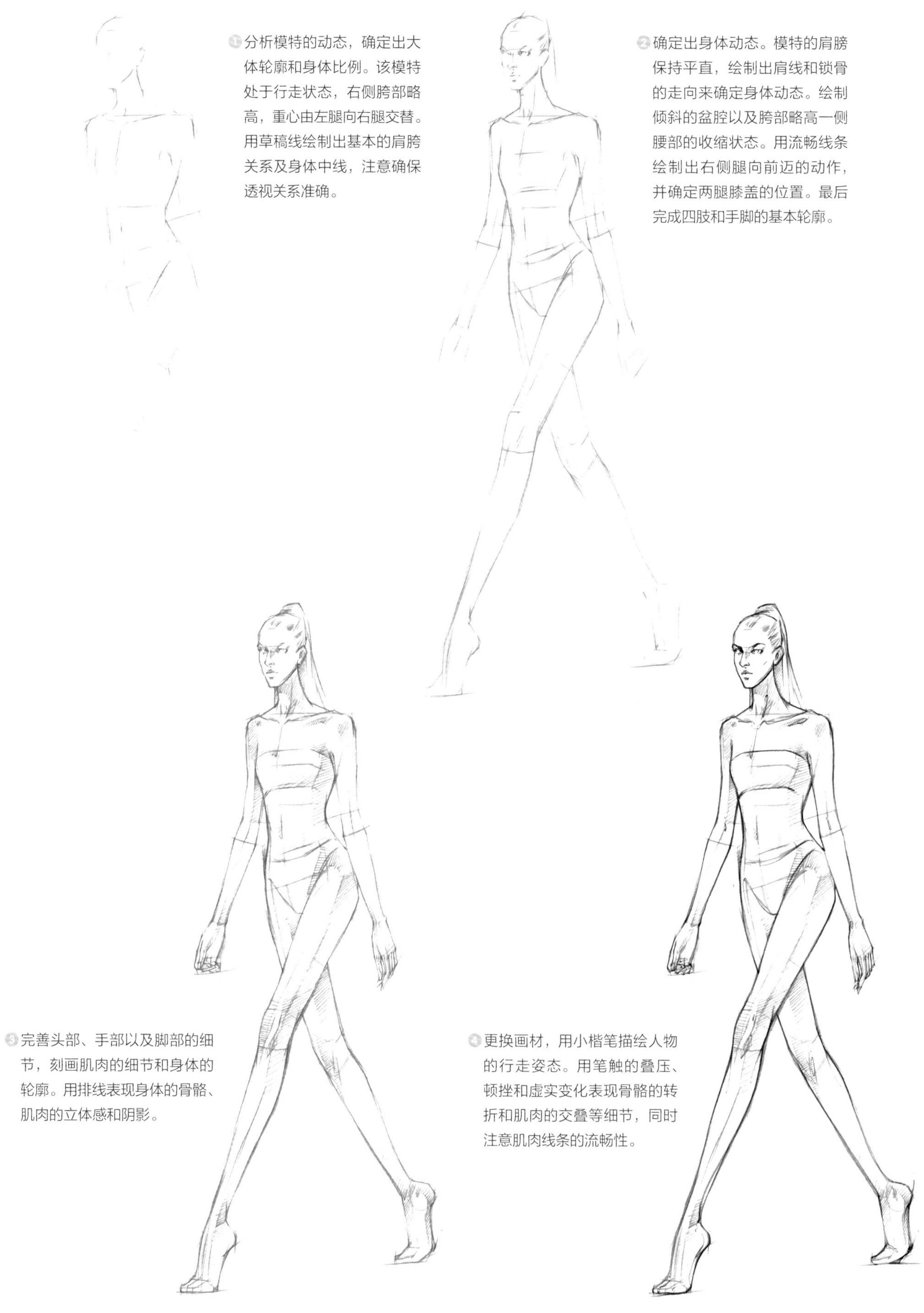

① 分析模特的动态，确定出大体轮廓和身体比例。该模特处于行走状态，右侧胯部略高，重心由左腿向右腿交替。用草稿线绘制出基本的肩胯关系及身体中线，注意确保透视关系准确。

② 确定出身体动态。模特的肩膀保持平直，绘制出肩线和锁骨的走向来确定身体动态。绘制倾斜的盆腔以及胯部略高一侧腰部的收缩状态。用流畅线条绘制出右侧腿向前迈的动作，并确定两腿膝盖的位置。最后完成四肢和手脚的基本轮廓。

③ 完善头部、手部以及脚部的细节，刻画肌肉的细节和身体的轮廓。用排线表现身体的骨骼、肌肉的立体感和阴影。

④ 更换画材，用小楷笔描绘人物的行走姿态。用笔触的叠压、顿挫和虚实变化表现骨骼的转折和肌肉的交叠等细节，同时注意肌肉线条的流畅性。

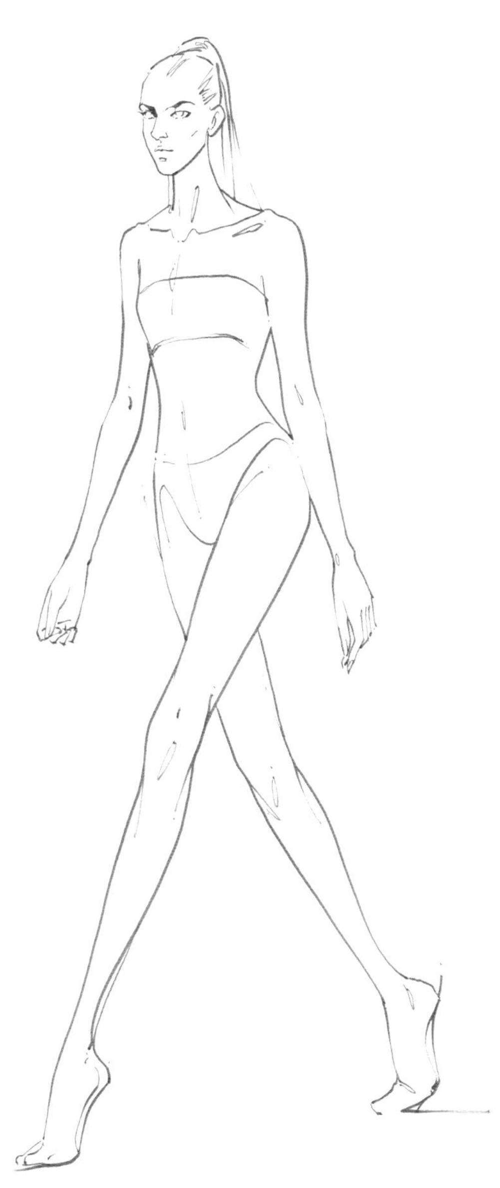

⑤ 擦除铅笔痕迹，保留小楷笔线条，完成人物行走动态的线条轮廓绘制。

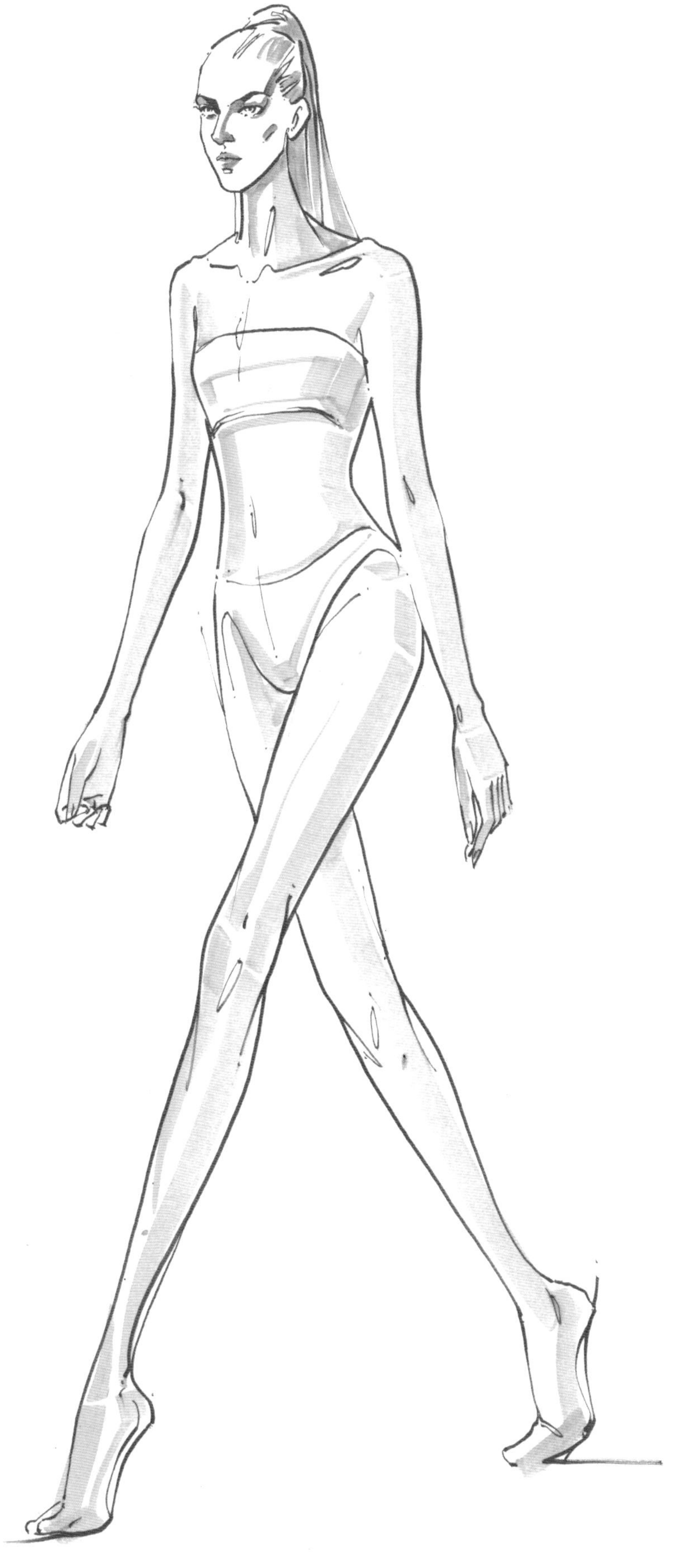

⑥ 用与勾线笔颜色匹配的马克笔，绘制出人物身体的体积块面和阴影效果，并表现出骨骼与肌肉的空间效果。

行走动态表现范例

3.2.3 其他动态

时装画中，还有更多用于展示服装的人体姿态，无论是站立、行走，还是优雅的坐姿，绘制时都要遵守人物的基本比例关系，先确定出头部和肩颈的关系以及躯干的基本状态，再进行四肢和手脚细节的绘制。

坐姿

如果不依靠外物，上身笔直的标准坐姿的着力点一般落于臀部，与过锁骨中点的重心线相垂直。标准坐姿的头身比约为6.5头身，也就是减掉大腿的两个头长。但时装画中很少采用标准坐姿，一般斜倚、弯腰、翘腿等更加放松的坐姿出现得更多，以增强画面的趣味性。

坐姿导致的身体倾斜、弯曲或扭转，以及肢体间的遮挡关系，会增加绘画难度，因此绘制时更要注意用人体比例的数据进行检查校准，以保证人体结构的准确。

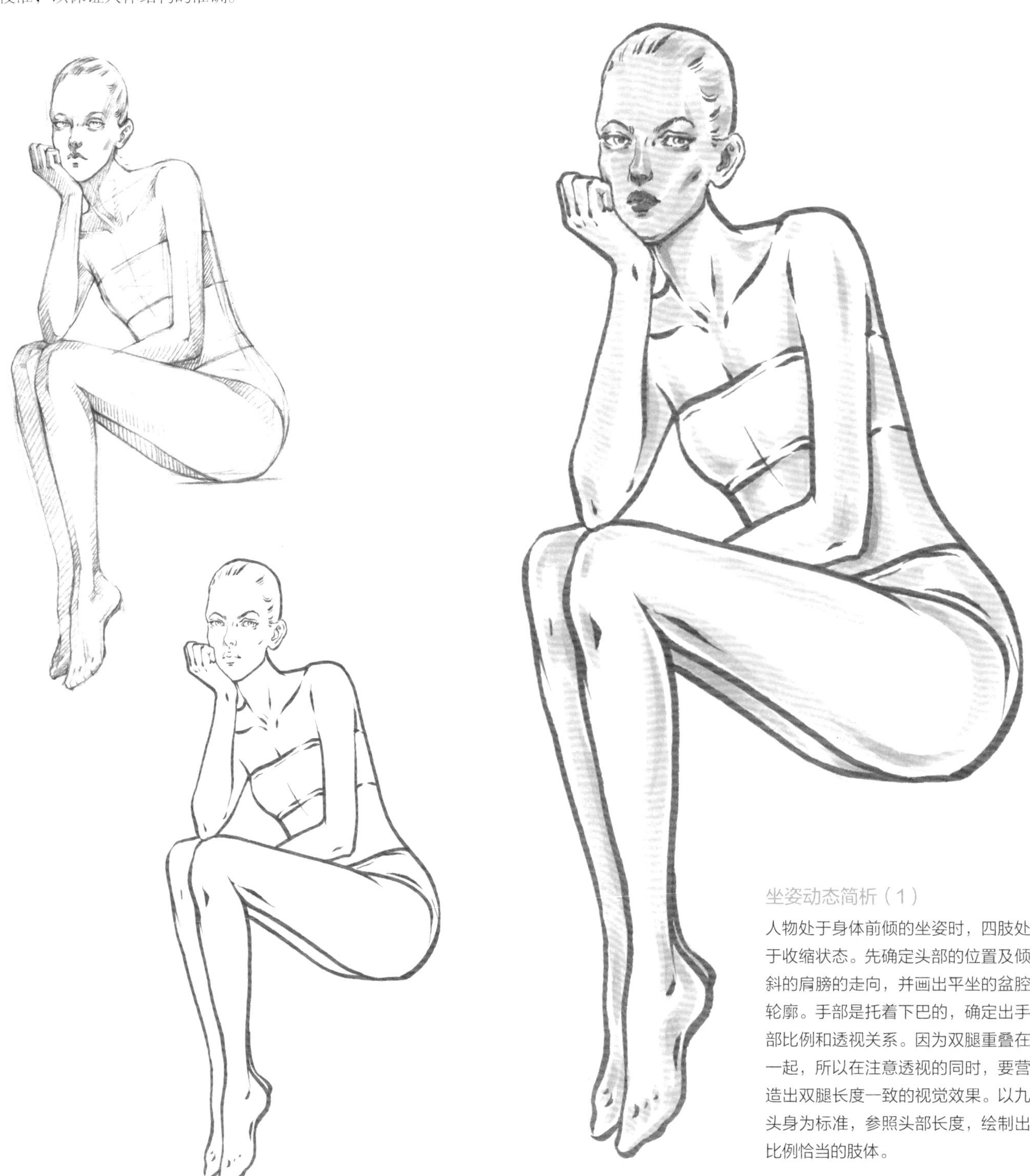

坐姿动态简析（1）

人物处于身体前倾的坐姿时，四肢处于收缩状态。先确定头部的位置及倾斜的肩膀的走向，并画出平坐的盆腔轮廓。手部是托着下巴的，确定出手部比例和透视关系。因为双腿重叠在一起，所以在注意透视的同时，要营造出双腿长度一致的视觉效果。以九头身为标准，参照头部长度，绘制出比例恰当的肢体。

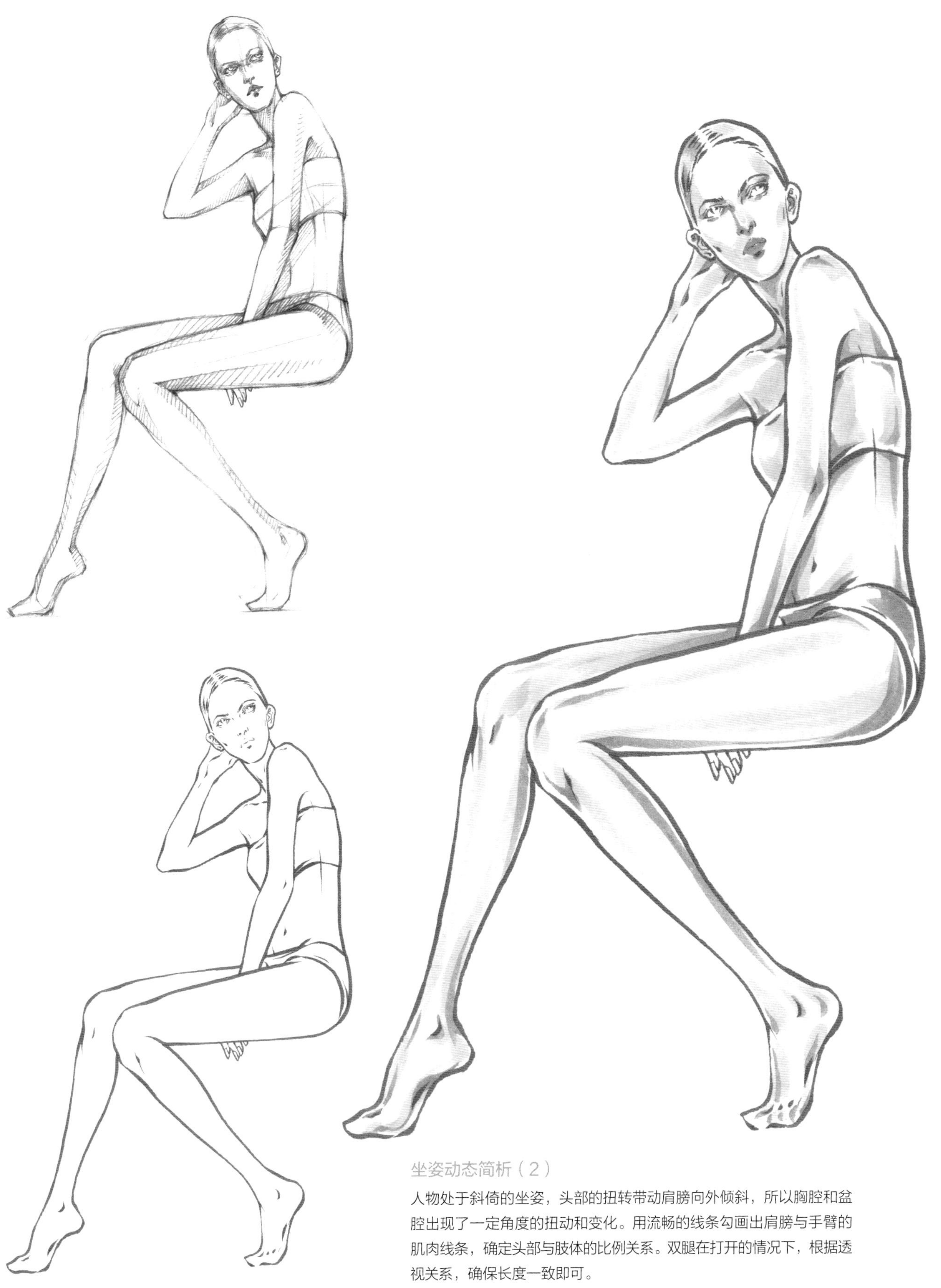

坐姿动态简析（2）

人物处于斜倚的坐姿，头部的扭转带动肩膀向外倾斜，所以胸腔和盆腔出现了一定角度的扭动和变化。用流畅的线条勾画出肩膀与手臂的肌肉线条，确定头部与肢体的比例关系。双腿在打开的情况下，根据透视关系，确保长度一致即可。

蹲姿

蹲姿的变化也非常多，既可以单膝着地也可以双膝着地，还可以像坐姿一样依靠外物。但不论是哪种蹲姿，臀部和腿部都会形成明显夹角，此时肢体间的交叠和遮挡会更复杂。如果上身再出现扭转，就会进一步增加绘制难度。透视关系也是在绘制蹲姿时必须考虑的要点，尤其是在出现纵深透视时，肢体的长宽比例和结构形态都要进行相应的变化或调整。

人物处于单膝着地的半蹲状态时，肩膀带动胸腔扭转，右侧的胸腔与盆腔之间的肌肉产生一定的收缩。在绘制这种比较复杂的肢体动作时，可将身体看作块面，以头部长度为比例参照，绘制出肢体比例协调的画面。

跪姿

跪姿时小腿一般会紧贴地面，身体的两大转折点是臀部和膝盖，上身、大腿和小腿会发生相应倾斜、扭转和弯折。和蹲姿一样，跪姿也是肢体交叠和透视变化复杂的动态，在绘制时要尤其注重比例和结构的准确性。蹲姿和跪姿往往会让服装形成较多的遮挡，所以在重点表现服装的效果图或设计手稿中可能不太适用，但是这两种动态的变化丰富且充满韵律感，如果应用于强调视觉效果的时装画中，则能增加画面的艺术性，使画面更具感染力。

人物处于双膝着地的跪姿，身体相对于画面而言基本处于正侧面视角。绘制双腿并拢的跪姿时，在注意身体比例的情况下，主要关注的是身体侧面的肌肉线条轮廓、胸廓前方对应的背部肩胛骨转折位置、腰部后侧的凹陷以及臀部突出等部位的绘制。

3.3 服装与人体的关系

服装有不同的款式、面料和廓形，它们装饰着我们的身体，同时也会跟随身体的扭动形成褶皱。服装外部的颜色、结构及装饰，修饰着穿着的个人，而服装内部与身体之间形成了空间关系。外部的廓形、结构、装饰及褶皱是我们直观感受的部分，内部的空间才是我们更好了解身体与服装间关系的关键。本节我们就来学习服装和人体的复杂关系表现。

3.3.1 服装的廓形与人体的关系

服装的廓形有很多种，一般根据服装的外部轮廓来进行整理分类，表明了不同廓形的服装与身体的距离和空间上的关系，不同的廓形对于穿着的人来说会形成不同的感受，外部视觉则带来不同的气质。

紧身款

紧身款服装和人体紧密相贴，面料和皮肤之间基本不留空间。为了便于运动，紧身款的服装要么选择有弹性的面料，如针织面料或锦纶面料；要么是在设计上能够避开关节，如无袖款式等。

合体款

合体款服装和人体保持较为贴合效果，但不等同于紧身款服装，它与身体之间留出了一定的空间，保证了运动时身体的舒适性和衣服干净利落的风格效果。一般工作着装和半休闲服装会采用这种廓形。

宽松款

宽松款的服装增大服装与身体之间的空间，利用肩膀和胯部将服装与身体关联，更多情况下展现的是服装的舒适感，以及穿着者放松、慵懒的状态。时下流行的宽松西装，更是融合了正装、休闲和舒适等多重特征要求。

超宽松款

Oversize是对这一廓形最直接的诠释。超出穿着者身体正常尺寸很多的大尺寸，让服装的存在感变得更强，这就要求一些超宽松款衣服的面料具有支撑效果，或者有饱满的填充效果。这种廓形多用于展现个性张扬、夸张、大胆的效果。

上紧下松

紧身的上衣会展现出身体曲线。无论是散开的裙子还是宽松的阔腿裤，这类松散的下装会让上下的松紧对比呈现出性感与洒脱并行的状态。

上松下紧

服装的廓形可以在视觉上调节人体的比例。紧身的下装突出了腿部线条，而与之相反的宽松上衣或者造型感强的上衣，则强化了肩部的造型，让人物的气势呈现出强势的状态和特质。

立体造型

这种廓形是针对服装构造的，一般都是围绕着身体的曲线进行局部夸张。这种廓形一般更适用于定制造型，或是舞台等特定场合。

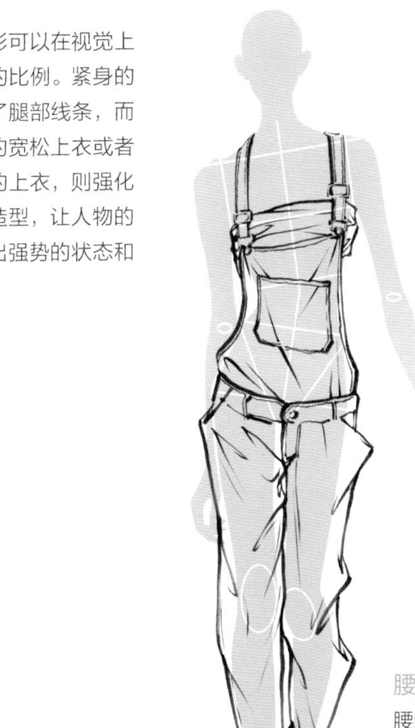

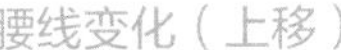

腰线变化（上移）

这种廓形的衣服会在胸部以下的位置做上半身和下半身分割，在突出胸部曲线的同时，拉长了下半身的视觉效果。这也是这一廓形的优势之处。

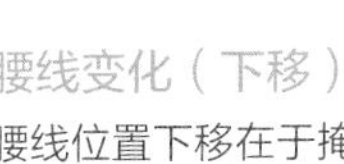

腰线变化（下移）

腰线位置下移在于掩盖腰部的曲线，形成一种直筒型的廓形。这种下移腰线的设计在20世纪二三十年代非常流行，形成一种休闲的中性风格。

3.3.2 服装结构与人体的关系

服装的结构和我们的身体有不同程度的关联，这些结构便成为服装设计师进行创意发挥的阵地，无论是领子的形态，还是袖子的宽松程度等，都与人体息息相关，可以有多样的设计表现。

领

领子关联着头部与身体，衣服最终呈现的造型与领子的形状和状态有极大的关系。立领包裹着颈部，形成庄重、严肃的效果；收缩的领口可以一定程度修饰我们的脸型；较为宽松的领子则会让脖子的长度有一定程度的视觉延伸。

领子的造型变化（1）

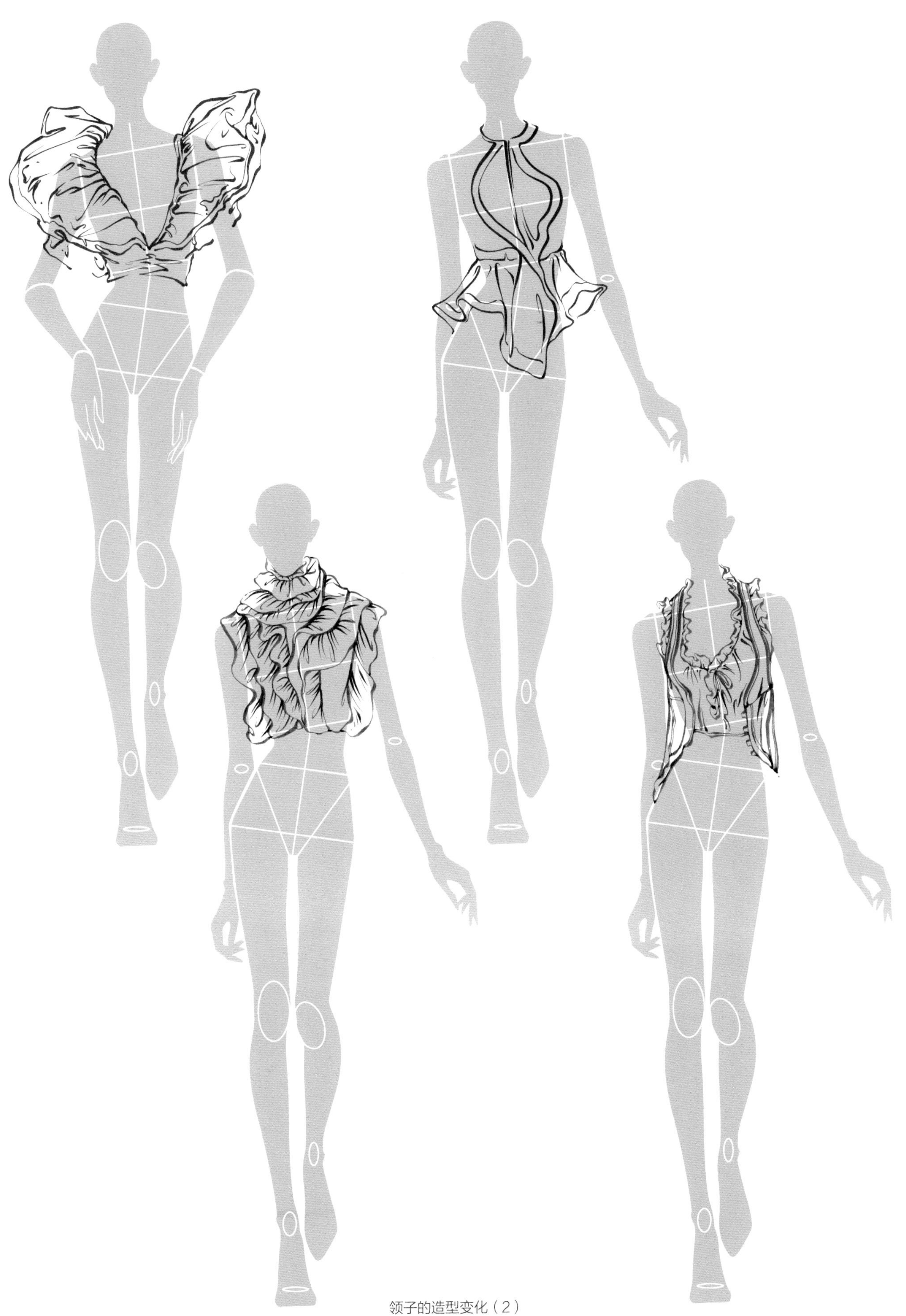

领子的造型变化（2）

门襟

门襟的设计有很多种，有的着重在胸部位置进行设计，具有很好的装饰效果；有的着重关联领口和下摆，营造较好的视觉延续效果；有的则着重关注轮廓和形状，使服装具有一定的造型和立体效果。

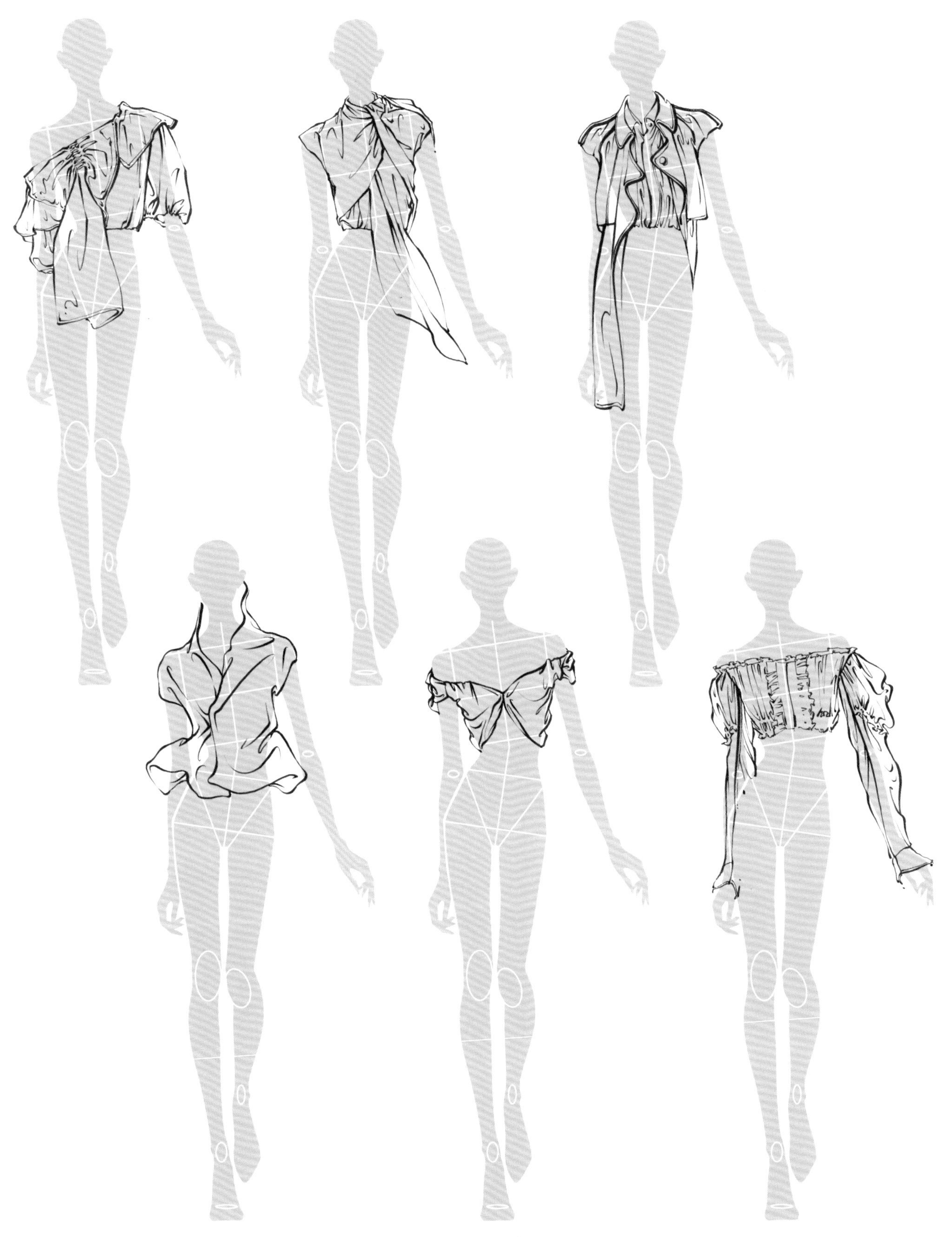

门襟的造型变化（1）

门襟的造型变化（2）

肩袖

衣服肩部的造型对人物整体的视觉效果影响很大。肩线刚好在肩膀转折的位置时，能展现出服装良好的剪裁和精致感；肩线偏下时，服装呈落肩效果，减弱了造型感，衣服如同挂在肩膀上，呈现出松散的轻松感；具有造型功能的肩部设计则可以让上身更具有记忆点，形成较为夸张的效果。

袖子也是展现服装风格的重要位置，无论是袖子长短带来的松散、精致效果，还是袖口的装饰带来的浪漫感受，抑或是收紧的袖口带来的严肃感，都是我们在设计造型时需要注意和诠释的。

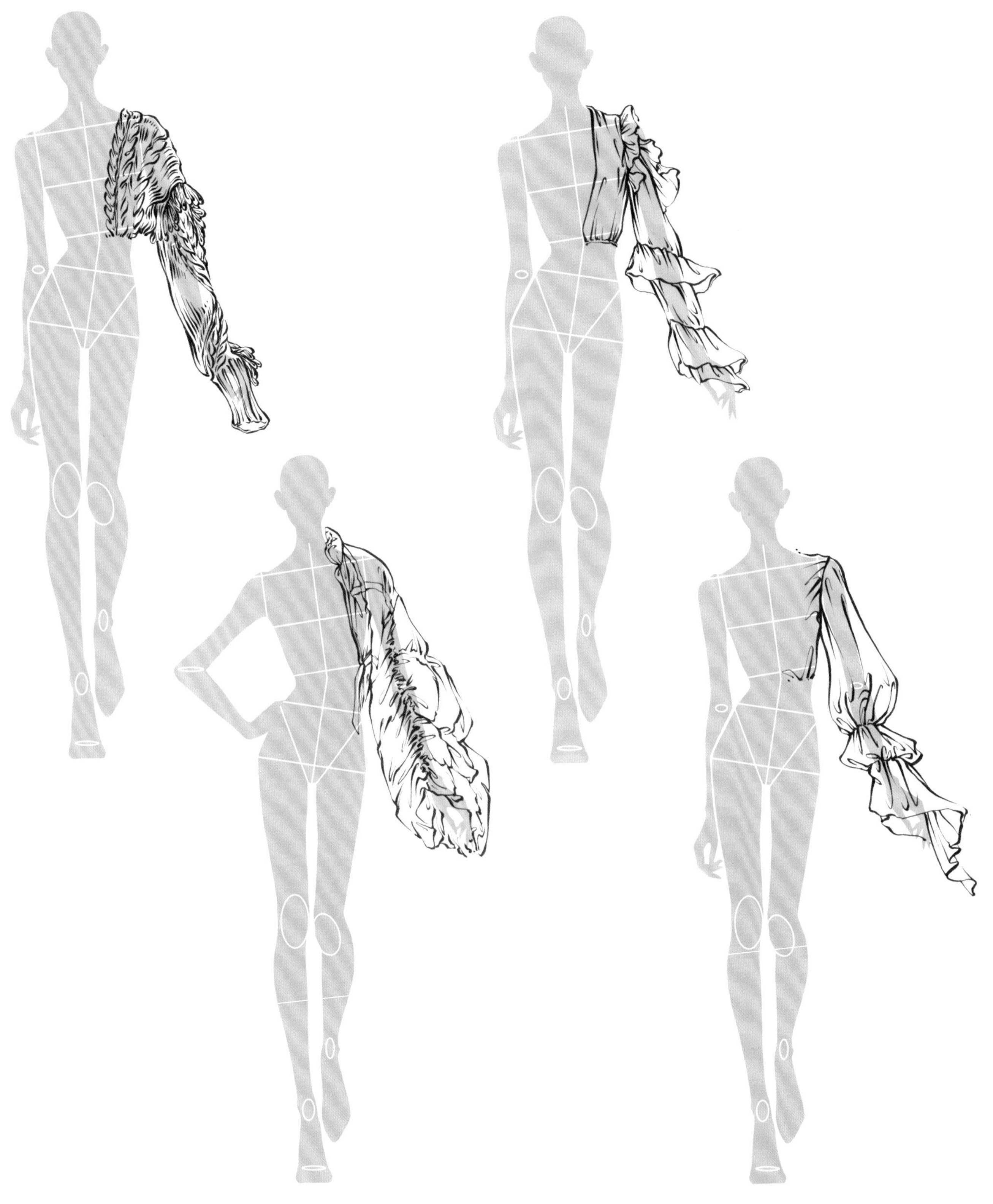

肩袖的造型变化（1）

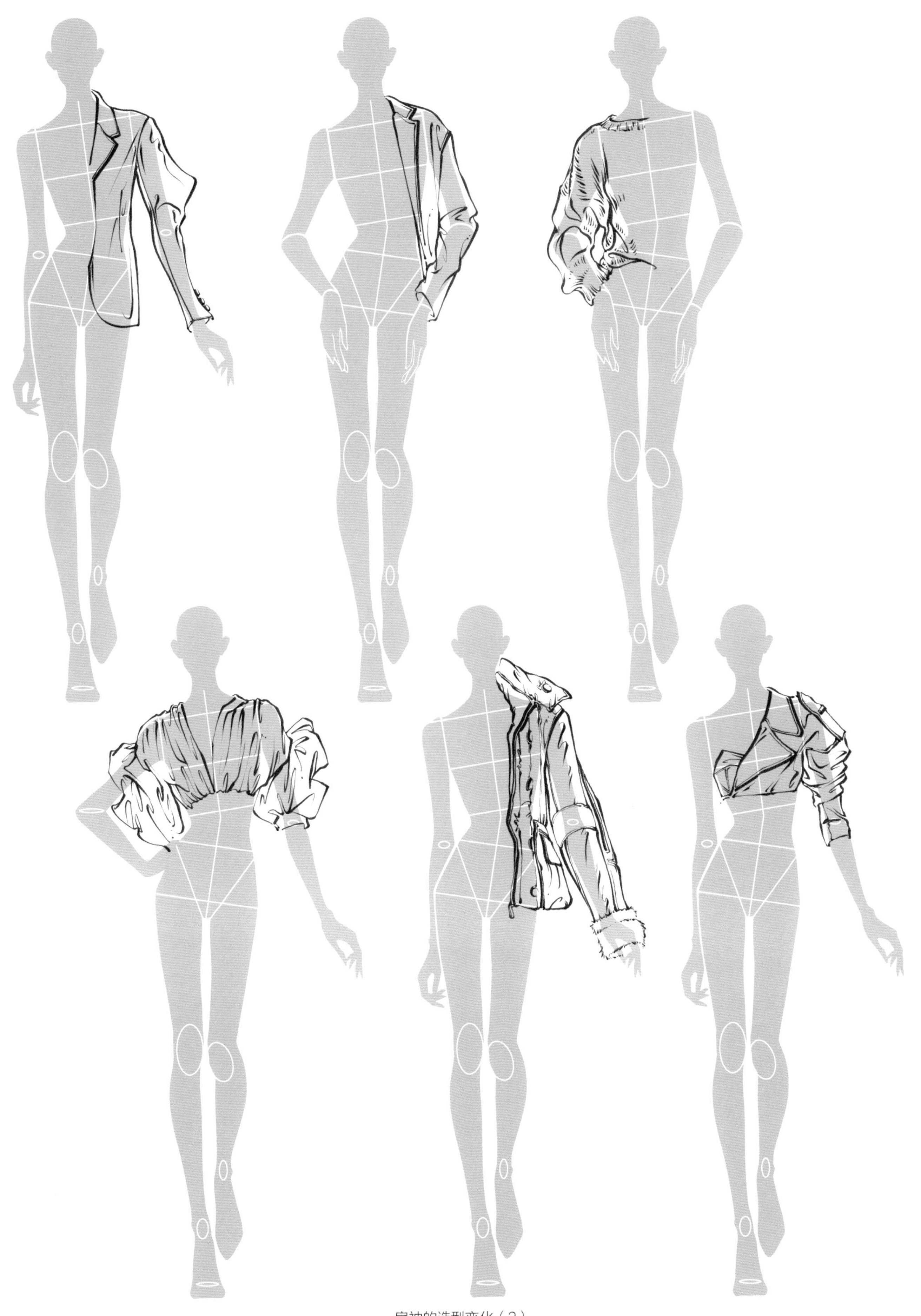

肩袖的造型变化（2）

肩袖的造型变化（3）

口袋

口袋最早产生时是因为其功能性，可以用来盛装随身物品。随着人们审美的变化和设计的发展，口袋也具有了装饰效果，尤其是工装上衣或是牛仔上衣上的口袋，几乎成为标志性设计元素。而西装的口袋几乎被隐藏起来，只留下细细的口部，形成严谨的视觉效果。

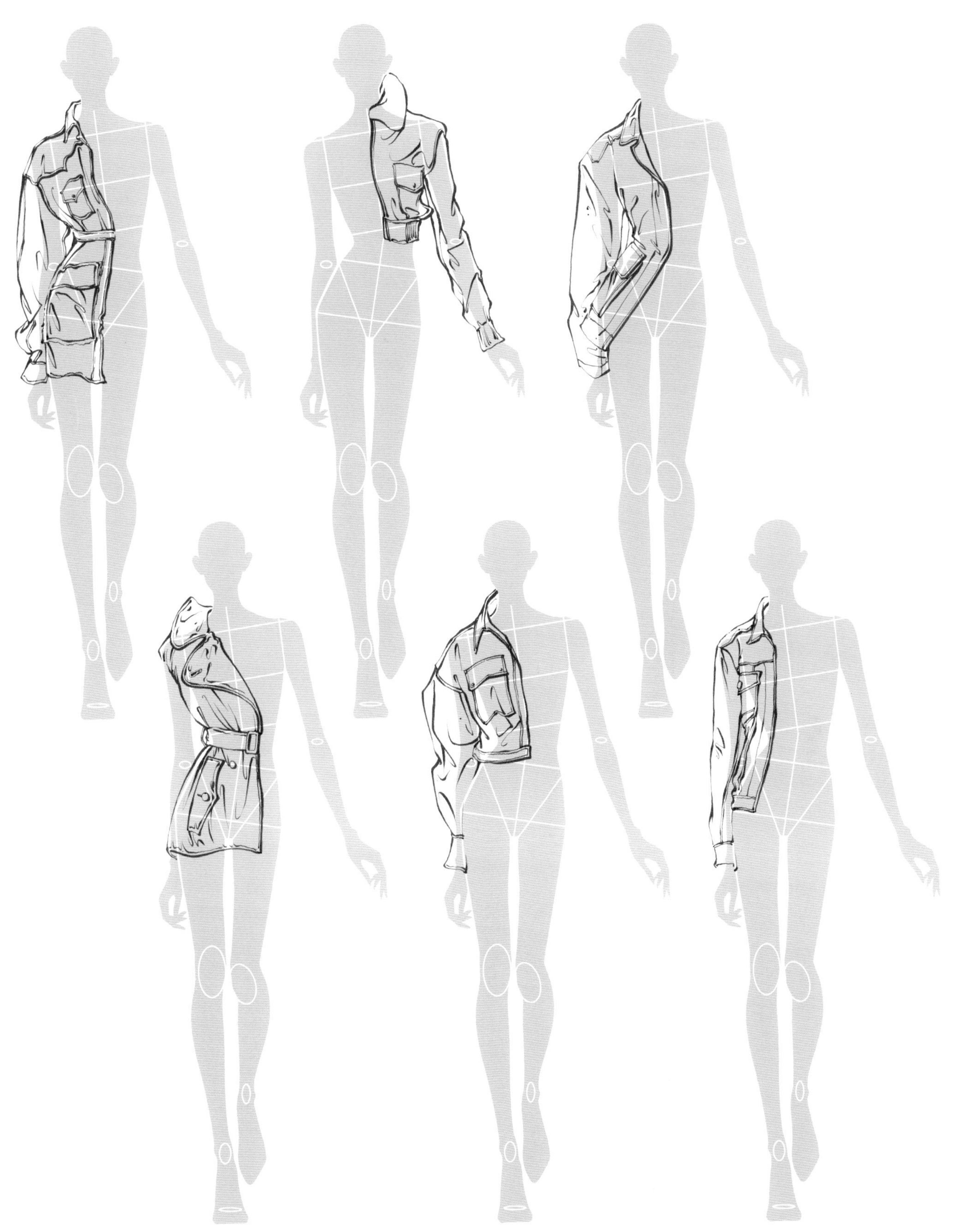

口袋的造型变化（1）

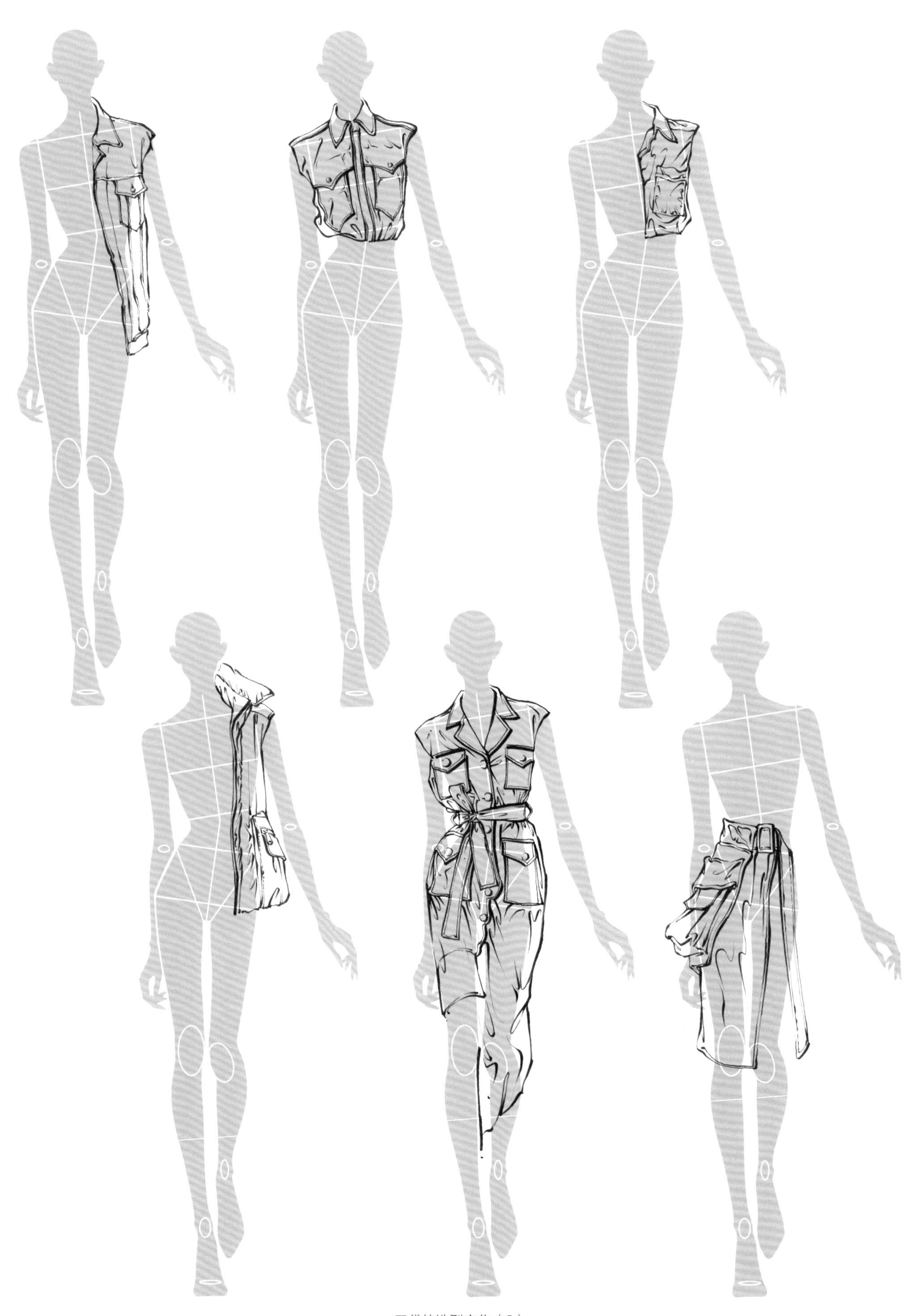

口袋的造型变化（2）

腰节

腰部一定是时装中最值得琢磨的地方之一。在功能性上，需要与腰线的转折相吻合，实现舒适性；在视觉上，既可以在视觉上对人体比例进行调整，也可以加入配饰进行装点，起到装饰效果。

收腰可以突出腰部的线条，宽松的腰身则可以提高身体动作时的流畅性，而腰带的加入，则可以在一定程度上增强胸部和臀部的立体感，达到“X”形的廓形感。

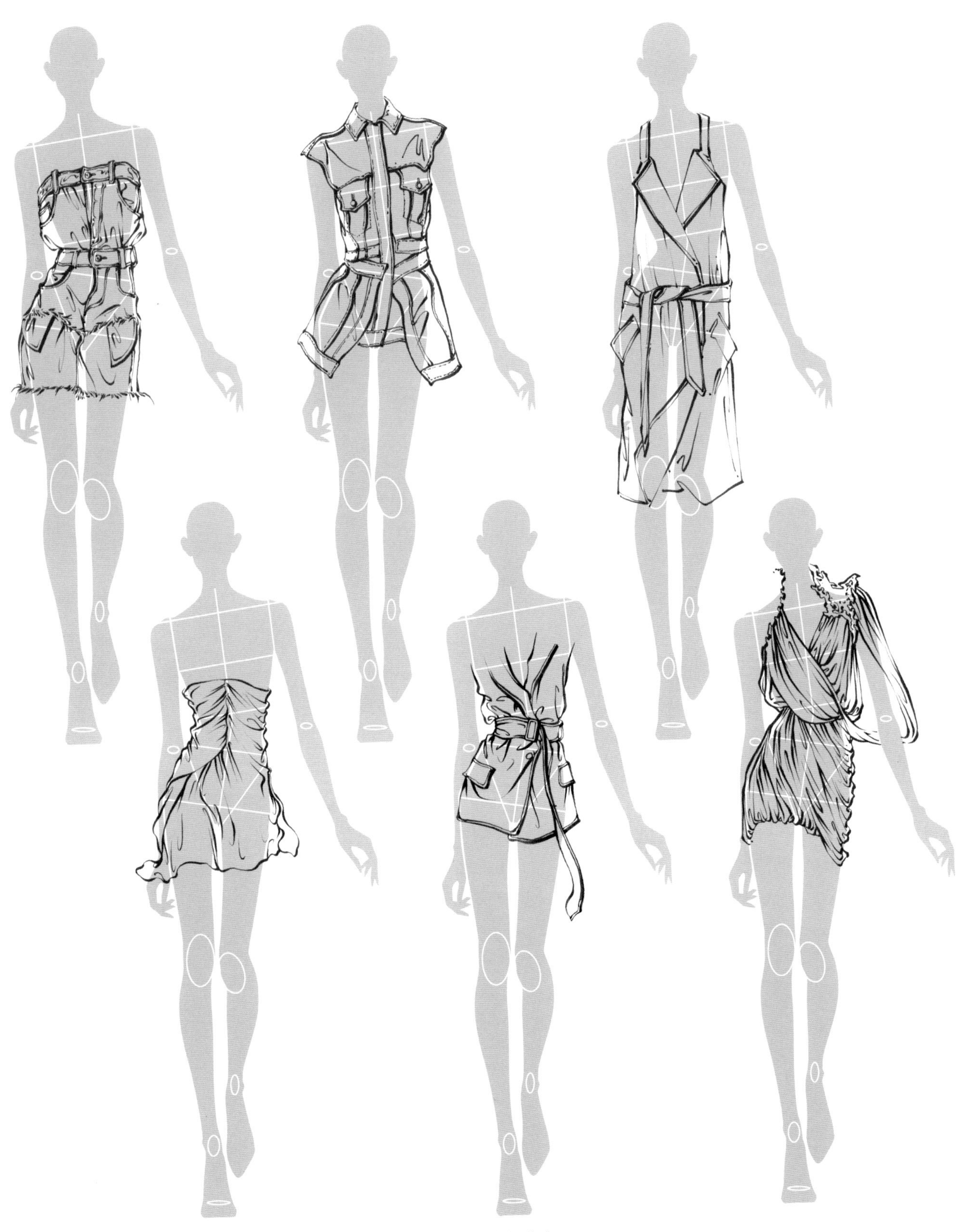

腰节的造型变化（1）

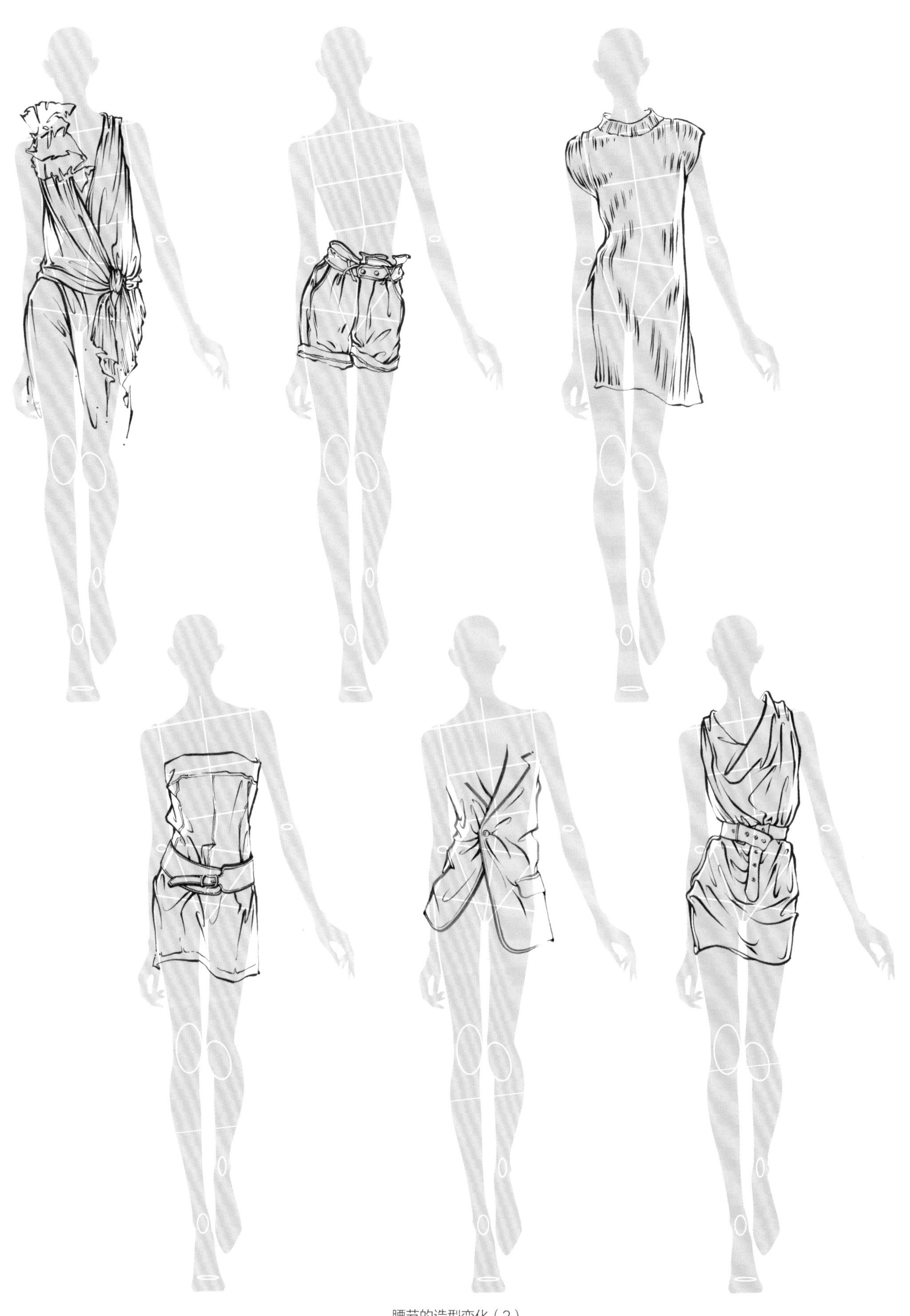

腰节的造型变化（2）

裙型

裙子可以被划分成多种款式：紧身裙需要与身体曲线保持较好的贴合度，同时也要保证身体行动的正常；阔口裙可以让行动更方便，并增强了裙子的飘逸感；鱼尾裙增强了下身的曲线感。从长度来说，长裙给人的感觉相对较为稳重，部分短裙会给穿着者带来一丝干练，而超短裙则展现出活泼、清新的气质。

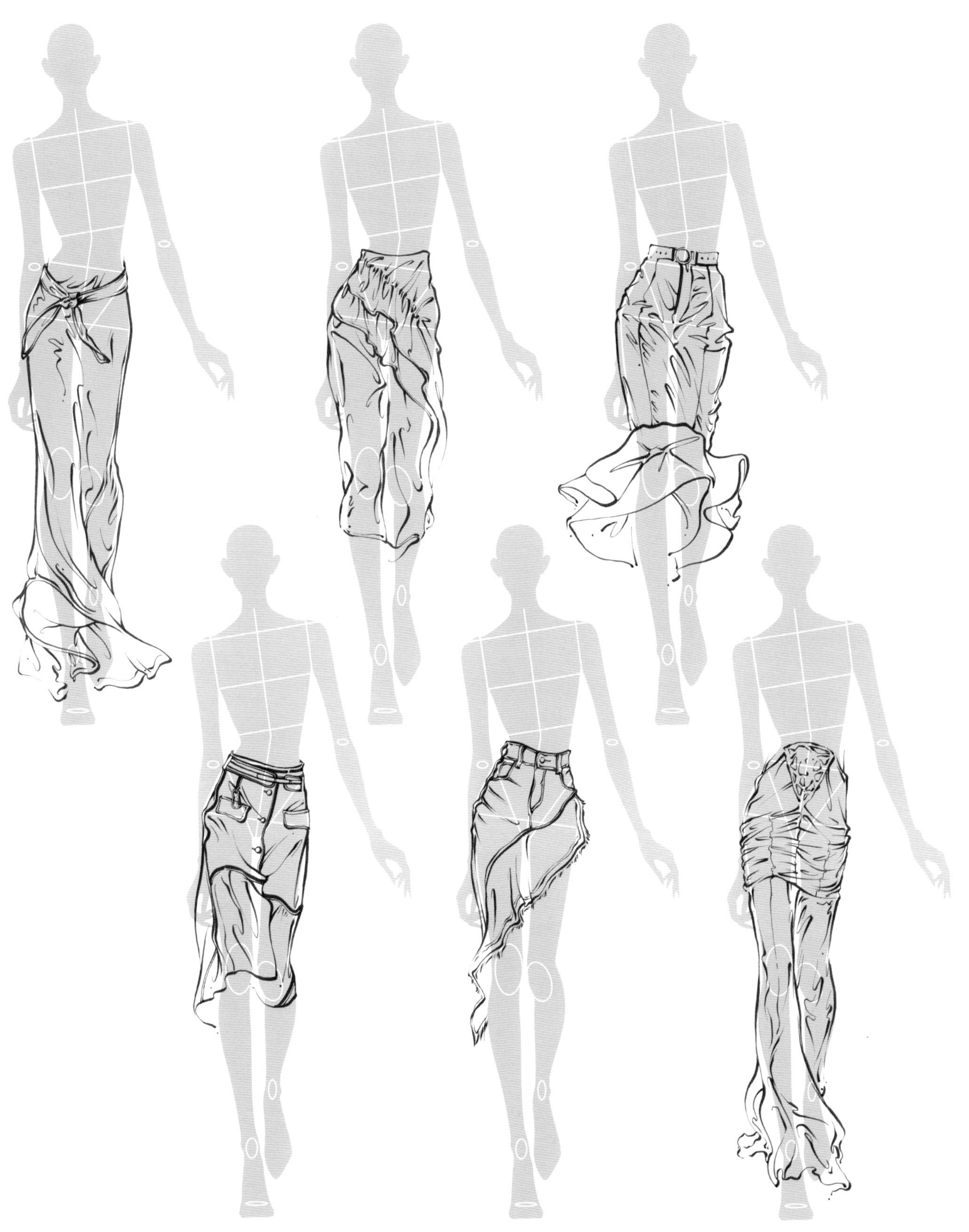

裙型变化（1）

裙型变化（2）

裤型

裤型的结构同样有很多种。紧身裤与身体相贴合，要求面料具有良好的弹性，以保证运动的舒适性；合身的裤子更加注重裤型的剪裁，既要展现腿部的曲线，又要保证行走的舒适；阔腿裤给腿部运动提供了更多的空间，带来舒适感的同时，也让穿着者看起来更加轻松、率性。

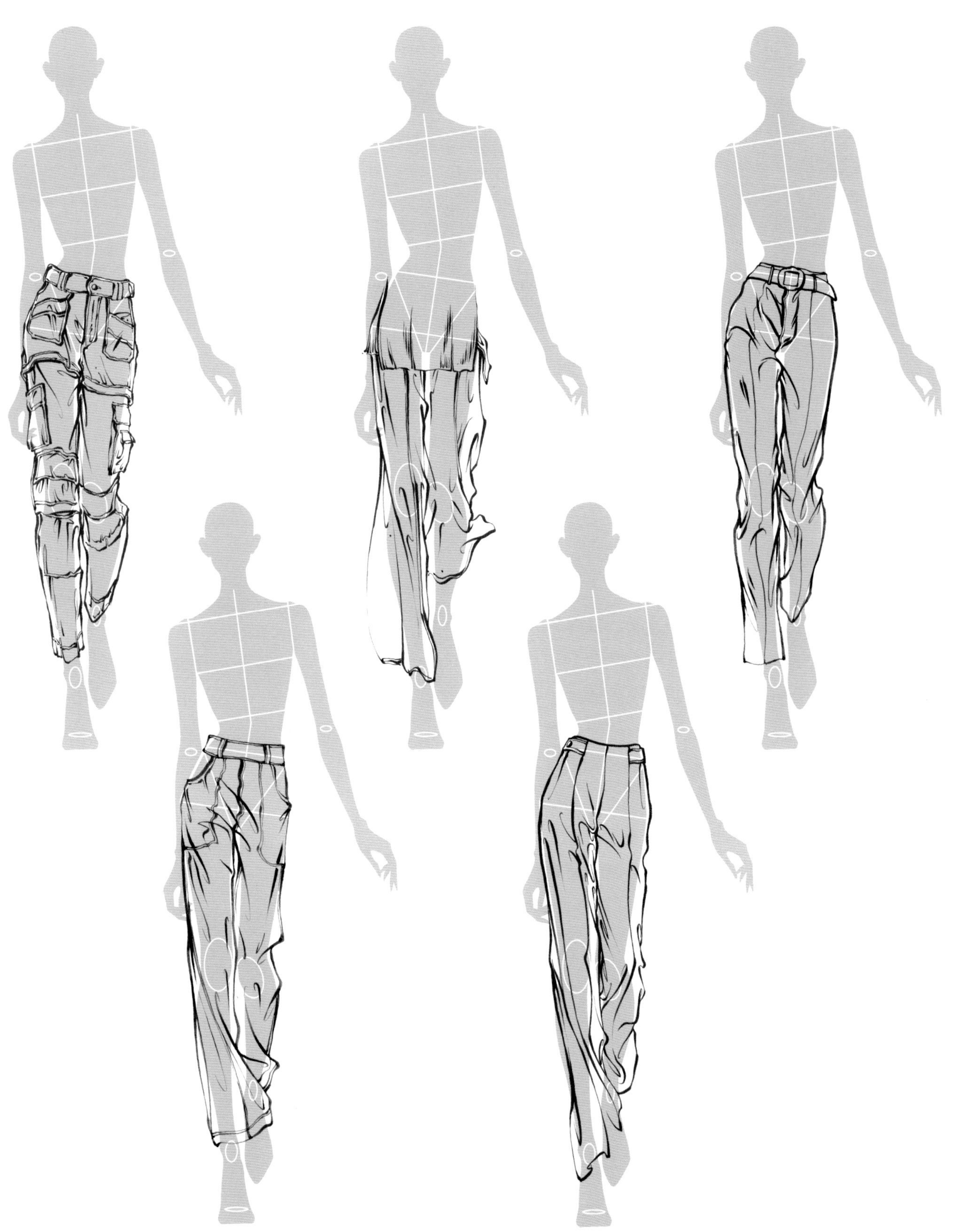

裤型变化

04 Chapter

服装材质的表现

本章可以说是整本书的主体部分。经历了前三个章节的学习，我们可以将五官、动态、服装组合到一起，成为完整的时装画了。本章节以“季节”为框架，以“面料”为依据，进行了详尽的步骤讲解和丰富的案例展示，包括了牛仔、卡其、薄纱、丝绸、印花、珠片装饰、条纹图案、皮革、针织、皮草、毛呢等数种在时装行业里最为常见的面料。我认为这是每一位行业从业者需要掌握的最基本也是最核心的表现技法。常用面料的肌理和材质感不变，但是在不同的时代背景下、在不同审美的设计师的创造之下，在不同的秀场风格的模特演绎下，面料呈现出丰富、生动、多样性的美感和特征。

4.1 春季服装的材质表现

春季虽然温度已经回暖，但早晚温差较大，因此春季服装以层叠搭配为主。风衣、牛仔服等厚度适中，具有一定的造型感并兼具御风功能的单品，非常适合在气候多变的春季穿着，西装外套也是春季职场白领的不二选择。在绘画方面，针对这些挺括、有韧性的面料，需要使用相对硬挺、肯定的笔触来表现，进而塑造出比较干练、利落、流畅的视觉效果。

4.1.1 春季服装的常见材质表现

哔叽呢

哔叽呢面料表面光洁、质感硬挺，是制作西装和风衣的常见面料。穿着哔叽呢面料制成的服装时，在能够突显立体感的肩头、肘部、膝部和转折明显的腰部，会形成明确的褶皱变化，前襟、衣摆和裤腿等位置，则会形成顺畅平整的表面。在表现这类面料时，利用下笔和提笔的角度的改变形成具有变化的笔触，来归纳褶皱的形态。再通过用笔力度的轻重和笔触的叠加形成颜色的变化，来塑造服装的立体效果。用适当的留白标示出褶皱的转折和变化，同时显示出受光的影响。最后加深与褶皱形态一致的阴影，体现出层次和空间效果。

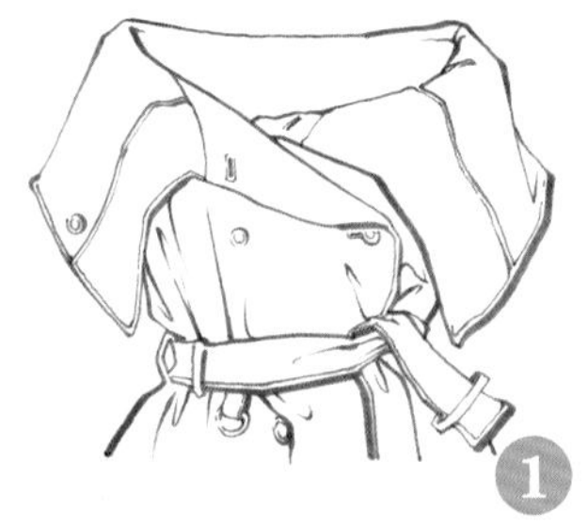

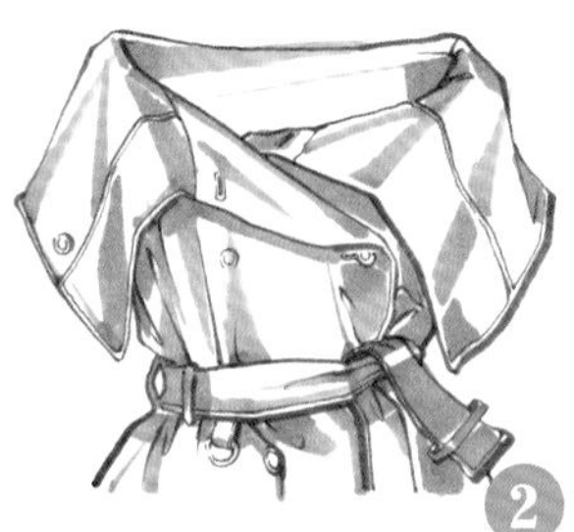

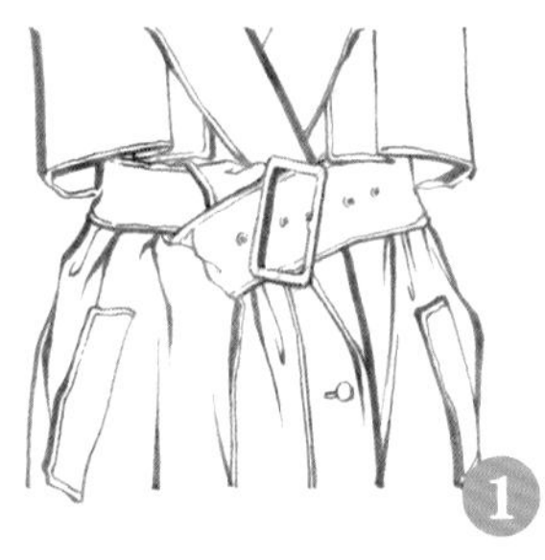

牛仔布

牛仔面料结实耐磨，质地较为硬挺，用它制作出的服装的造型感较为强烈。原本防磨损的面料，却经常采用水洗、磨白等工艺，显示出做旧效果，因此牛仔面料在局部位置，尤其是有明线缝合的部位会呈现出细小的褶皱，这也成为牛仔面料最为明显的特征。此外，做旧工艺的升级版——破洞、毛边等，也可以作为表现牛仔面料的特点。

用马克笔表现牛仔面料时，为了体现出丰富的层次和颜色变化，可以使用叠色方式进行晕染。在绘制底色时适当加入灰色，可以让蓝色变得更加自然，体现出做旧效果。双明线是牛仔面料的另一大特色，展现了牛仔面料最为常见的缝制工艺，在绘制时可以使用深灰色或棕色的针管笔，让牛仔面料更为生动。

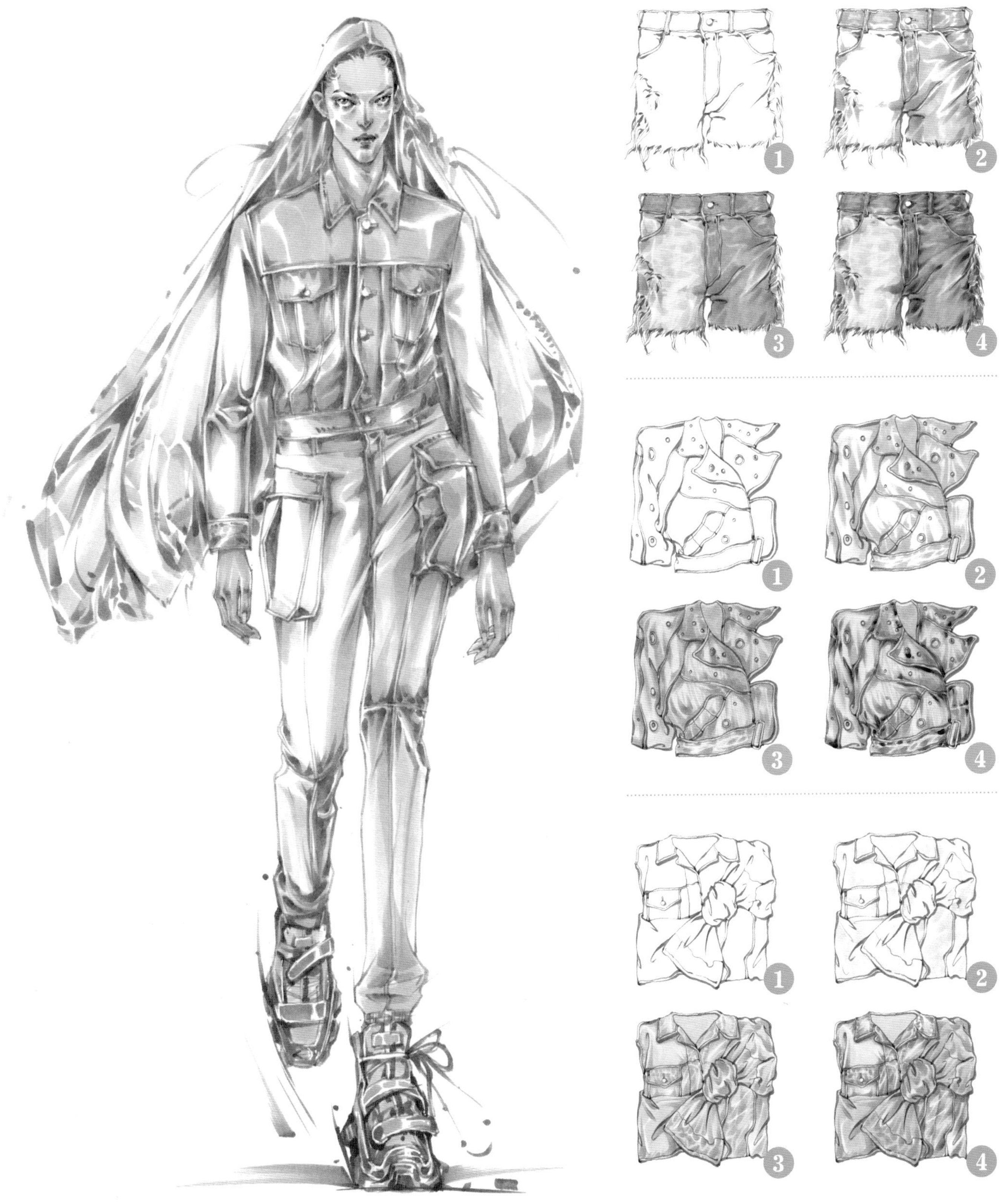

4.1.2 春季服装材质表现步骤详解

细格纹毛呢西服表现步骤详解

❶ 首先确定人物头部与身体的比例关系，进而根据肩部和胯部的倾斜程度大致绘制出肩胯的体块，并用长直线初步勾勒出人体动态。

❷ 进一步明确人体肌肉的线条，观察影响身体动态的重要关节点，在此基础上绘制服装的轮廓和主要结构线。在绘制配饰的时候，注意透视的准确性。

❸ 调整和细化服装整体的廓形、结构和款式特征。在铅笔稿的基础上，用浅色纤维笔或针管笔勾勒出线稿。勾勒线稿的时候需要注意，以铅笔线为辅助线，进一步调整整体和局部细节的关系，同时注意笔触线条的准确性，不要反复涂抹，以保持画面整洁。

❹擦除铅笔线，留下准确的线稿，便于后期着色。

❺绘制人物的皮肤。用符合人物肤色的马克笔平涂人物面部的皮肤和身体裸露的部分，在肌肉和骨骼的凸起部分适当留白，作为高光，或最后使用高光笔提亮高光。浅色的头发用和皮肤一样的底色绘制。

❻选择与皮肤底色匹配的深色马克笔，叠涂五官的侧面、转折处和阴影位置，塑造出立体感。面部细小的结构和微妙的转折可以使用点绘、平涂等方式，身体的大面积皮肤可以使用平涂、“扫”笔来实现肤色的渐变过渡。

7 再次勾线，明确边缘轮廓。勾线分为两部分，一是面部五官和身体皮肤部分的勾线。面部用较为精细的棕色勾线笔，通过排线反复涂画有粗细变化的线条部分。身体主要用流畅的细线进行勾勒，适当强调身体肌肉的转折和交叠的部分。二是服装轮廓和褶皱部分的勾线。这部分使用小楷笔，根据服装的款式结构、褶皱的大小主次、面料的厚度以及阴影的面积，来调整线条的粗细变化。

8 使用较为硬朗的线条，勾勒手提包和皮鞋的轮廓线条。需要注意皮革上缝合线的细节，可以使用双勾线来表现。

9 给外套上色。在领面和兜口部分使用短而有力的笔触，根据其轮廓形状填充式上色。大面积的衣片可以使用快速平涂和上下轻扫的用笔方式上色。右侧的身体相对靠前，可以适当留白，营造出空间感。

⑩使用较深的颜色，对服装的侧面转折和阴影部位进行颜色叠加，使服装的立体感更强。注意服装转折的位置需要与身体结构相吻合。

⑪对于服装上大面积的留白，可以使用较浅的颜色进行叠加，并向亮部扩展。但要注意保留必要的留白，这样既可以丰富颜色色阶，也可以使明暗过渡更自然，服装的完成度更高。

⑫使用不同颜色的勾线笔，勾勒出T恤上印花文字的轮廓线。

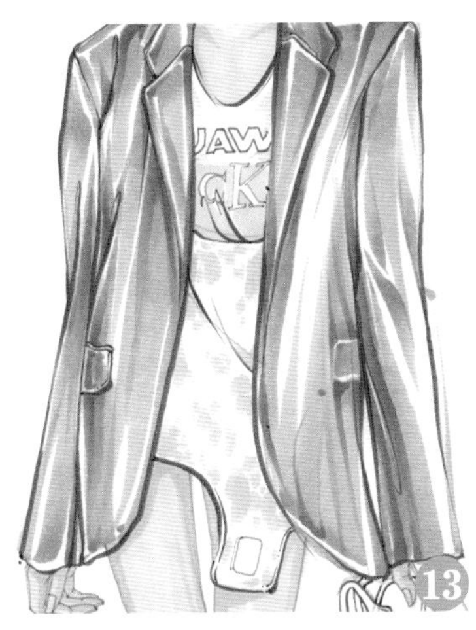

⑬选择最浅的颜色，根据印花的图形，使用平涂、点涂、揉等笔触形式，绘制T恤和短裙部分的印花图案底色。

⑭选择稍深一些的色号，叠加在印花的浅底色上，对印花颜色进行叠加，使其有自然过渡的晕染效果。在紫色印花的空白处适当填充浅绿色，但不要填充得太满，要有留白。

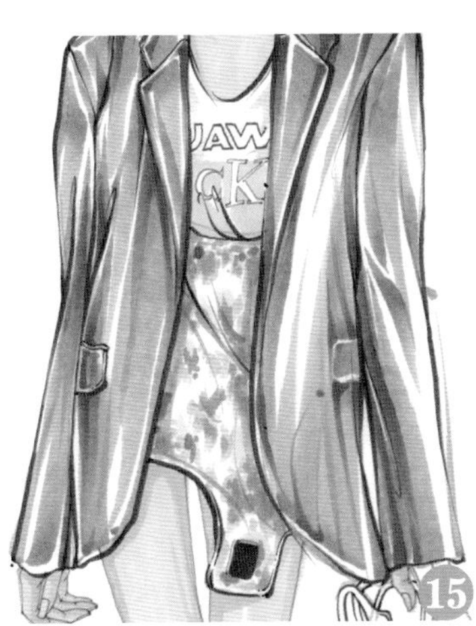

⑮选择中绿色，用笔尖轻点的方式在浅绿色图案上叠加颜色，丰富颜色层次。选用浅灰色作为阴影色，在白色的底色上为T恤和短裙添加阴影。

⑯完成印花部分的细节绘制，注意褶皱对印花图案的干扰，这会使图形和颜色产生变化。

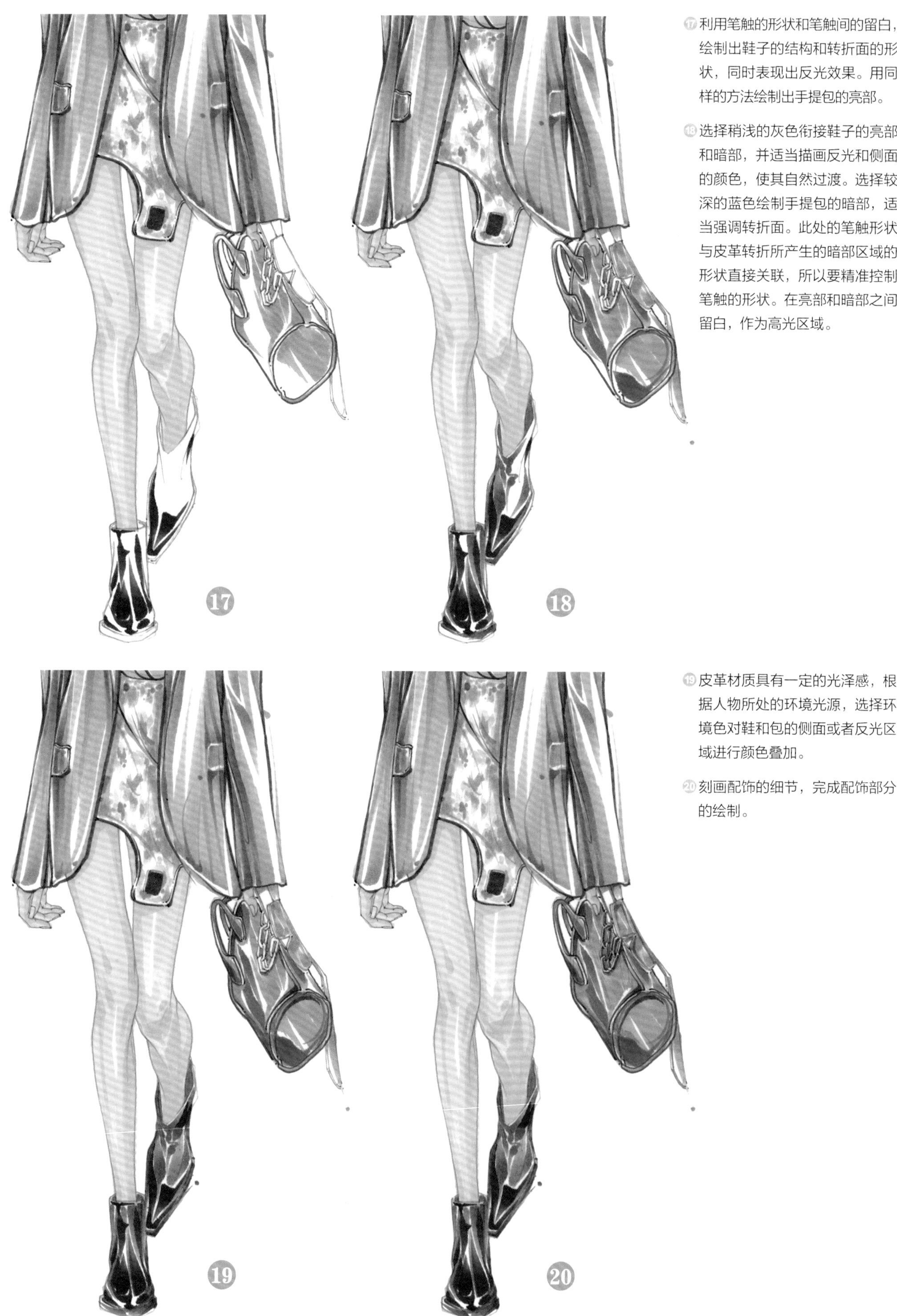

⑰ 利用笔触的形状和笔触间的留白，绘制出鞋子的结构和转折面的形状，同时表现出反光效果。用同样的方法绘制出手提包的亮部。

⑱ 选择稍浅的灰色衔接鞋子的亮部和暗部，并适当描画反光和侧面的颜色，使其自然过渡。选择较深的蓝色绘制手提包的暗部，适当强调转折面。此处的笔触形状与皮革转折所产生的暗部区域的形状直接关联，所以要精准控制笔触的形状。在亮部和暗部之间留白，作为高光区域。

⑲ 皮革材质具有一定的光泽感，根据人物所处的环境光源，选择环境色对鞋和包的侧面或者反光区域进行颜色叠加。

⑳ 刻画配饰的细节，完成配饰部分的绘制。

㉒注意衣服与身体之间的空间关系，选择相应的颜色绘制服装在身体上的投影，使衣服与身体的层次关系和空间感更为明确。用更深的颜色进一步加强五官的投影及立体效果，同时加强头发暗部的颜色，以加强头顶部分的体积感，表现出转折结构，区分发梢部分的前后层次。

㉓使用水性软头马克笔对五官结构进行叠加晕染，绘制出眼珠、眼线的细节和嘴唇的底色。

㉑选择更深一些的皮肤色，加强身体的立体感，并适当强调身体的关节部分。使用暗部皮肤的颜色对头发进行区域划分，在头发因头顶结构转折产生的高光区域留白。

㉔绘制妆容，在叠加妆容颜色的时候，注意表现五官的体积感。完成头发整体体积感和层次感的绘制后，对头发的颜色进行一定程度的晕染过渡。

㉕进一步加深头发的内侧，将头发的外侧和内侧区别开。

㉖绘制西服上的横向条纹，条纹的宽度和间距尽量保持一致。注意服装的褶皱会使衣服的表面产生起伏，所以条纹的形状也要相应变化。服装上出现留白区域时，条纹也要相应断开。

㉗绘制西服上的纵向纹理，衣服在身体侧面发生转折，产生了纵深感，同时纵向纹理之间的距离也产生了相应变化。

㉘绘制衣领、肩膀等结构的转折部分，以及鞋子、手提包等特殊材质的面料的高光等，完成整体的细节绘制。

卡其布服装表现步骤详解

❶用铅笔起稿，通过肩膀、胯部和膝盖错落的位置，确定出人物的动态。根据身体重要的节点确定服装和人体的关系，绘制出服装的轮廓和主要褶皱，强化人体动态和服装的统一性。

❷根据铅笔草稿确定出人物的形象及服装款式，使用纤维笔或针管笔进行勾线。

❸擦掉铅笔草稿痕迹，留下针管笔绘制的准确线稿。

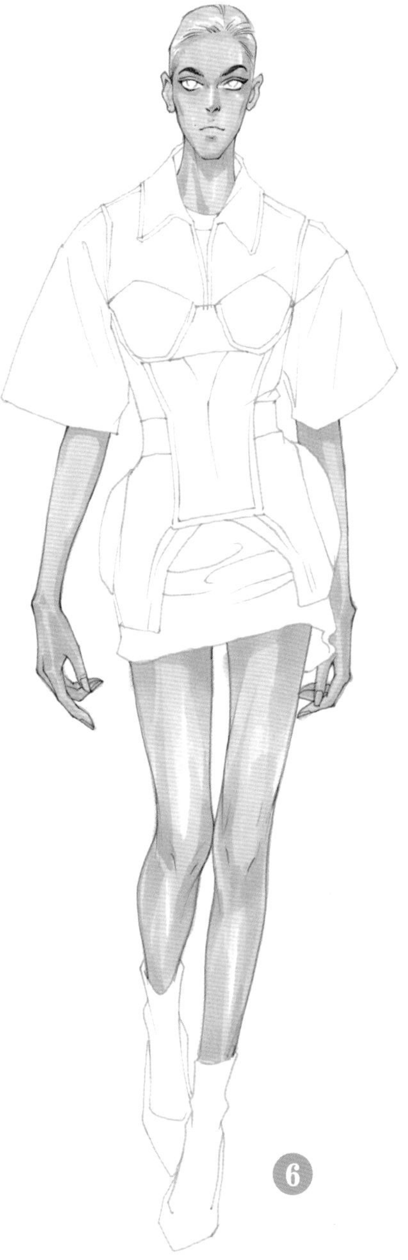

④选择合适的皮肤色，为面部和裸露在外的皮肤铺上底色，在身体结构转折处和肌肉凸起的位置留白，表现出立体感。用同样的颜色铺出头发的底色。

⑤使用与皮肤底色匹配的深肤色，在身体侧面、结构转折处及投影部分进行颜色叠加，进一步塑造出立体感。

⑥使用浅棕色勾线笔勾勒出五官、头发的走向以及身体的轮廓，适当转变运笔方式增加线条的变化。

如果无法一气呵成绘制出长线条，可通过衔接多条短线来形成长线，这要求在短线条的起笔和收笔时用扫笔方式处理笔触，以使衔接更自然。

⑦使用棕色小楷笔勾勒服装的轮廓、结构、缝合线等细节。服装的结构线相对平整而规律，轮廓线则需要考虑转折和变化，同时注意服装褶皱结构之间的叠压关系。使用颜色稍浅的勾线笔勾勒鞋靴部分的轮廓，表现出其结构特点。

⑧使用较深的皮肤色，对面部的五官结构和四肢的皮肤进行叠色，进一步强调五官的立体感、四肢的肌肉形态及服装在皮肤上产生的投影。

⑨使用水性软头马克笔，对眉毛和眼部的结构和妆容进行绘制。

⑩继续用软头马克笔绘制鼻子的结构和嘴唇的妆容。需要注意的是，妆容的色彩需要跟随五官结构的起伏产生明度变化，这样绘制出的妆容才能够看起来服帖于皮肤。

⑪绘制头发时，根据发丝的走向来用笔，通过笔触的宽窄变化来归纳头发的分组。建议使用与皮肤色色差较小的色号，以避免面部色差过重。同时根据头发向后梳的特点，通过笔触的留白来突出头部的转折，使头发呈现出光泽感。

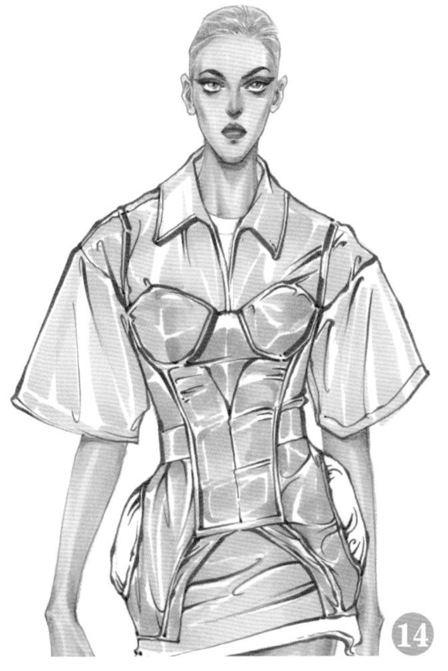

⑫绘制衬衣的底色。卡其面料需要强调褶皱的起伏变化，褶皱最凸起的地方一般为褶皱产生的源点。根据这一规律进行排线，注意笔触间留白，显示出褶皱凸起形成的高光。同时，笔触的走向和排列方式要与小楷笔勾勒的皱褶线的走向保持一致。

⑬绘制衬衫外面的紧身胸衣式结构，从较深的中间色开始描画。由于这部分服装的结构较为规整，且有很多线迹对服装结构进行了分割，所以紧身部分可以使用短笔触来进行排线，而两侧较为蓬松的部分则穿插采用松弛的长笔触。

⑭使用较浅的颜色绘制紧身胸衣式结构的亮部。卡其面料的反光性不强，参考这一材质特点，用笔触间的留白来显示其结构即可。

⑮绘制袜子。袜子的正面使用浅灰色以平整的笔触来绘制，两侧的转折面则用排列较细的笔触来表现。注意正面和侧面之间的冷暖关系表现，利用颜色间的冷暖关系塑造出空间的变化。袜子的白色部分可以用多种浅灰色来描绘。

⑯对鞋子的表面进行简单的块面分割，并利用颜色间的留白，将高光的位置和形状完整地呈现出来。鞋子的色调明快，能够明确地表现出鞋子的质感。

⑰简单处理衣服底摆和内衬的红色部分。由于这部分的面积较小，所以可以直接用同一颜色进行铺陈，并用笔触间的留白表示高光与结构的转折，起到色彩的点缀效果即可。衬衣两侧凸起的结构用同样的方式进行处理。

⑱叠加衬衫暗部的颜色，强调褶皱的起伏变化以及服装间的层次和叠压关系，结构边缘部分的阴影尤其要强调出来。

⑲使用较深的颜色，叠加绘制紧身胸衣式结构的暗部，对褶皱的阴影及衣服侧面的结构转折进行强调，刻画出褶皱的细节。增加腰节处褶皱的体量感，使腰节部分的造型更加明确。

⑳绘制衣服表面的印花文字，注意文字的线条因褶皱的起伏而产生的明暗变化，加强这一点可以使褶皱更为生动。文字的高光留白与褶皱的高光留白要保持统一，这样可以使立体感更强。用稍微深一些的黄棕色进一步加强头发的层次，使头发的细节更为丰富。

21 调整画面的整体协调性：对皮肤的暗部投影进行概括，对褶皱暗部的形状进行微调，使用高光笔点缀勾勒头发、衣服的局部边缘和反光，以及鞋靴部分的高光，完成画面的绘制。

4.1.3 春季服装材质表现范例

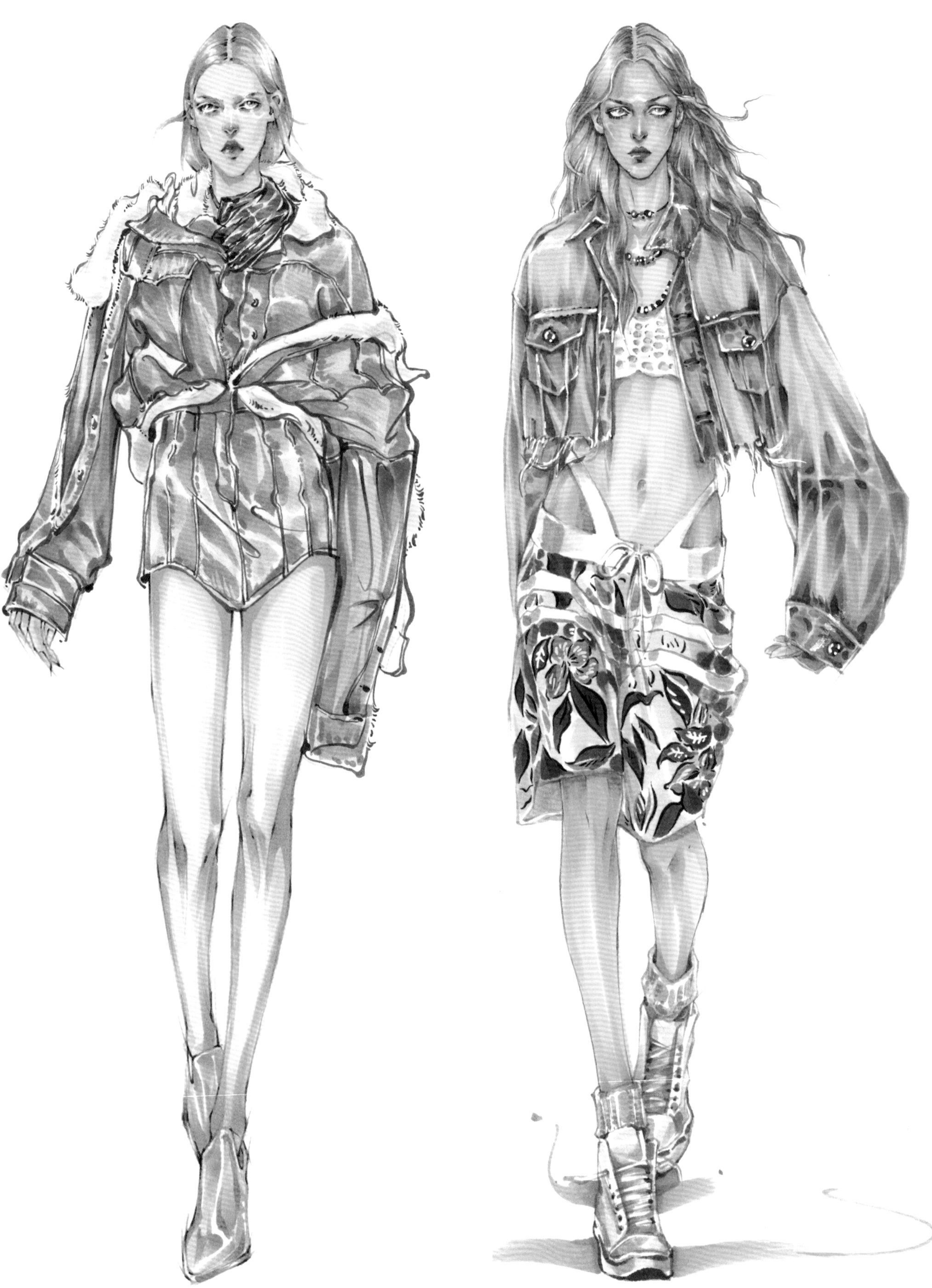

Jean Paul Gaultier
spring 2020 Couture
illustration by
CHUNRAN

Jean Paul.
Gaultier.
Fall 2021.
Couture.
2021.
1.12.

4.2 夏季服装的材质表现

轻透的薄纱、飞扬的丝绸、多彩的印花和闪耀的亮片等，都是夏季服装经常会使用的材质。在绘制夏季服饰的时候，需要通过笔触的变化来展现相应的效果，流畅的长线条可以表现纱质面料层叠飘逸的细褶，清晰肯定或轻盈随意的笔触可以表现多变的印花，点涂或细碎的笔触可以表现亮片的细节……在时装画中，面料质感表现得越明确，起到的装饰效果就越丰富。

4.2.1 夏季服装的常见材质表现

薄纱

薄纱面料最大的特点就是轻薄、透明，会产生极为繁复的褶皱。马克笔的透明特性，在表现薄纱面料的透明质感上具有很大的优势。薄纱面料在皮肤的映衬下会产生丰富的色彩变化，同时薄纱的色彩与皮肤色叠加也会形成复杂的色彩效果，绘制时需要用丰富的颜色搭配来表现这一特点。

薄纱面料的品种不同，其质感也会不同，褶皱的形态也会多种多样。比如乔其纱的透明度较低，质地柔软，有较强的垂坠感，褶皱的表现应以收尖的弧形笔触为主；欧根纱的透明度较高，质地挺括，可以使用肯定、干脆的笔触来表现其褶皱。因薄纱具有轻薄和层叠的特性，所以其褶皱非常复杂，在绘制时应多用随机、多变的笔触来表现，同时要根据服装的结构款式和画面效果进行主观归纳和取舍，避免笔触过于琐碎。

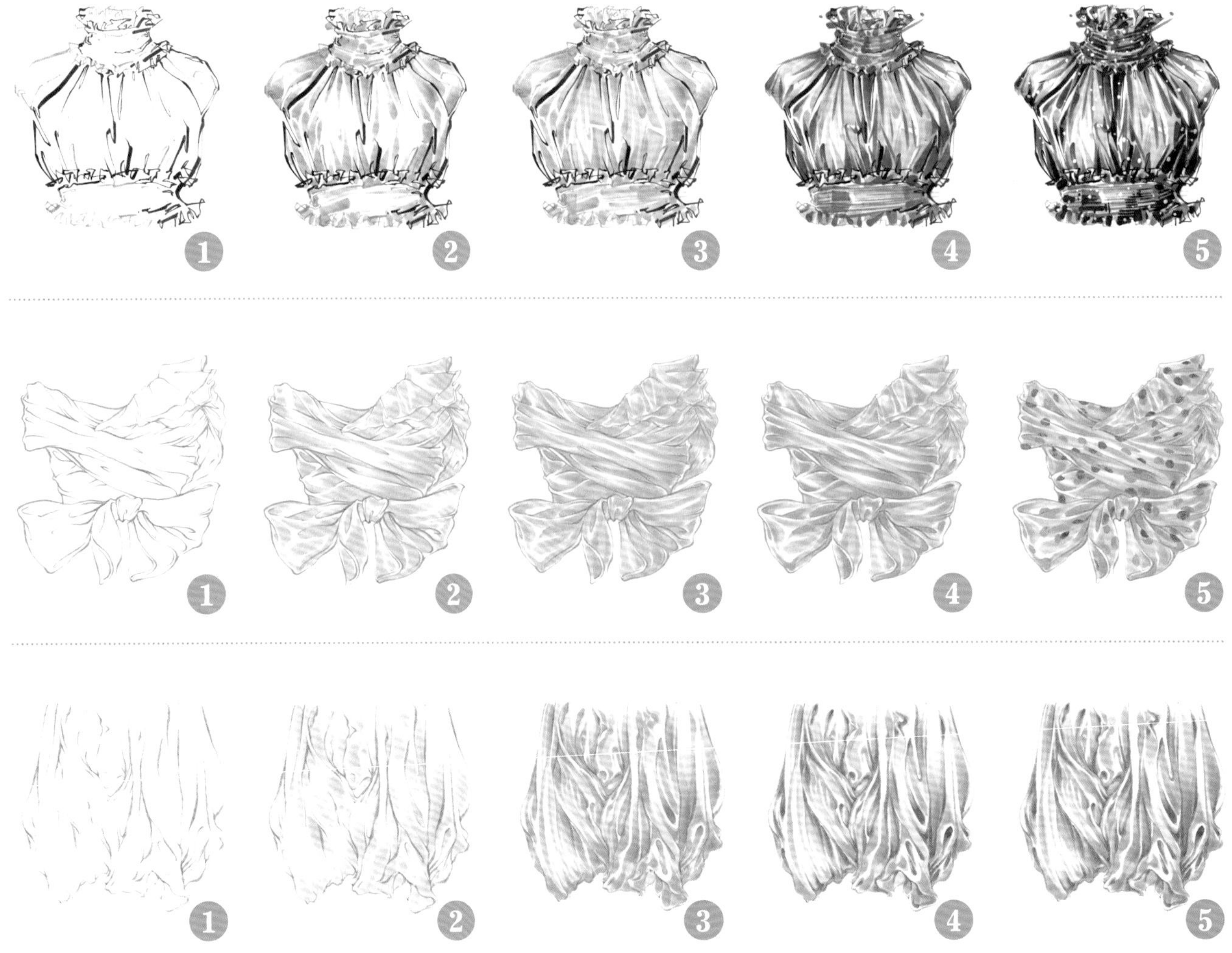

Valentino spring
illustration by

印花

印花面料的图案可谓千变万化，但绘制印花面料的方法主要有两种：一种是利用笔触本身的形状来塑造印花面料的图案，用笔触的变化来适应花型；另一种是设计好印花面料的形状，用软笔笔尖进行涂染或者晕染。除了马克笔外，勾线笔、针管笔甚至是彩铅，都可以用来表现印花的细节。此外，还需要注意印花面料因褶皱起伏和服装结构转折所产生的形状和明暗关系变化，兼顾好这些就可以较好地表现印花面料了。

Saint Laurent
Fall 2016. by Hedi Slimane
illustration by

亮片

因为具有与纺织面料不一样的质感，亮片经常作为“点睛之笔”而被广泛应用于夏季服饰上。在绘制亮片的时候，可以用点涂的方式来塑造亮片的细节和质感变化。亮片一般光泽度较高，所以在表现高光的时候，需要考虑亮片所在的高光区域的连贯，以及亮片与褶皱的关系，通过留白或规划高光的位置和形状，来展现面料褶皱的立体感和亮片材质的光泽感。对于亮片的高光，也可以在整体上色完成后，利用高光笔进行添加。

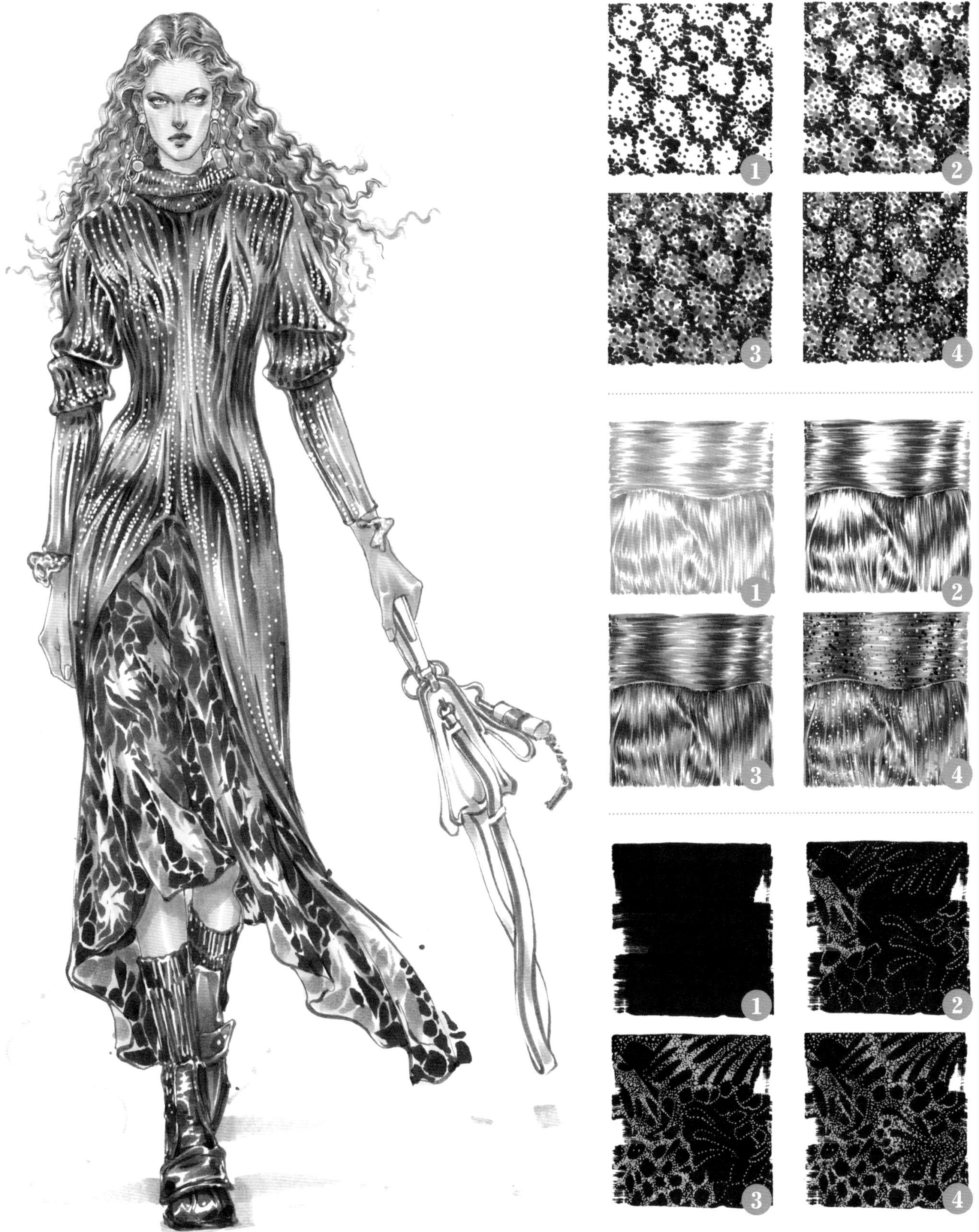

4.2.2 夏季服装材质表现步骤详解

印花连衣裙表现步骤详解

① 根据人物的肩膀和膝盖的倾斜度，绘制出人物的基本动态，用长直线将服装的大概轮廓勾画出来。该款服装较为宽松，服装和人体间注意留出足够的空间，但服装贴合人体的部位，如肩部、腰部和胯高点等的形态要勾画准确。

② 使用铅笔精确描绘出五官、关节和肌肉的形态，细致刻画出服装的款式和结构。

③ 根据铅笔稿，使用纤维笔或针管笔对人物形象及服饰进行勾线。服装的面料较为挺括，勾线时笔触要肯定，线条的转折要有力。

④ 擦掉铅笔痕迹，留下精确的勾线线稿。

⑤ 选择较浅的肤色色号，铺陈出五官和皮肤的底色。在肌肉凸起的位置留白，表现出面部及四肢的立体感。

⑥ 使用与皮肤底色相匹配的深肤色，在面部和身体结构的转折处、身体侧面以及投影部分进行叠色，加深颜色，进一步表现人体的立体感。通过改变用笔力度，使两种肤色形成较为自然的过渡。

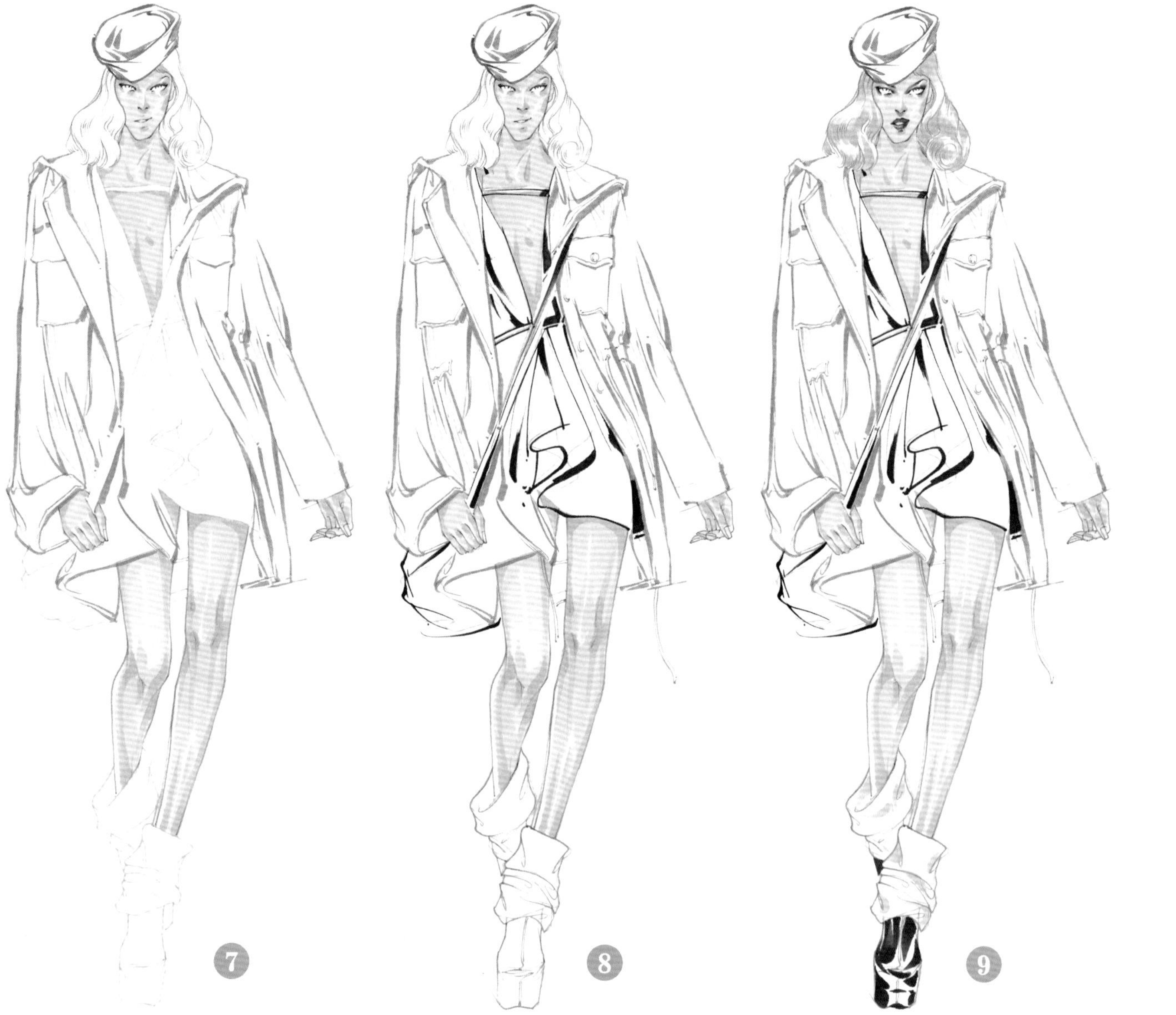

⑦使用淡灰色的软头马克笔勾画衣服和帽子。勾画时笔触要放松，使效果更加流畅自然。要注意用线条的粗细变化表现出服装的体积感和褶皱的明暗关系。用棕色的勾线笔勾画五官的深色部分。

⑧采用同样的方法，用紫色的软头马克笔直接勾画同色系的连衣裙的轮廓和褶皱细节。本案例服装的褶皱的立体感很强，所以线条的粗细变化可以更鲜明一些。用浅灰色的勾线笔勾勒鞋子以及配饰部分的线条，完成轮廓线条的整体绘制。

⑨进一步刻画眉眼细节和嘴部的妆容。绘制鞋子的深色区域，通过笔触的转折来表现鞋面和鞋底的结构，并用快速“扫笔”的方式在纸面上所产生的笔触明度变化，来呈现皮革质感。用与皮肤色较为接近的颜色，对头发的整体区域进行色彩铺陈，注意区分出深色部分与留白的高光区域。

⑩加深皮肤的暗部和阴影，对身体侧面的反光进行留白，进一步加强人体的立体感。加深头发的深色部分，使发卷的体积感更加明确。在高光区域留白，通过明暗对比表现出头发的光泽感。

⑪刻画五官细节，表现出人物的神态。用较深的棕褐色顺着发丝的走向运笔，使头发的颜色形成自然过渡。加深每缕头发间的阴影部分，适当强调深色边缘，将头发的层次和发卷的体积感表现得更为明确。强化肌肤的结构，使模特的身体形态更具有骨干。

⑫完善五官细节，用较为明快的青绿色笔触，绘制白色外套侧面的暗部区域，轻松表现出外套的立体感。塑造帽子的形体，通过笔触形状概括出帽子的块面。选择浅橄榄绿色的软头马克笔绘制印花面料的图案，注意图案因褶皱和服装结构的影响而产生的变化。用浅黄色对头发整体色彩进行叠加，使头发的光泽感更强。

⑬选择饱和度较低的蓝紫色，围绕印花图案铺陈出连衣裙的底色，底色和图案间注意适当留白，产生透气感。

⑭在连衣裙褶皱的暗部叠加颜色，使其褶皱更具立体感。根据蓝紫色底色的褶皱起伏，使用较深的橄榄绿色叠加绘制图案的局部颜色，使图案融入因褶皱导致变化的底色中。

15 铺陈出挎包的基础色，依据褶皱的形状，用“扫笔”的方式在侧面反光的位置留白。用浅灰色简单概括并铺陈出外套转折处的颜色和阴影。注意留白的范围要足够，以体现出白色外套的固有色。

16 添加帽子和袜子的过渡色，用条纹状的排线表现袜子的针织质感。在挎包的侧面及亮部叠加浅灰色，注意色彩明度与暗部颜色的关联，形成自然过渡。用同样的方法在鞋子的留白区域叠加浅灰色，留出形状明确的高光区域，体现出鞋子的皮革质感。

17 使用较为精细的线条进一步添加袜子的细节。

⑱用环境色叠涂外套，调整外套的颜色，使其接近暖色调。用高光笔为配饰添加高光，使其质感更加鲜明。完善细节，完成整个画面的绘制。

薄纱裙表现步骤详解

❶用线条勾勒出基本的人物形象和服装轮廓，明确服装的外轮廓线、褶皱走向以及肩膀动态，以确定微妙的身体动态轮廓。

❷完善人物五官，并刻画服装上的细节。用具有一定走向的线条排列，展现出服装随身体动态而产生的起伏变化。

❸用纤维笔或针管笔根据铅笔草稿进行勾线。用接近肤色的棕色勾线笔勾勒五官部分，用浅灰色勾线笔勾勒衣服。

❹擦掉铅笔草稿，留下整理干净的线稿，以保证着色后画面的清爽。

❺用肤色铺陈出面部、肩颈以及服装镂空部分透出的皮肤，在肌肉凸起的受光部位留白，表现出体积感。

❻用与皮肤底色相匹配的深肤色，在身体侧面、结构转折处及投影部分叠加颜色，注意表现出服装镂空部分在皮肤上的投影细节。

⑦用棕色勾线笔勾勒出人物的五官以及头发的走向，明确五官的结构细节，并通过勾线对头发进行分组整理。

⑧使用浅肤色晕染出服装上的薄纱面料因贴合皮肤而透出的肤色，表现出薄纱面料的通透感。

⑨绘制薄纱面料的基本色调，主要在身体侧面的转折处和层叠的裙摆处进行上色。用连贯的排线加强服装的立体感，并明确因身体结构所形成的起伏关系。注意笔触不宜过重，流畅松弛为好。

⑩继续绘制服装内部半透明的颜色。想象肤色与浅紫色叠加产生的颜色变化，要表现出具备这样视觉效果的颜色，选择合适的颜色就尤为重要。笔触的走向需要符合整体的服装褶皱的走向，与身体间隙较大的部分可以选择留白来体现空间关系。

⑪加强五官的立体感，绘制眼睑的立体结构，同时加强鼻子两侧暗部的颜色。为头发部分上色，通过笔触的粗细和疏密变化确定出头发的层次和转折。用软笔尖沿发丝走向绘制出头发的基础色调。

⑫用软头水性马克笔晕染鼻子侧面及鼻底的阴影，使颜色自然过渡。同时加强眼眶部分的立体感，并绘制眼部的妆容。

⑬沿着发丝走向加深头发的暗部，使头发的立体关系更加明确。完善面部妆容，强调上下嘴唇的立体感。注意眉毛的毛发走向，适当刻画眉毛，使其更生动、自然。

⑭对头发的亮部和暗部间的区域进行颜色叠加和过渡，缩减高光区域，丰富色彩层次。用头发的颜色为颈部饰品上色。

⑮选择浅灰色，根据服装的褶皱关系及裙摆的层叠状态，为服装的亮部上色。用稍深一些的紫灰色，在服装的暗部和阴影区域叠加颜色，表现出掩映在薄纱下的身体轮廓。

⑯用更深的紫灰色加深暗部，用较为放松的线条勾勒身体侧面的轮廓和服装的主要褶皱。加深上衣镂空部分在皮肤上的投影。

⑰以勾线的方式勾勒出服装的整体轮廓，明确服装廓形的同时，使画面效果更加生动。

⑱针对模特所处的环境，用高明度的环境色叠加透明面料两侧的颜色，使服装整体的颜色更加明快、丰富。

⑲在保持整体色调统一的情况下，用更深的棕褐色，以明快的笔触勾勒出服装的整体轮廓和局部细节，突出薄纱亮部的通透感，使服装更加生动，同时凸显出马克笔笔触的潇洒、利落的艺术感。

⑳调整人物的五官，加强面部的立体感。调整头发的整体色调，在重要的高光区域留白，加大内侧和外侧头发的颜色差异。

㉑归纳亮部的位置，用轻松的笔触在亮部明显受光的位置进行叠色，使整个人物处于暖色光线中，这样一方面强调出画面的光感，另一方面让浅紫色的薄纱裙的颜色更为丰富，进而体现出面料反光的质感。

4.2.3 夏季服装材质表现范例

Spring 2020
Illustration by

4.3 秋季服装的材质表现

秋季服装具有一定御寒保暖功能，所以通常会选择较为厚实的面料或是功能性面料，颜色也会以具有“秋季感觉”的大地色系，如棕色、橙色、褐色、橄榄色、海军蓝色、灰黑色等为主。因此，格纹花呢、皮革面料、针织面料等在这一季节悉数登场。相对于春季服装，秋季服装的搭配层次更加多变，服装造型更具可塑性，面料的肌理感也更丰富，在表现时可以借助马克笔灵活的笔触来区别不同的材质，从而让人物的整体造型更完善、更具有层次感。

4.3.1 秋季服装的常见材质表现

格呢

在颜色的选择上，秋季服装面料的颜色更为深沉，这一点在格呢面料上体现得尤为突出。格呢面料的质感多为经纬纱线交织出来的效果，而非直接作用于面料表面的印花，所以在绘制时，笔触应更为放松，并减慢用笔速度，让笔触的墨迹充分渗透到底色上，这样可以形成纤维感的效果。同时，格呢面料的绘制也要注重顺序，要用深色叠压浅色，不能直接叠压的线条需要提前预留出位置，并根据格呢面料的具体纹理和图案分布来选择相应的笔触。这些都是绘制格呢材质面料的要点和窍门。

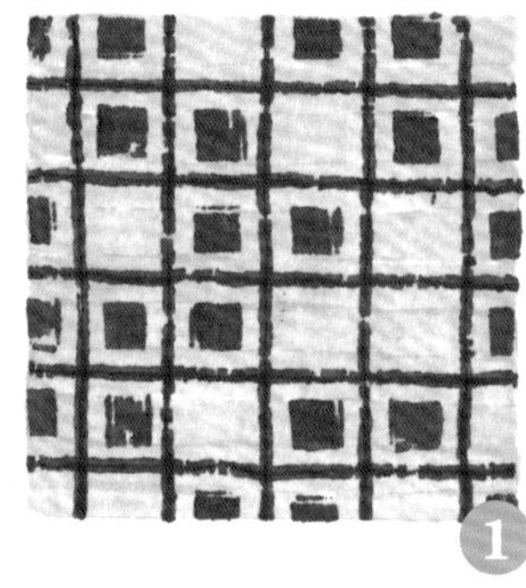

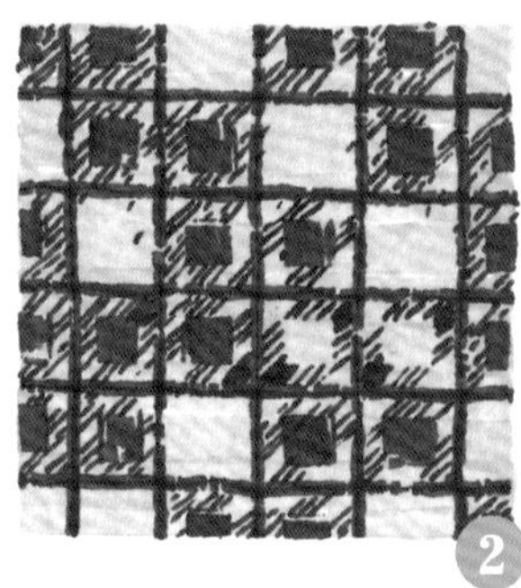

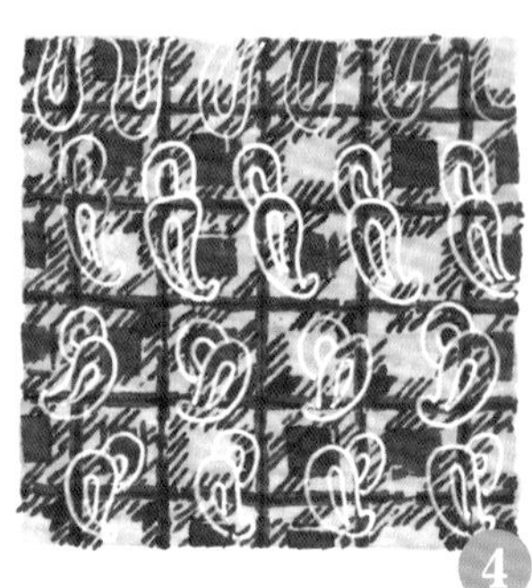

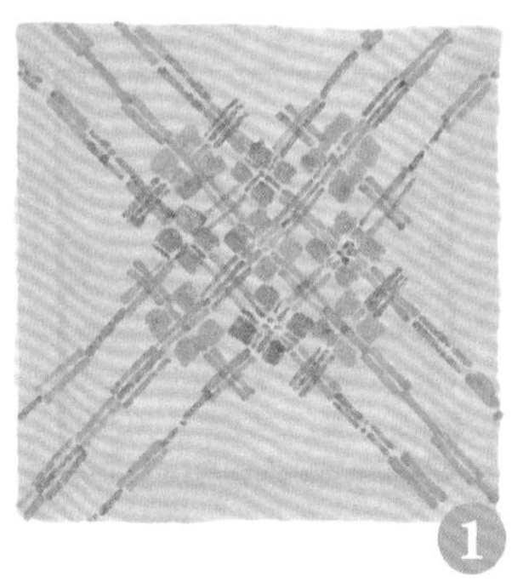

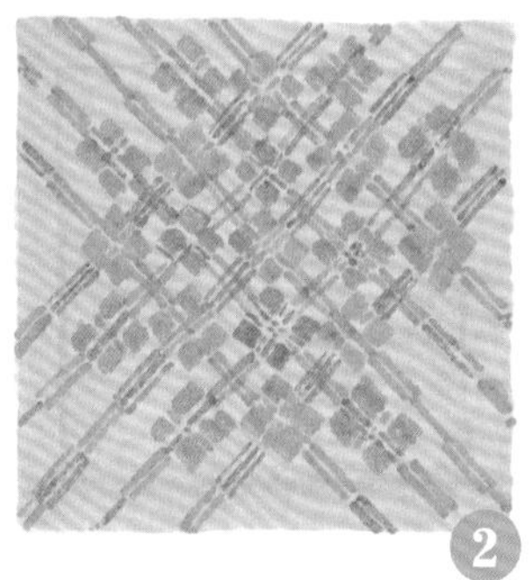

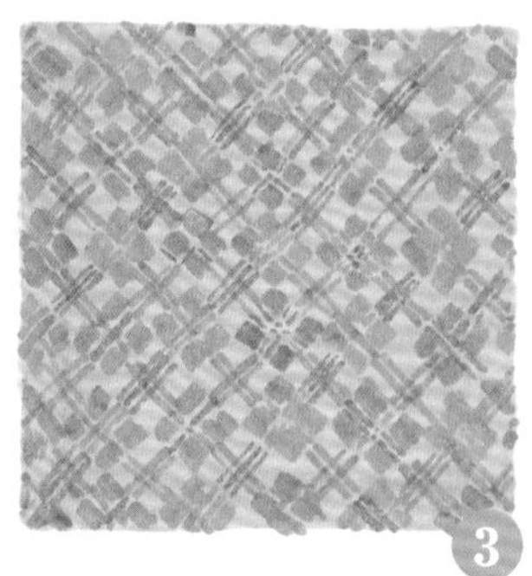

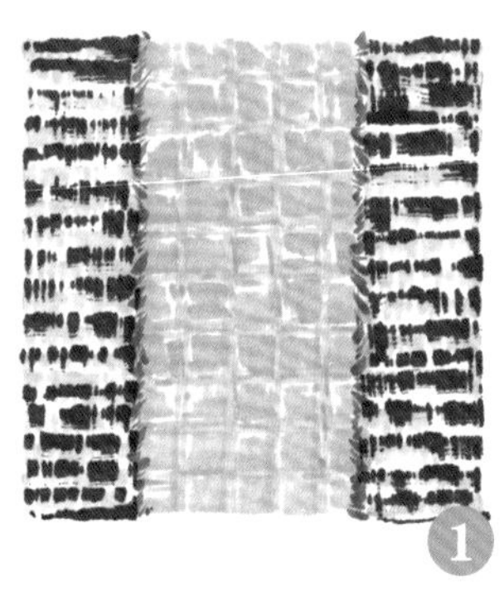

Dsquared
spring2020
Illustration by
2019.06.2

皮革

用于服装面料的皮革材质大多较为柔软，皮革表面较为光滑，使得皮革面料呈现出的颜色的明暗对比度较高，且有明显的光泽感。所以在绘制皮革面料的时候，马克笔色号的选择上需要搭配有明显色阶变化的颜色组合。同时需要注意褶皱起伏形成的高光区域。皮革面料的质地厚实，褶皱的立体感会非常强，而高光越明确，暗部的颜色就越深，褶皱的立体感也就越强。此外，在表现漆皮面料时，面料本身的固有色会受到光源色和环境色带来的影响而产生非常明显的变化。

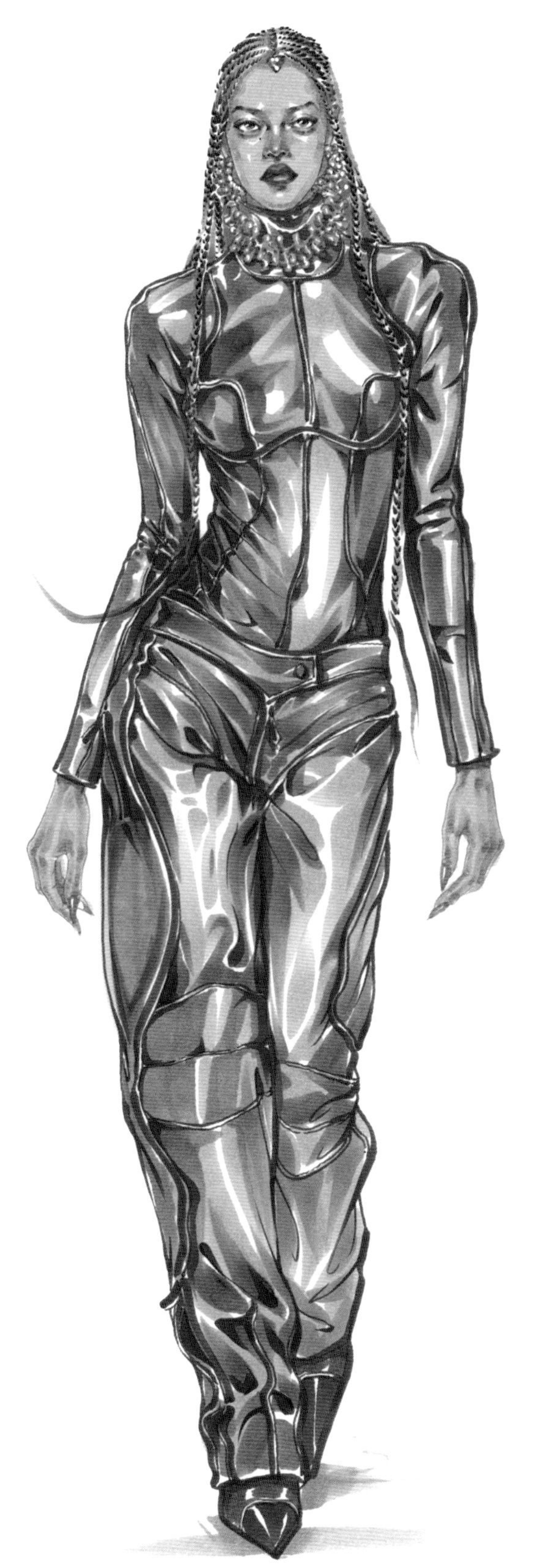

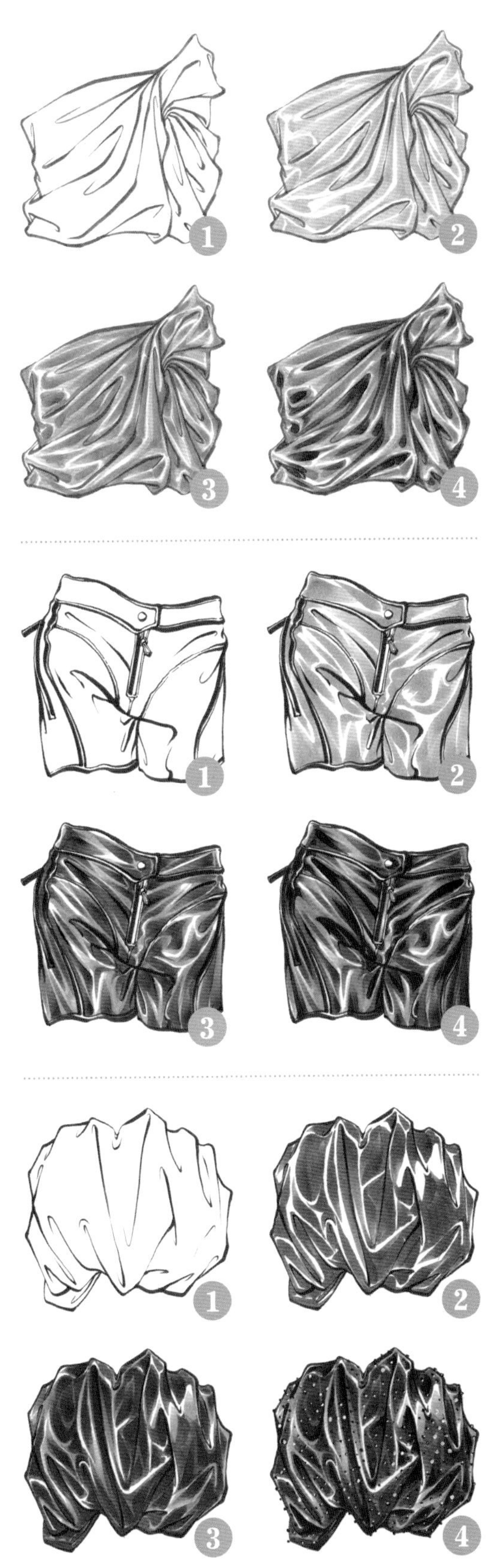

针织

针织面料给人留下的首先是柔软、温和的整体印象，然后才会注意其起伏变化的纹理。在表现针织面料的时候，无论是勾勒线条还是整体上色，都可以使用较为疏松的笔触进行绘制，既要顾及每一个纹理的起伏变化，也要顾及服装整体的起伏变化。不同于平面印花，织线的厚度使针织纹理具有较强的立体感，从深暗的阴影到纹理凸起形成的高光，都可以通过和缓的颜色变化来塑造纹理的体积感。

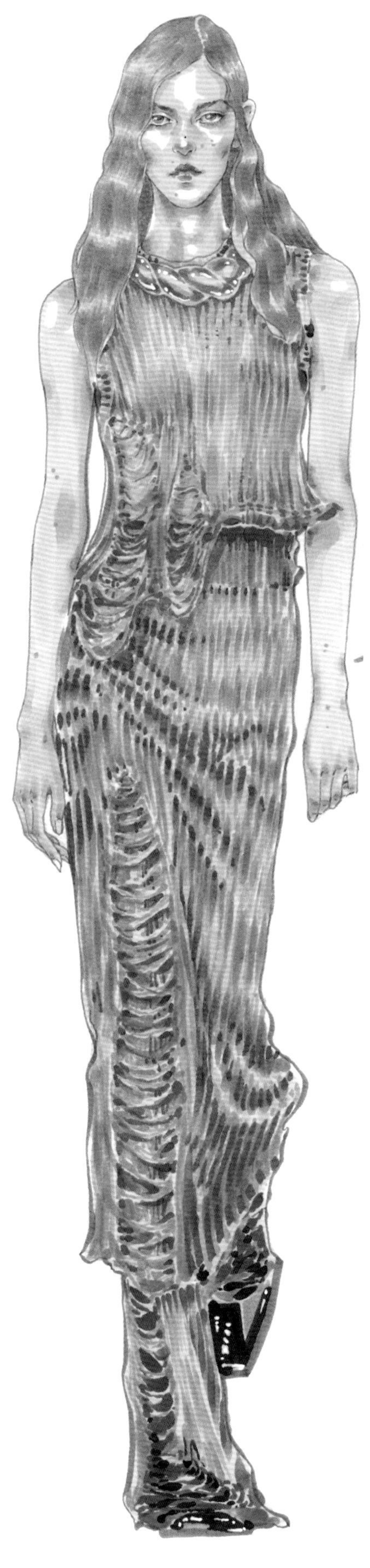

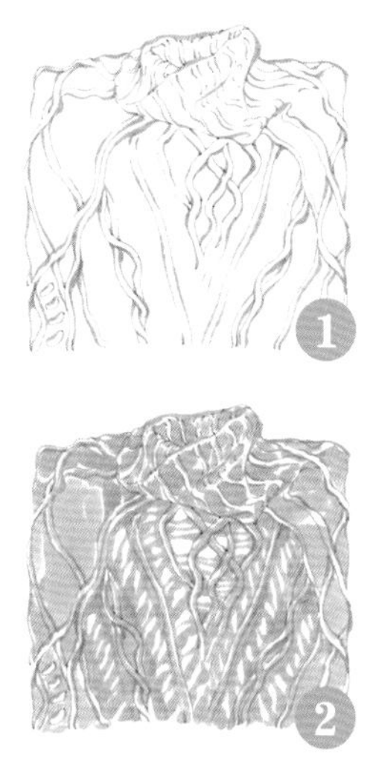

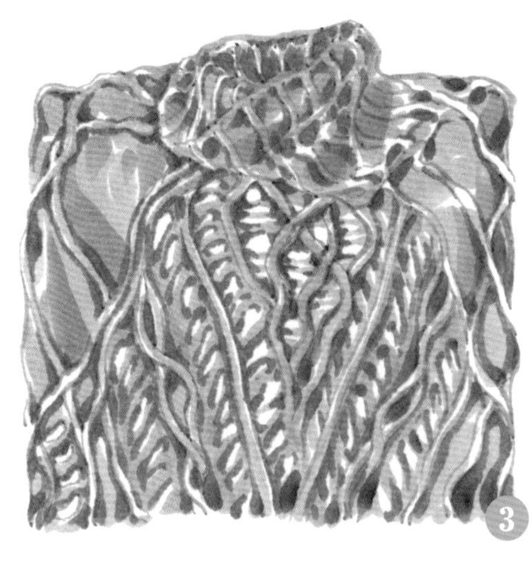

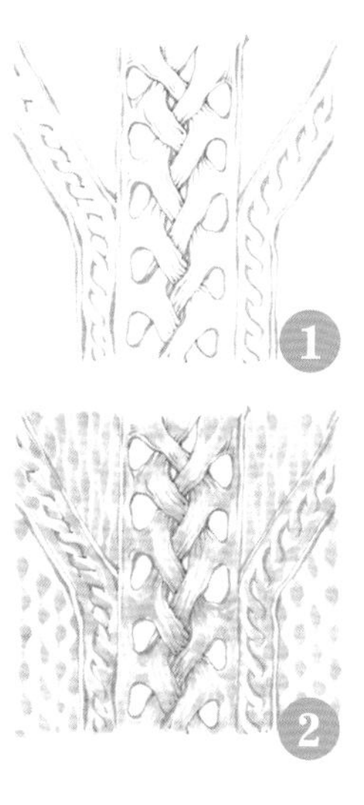

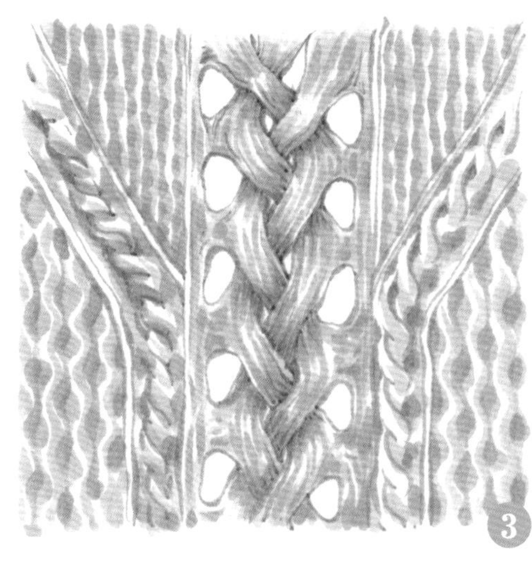

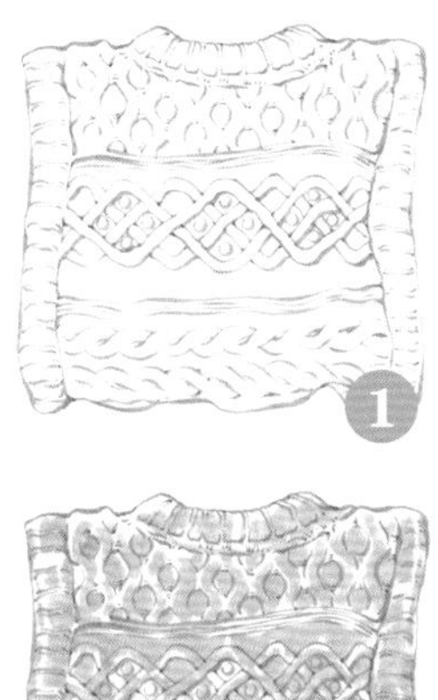

4.3.2 秋季服装材质表现步骤详解

针织衫表现步骤详解

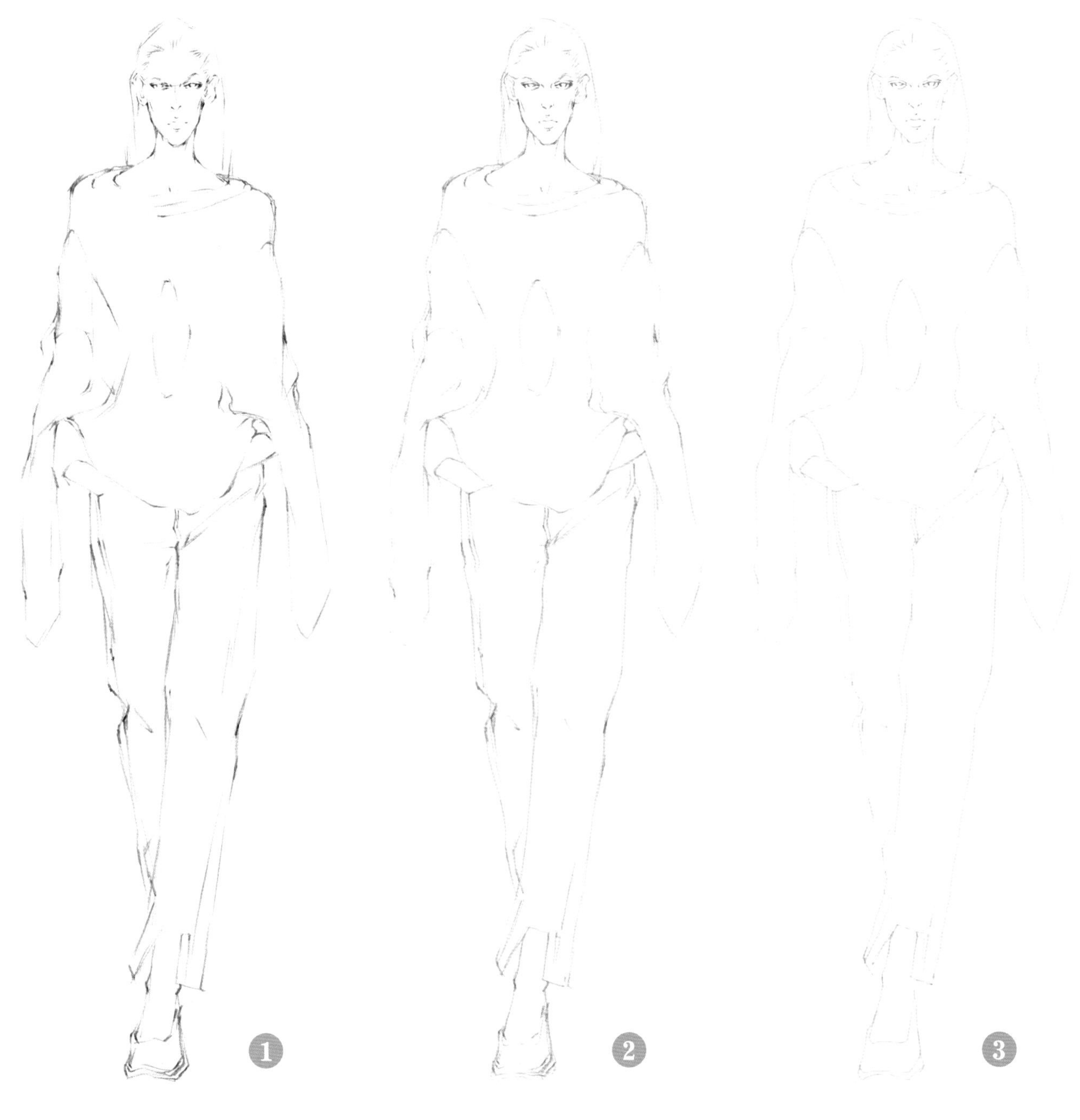

❶根据服装褶皱的走向以及肩膀、胯部、膝盖的位置，确定出人物的轮廓。用长直线概括出服装轮廓和款式的特点。根据重要的身体节点，绘制出衣服的主要褶皱，以强化人物动态和服装的统一性。

❷使用纤维笔或针管笔，根据铅笔草稿，对人物形象及服饰进行勾线。

❸擦掉铅笔痕迹，留下勾线，整理出清晰、干净的线稿。

❹选择皮肤色的深色和底色，使用双色叠色晕染的方式，对面部的局部进行上色，产生调和式的色彩变化。注意在受光部分留白，以表现面部的结构转折。

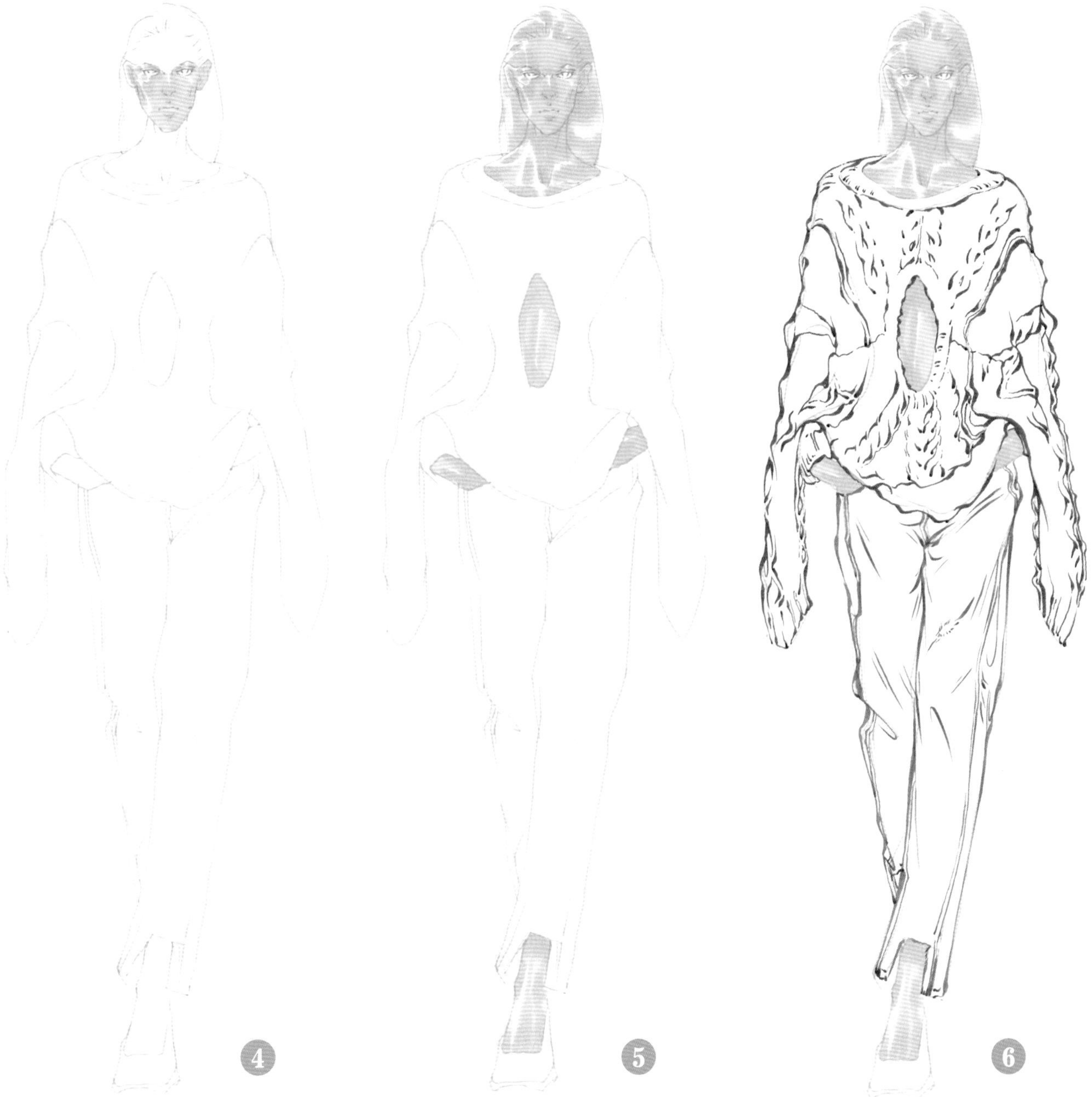

⑤使用双色叠色晕染的方式绘制面部和裸露在外的身体部分，产生自然柔和的晕染效果。

⑥用小楷笔勾勒服装轮廓。勾勒针织毛衣时笔触要有变化，用“点一顿一点一顿”的方式勾勒出不均匀的轮廓线。结合针织面料内部的起伏变化，绘制外轮廓线条的叠压效果。用排列较为规律但用笔力度不均的方式，勾勒针织面料内部的纹理。用深色线条勾勒针织面料表面凹陷的阴影部分。用双勾线来处理牛仔裤的局部细节，营造出厚重的面料质感。

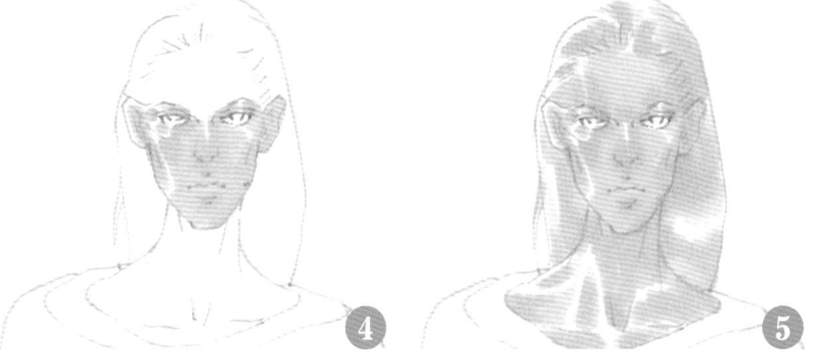

⑦用与毛衣固有色相匹配的勾线笔，勾勒出针织面料的底纹。注意，纹理的整体走向和面料褶皱对纹理的干扰会使纹理产生起伏变化。

⑧用软头水性马克笔对五官结构和妆容进行绘制。注意，在眼部的高光处留白。用勾线笔勾勒出头发的整体走向，注意用疏密变化的笔触区分出顶部头发和披散的暗部头发，以表现出发丝的起伏。

⑨铺陈出毛衣的底色，笔触的力度不需要太大，可采用“揉”的方式对针织的柔软质感进行处理。注意针织表面凹凸不平的特质，预留出高光部分。高光部分形成连贯的区域，让针织纹理的立体起伏效果更加明确。

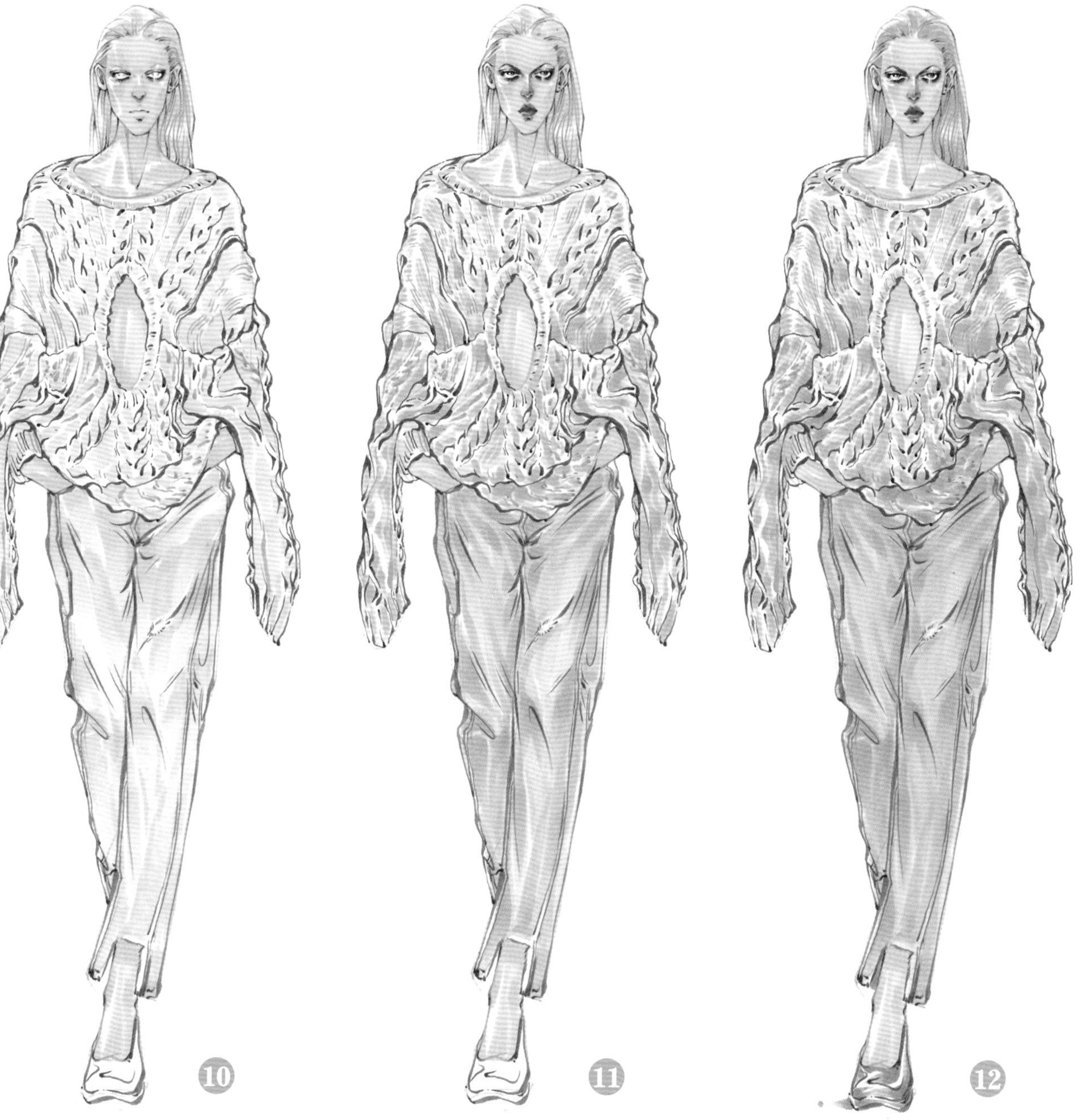

10 用冷灰色铺陈出牛仔裤的底色，规划好留白区域，便于表现牛仔面料做旧的斑驳效果。

11 绘制五官细节及面部表情，加强五官的阴影，明确立体关系。用“点”“揉”的笔触方式，在毛衣的暗部叠加颜色。用暖灰色再次叠加裤子的底色，形成微妙的复色效果。笔触主要集中在裤子侧面的暗部位置，混合出“脏灰色”的效果，使腿部的体积感更加明确。

12 用高明度的冷紫色绘制毛衣的暗部，降低暗部色温。对比色的使用会让暖黄色毛衣的色彩更加丰富。用较浅的蓝灰色以平涂的方式对牛仔裤进行多次叠色，让牛仔裤的底色较为厚重。使用多次叠色的技法时，马克笔色号的选择尤为重要，最好先在草稿纸上进行颜色搭配实验，避免多次层叠后的颜色过脏。简单绘制出鞋子的颜色，在鞋面转折的位置留白。

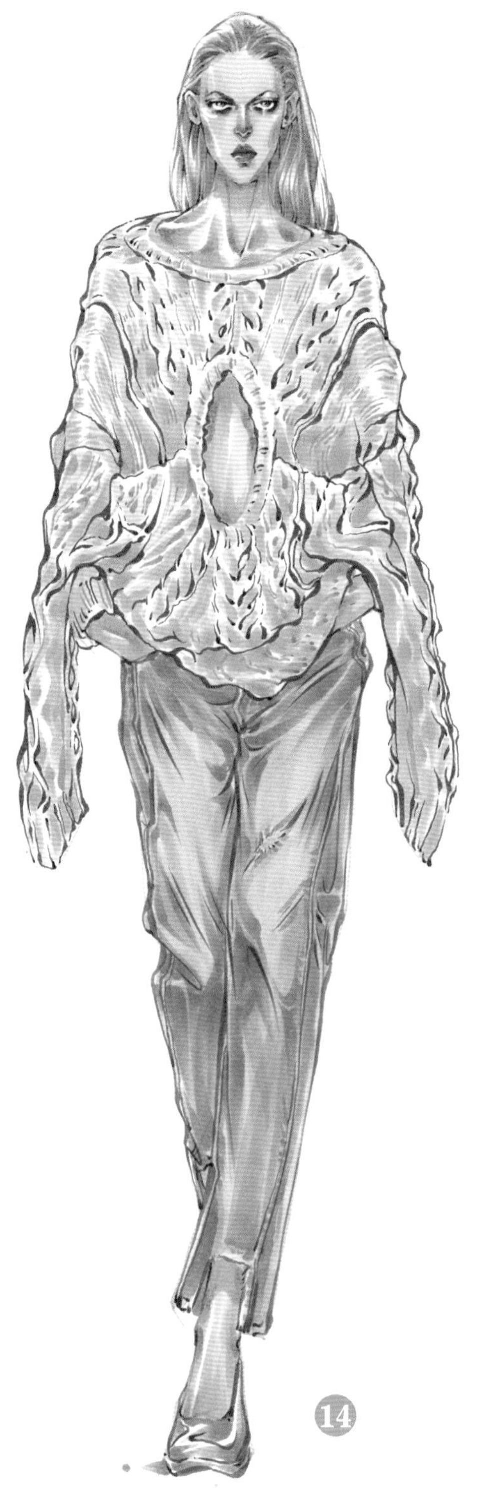

⑬用更深的皮肤颜色刻画五官和身体肌肉起伏的细微变化，添加服装遮盖皮肤时产生的阴影。

⑭用较深的蓝灰色加强牛仔裤的暗部，绘制出褶皱。对局部的褶皱细节进行着重刻画，注意在大腿和膝盖的受光区域留白，塑造出腿部的体积感。

⑮进一步加深牛仔裤褶皱的颜色，在保证牛仔裤整体的体积感和转折的基础上，加深暗部的颜色和局部投影。用高光墨水在毛衣表面的凸出部分添加出高光，然后以点状笔触排列成连贯的受光区域，进一步表现出针织纹理的起伏效果。牛仔裤的膝盖、缝合线、破损处等也用高光笔描绘出细节，突出牛仔裤的特性。最后加强皮肤凸起部位的高光，完成画面的绘制。

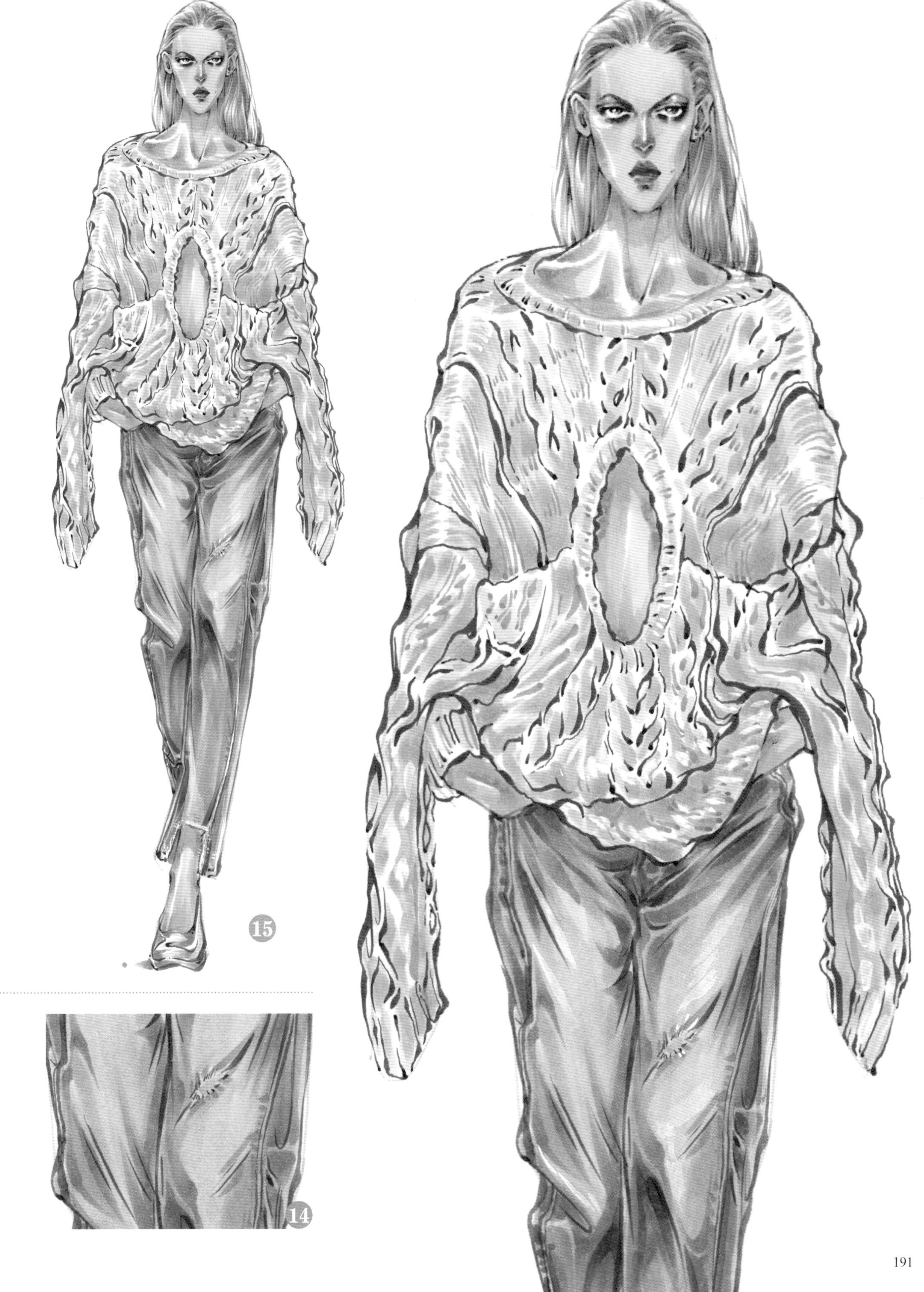
15
14

皮革与豹纹印花表现步骤详解

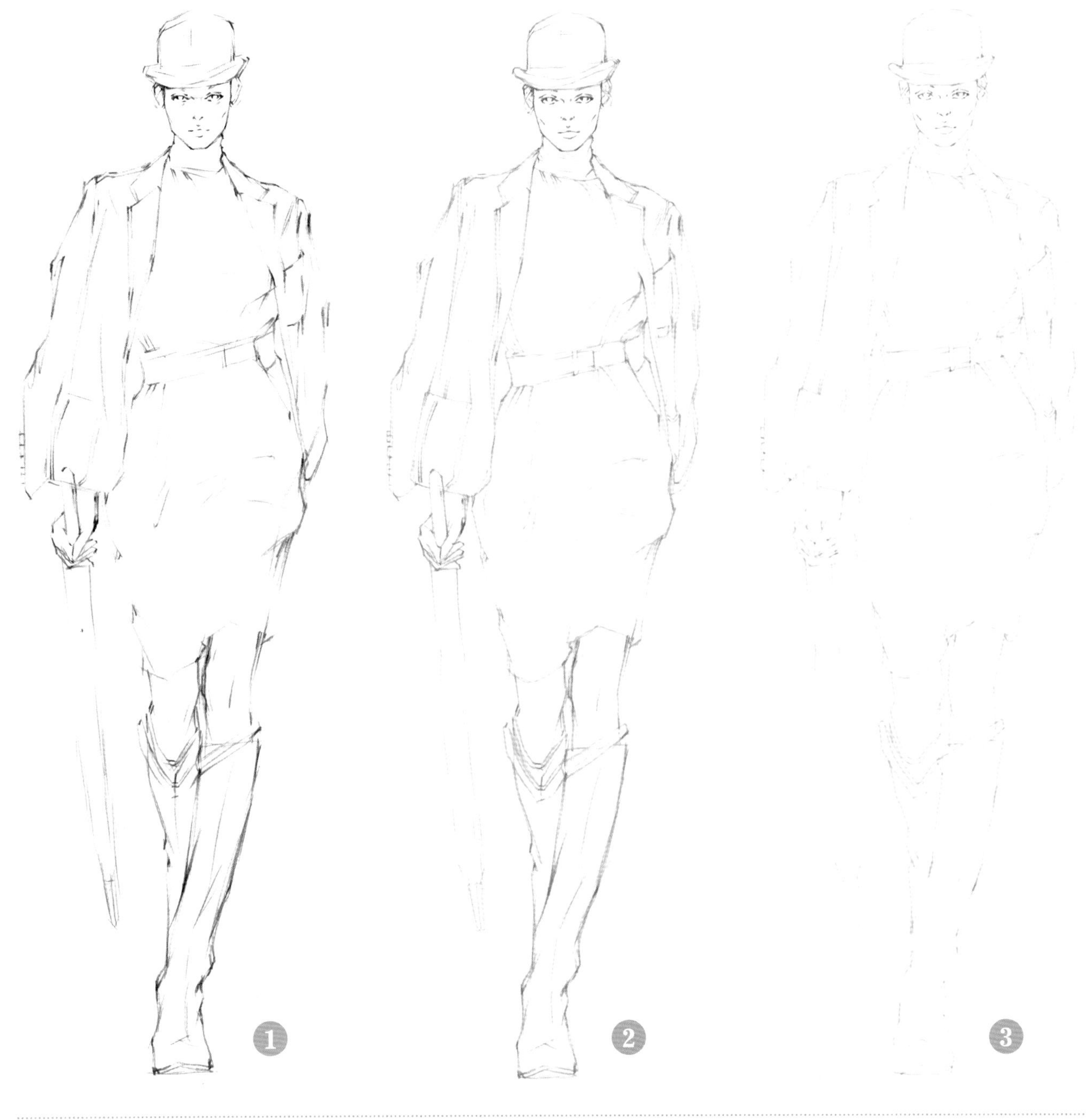

❶ 先确定头部，然后根据两侧的肩膀、胯部和膝盖的倾斜度确定出人物动态，注意保证重心稳定。根据腰部和臀部的形状，绘制出包裹着身体的连衣裙。批着的外套则通过肩头的位置来确定。根据人物动态找到主要的褶皱走向，保证动态和服装的统一性。

❷ 根据铅笔草稿，使用纤维笔或针管笔进行勾线，笔触要肯定。

❸ 擦掉铅笔草稿痕迹，留下勾勒的轮廓线条。

❹ 选择皮肤色的深色和底色，用双色叠色晕染的方式绘制皮肤，形成马克笔单一色号所不具备的调和色效果。然后用较深的肤色加深眼眶、鼻侧面和脸颊两侧的暗部，同时强调鼻底、唇沟、颧骨的阴影区域，以及帽子在额头上形成的大面积投影。两侧和鬓角的头发也用肤色来铺底。

5 皮革外套为棕黄色，先用棕色小楷笔勾勒出外套的轮廓和细节线条，服饰的边缘处用双勾线表现出面料的厚度。注意外套口袋的结构细节，利用线条的粗细变化，呈现出衣服的质感和褶皱转折。用浅灰色的软头马克笔勾勒出帽子，通过用笔力度的变化来控制轮廓线的粗细变化。连衣裙的质感相对柔软，褶皱也应富有变化。腰带的佩戴会影响裙子褶皱的走向，绘制时注意身体的起伏导致的褶皱的疏密变化及走向。皮革质感的鞋靴用硬朗的线条来表现，线条的变化相应减少。雨伞因伞面旋转缠裹会形成密集排列的线条，应用排列较为规律且变化细微的线条来表现。适当强调雨伞的轮廓线，以旋转、较细的笔触绘制褶皱线条，注意雨伞的协调统一。

6 绘制哑光的皮革材质外套，使其高光与暗部间的过渡更加自然。用均匀的“扫笔”方式进行铺色，在高光区域留白，体现出服装结构的转折和立体形态，尤其是衣领向外翻折产生的高光区域要预留足够的位置。

❼铺陈出裙装的底色。围绕勾勒的轮廓线条走向，通过调整笔尖的角度和方向绘制出变化的笔触，并在褶皱凸起的受光部分留白。绘制底色时，用笔的力度不要有太多变化，保持底色均匀。

❽绘制裙装褶皱的暗部颜色，使局部褶皱产生明确的体积感。由于裙装乃至整个画面都以暖黄色为主，所以适当使用冷紫色之类的补色对暗部进行色彩平衡，表现出环境色对服装的影响。为连衣裙的整体暗部叠加冷色。

❾绘制配饰。从帽子两侧的暗部开始绘制，注意笔触的形状与帽子的结构保持一致，通过笔触形状表现出暗部区域。靴子的皮革比上衣更光滑，在靴子结构转折处的高光部分留白，表现出光泽感。适当用“扫笔”的方式，通过控制用笔力度使笔触颜色有轻微的明度变化，让高光与暗面的过渡自然。用同样的方法绘制丝袜和雨伞的底色。

⑩绘制腰带和手套，同样注意通过高光区域留白和色彩过渡来表现皮革的质感。加深外套内侧的阴影，区分出服装内外、前后的空间关系。

⑪用纤维笔勾勒眼线，上眼睑的眼线比下眼睑的更深，外眼角的眼线比内眼角的略宽。在眼球的高光区域留白，并让眼线自然断开，和眼球整体的立体感保持统一。

⑫使用水性软头马克笔加强五官的立体感，加深上眼眶、下眼睑和鼻子侧面的暗部，以及眉弓、眼窝和鼻底的阴影区域，利用色彩的明暗对比，突显眉眼和鼻子的立体感。

⑬绘制嘴唇的颜色，注意嘴唇颜色的变化。上嘴唇向内倾斜，颜色略深；下嘴唇微微凸起，留出较浅的高光区域。

⑭绘制眼珠，表现出眼珠的光泽感。完善五官细节，展现出人物的神采。

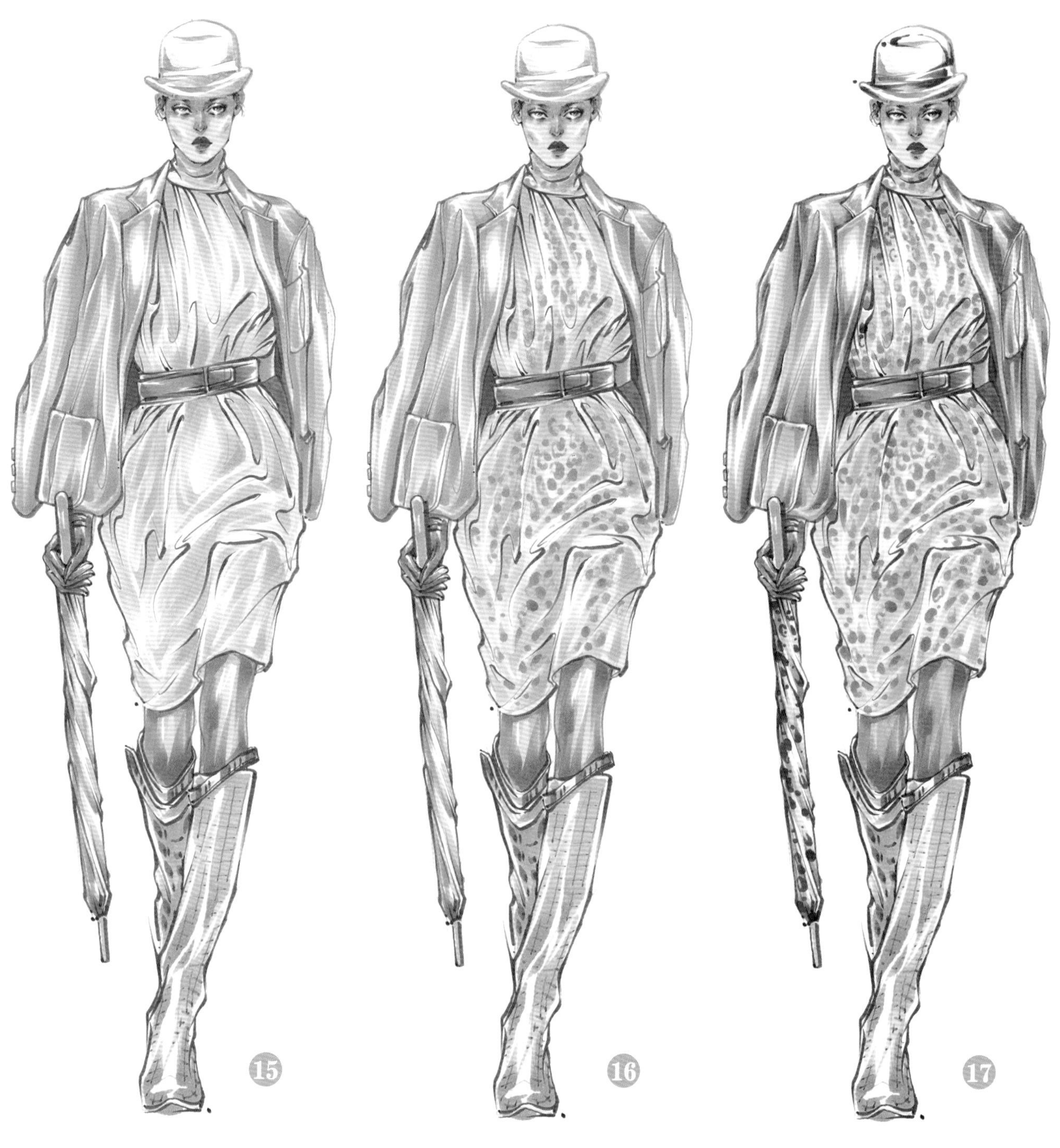

⑮使用较为柔软的笔触加深皮革外套的暗部颜色，强化明暗对比度，使皮革的反光更为明确，进一步突显出皮革质感。加深丝袜和雨伞的暗部，表现出圆柱体的立体感。添加靴子上的蛇皮纹理，用网格规划出纹理的分布。

⑯用点状笔触绘制裙子上面的豹纹印花，笔触要灵活且富有变化。主要绘制亮部区域的图案，而在留白的区域省略图案，印花的图案应随着褶皱的变化而变化。

⑰用深色在帽子转折处的暗部叠加颜色。用相应的颜色绘制裙装褶皱和雨伞暗部的印花，并进一步加深皮革外套的明暗对比，增强皮革的光泽度。在丝袜上叠加肤色，表现出丝袜半透明的质感。

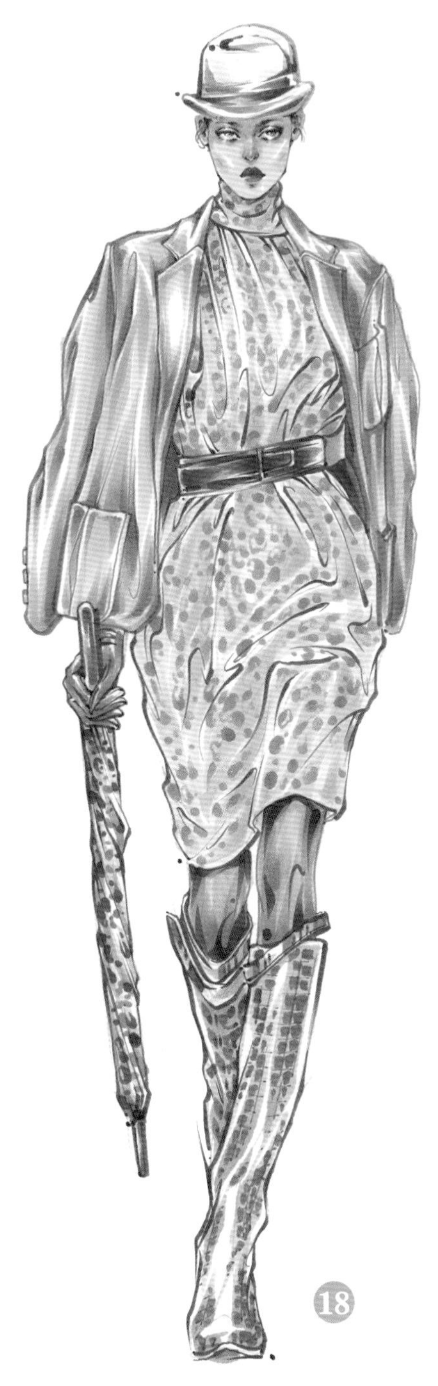

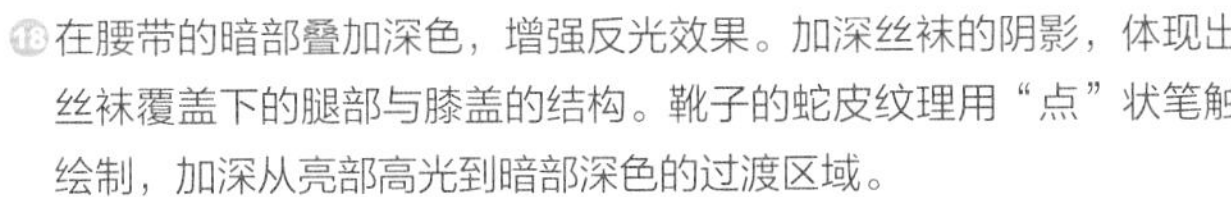

18 在腰带的暗部叠加深色，增强反光效果。加深丝袜的阴影，体现出丝袜覆盖下的腿部与膝盖的结构。靴子的蛇皮纹理用“点”状笔触绘制，加深从亮部高光到暗部深色的过渡区域。

19 用环境色叠加帽子和外套的颜色。用粉紫色调和整体画面的暖黄色视觉感受。用高光笔为靴子的纹理添加高光，体现出蛇皮纹理的凹凸变化。调整画面细节，完成绘制。

4.3.3 秋季服装材质表现范例

illustration by

Hermès Fall 2007
illustration by
2020.08

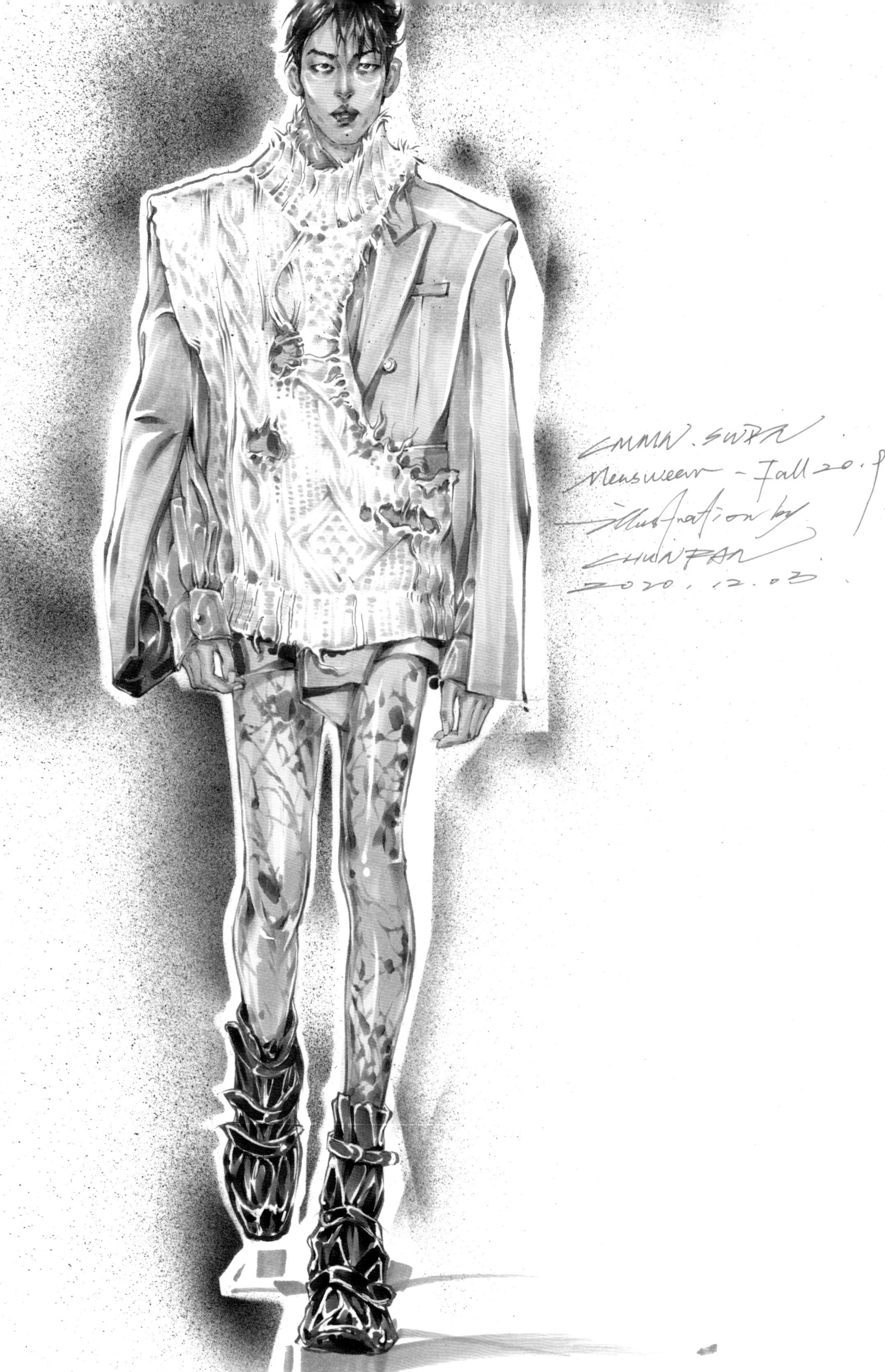
Menswear - Fall 20
Illustration by
CHUNFAN
2020.12.03

4.4 冬季服装的材质表现

冬季服装的主要功能就是御寒，兼具这样功能的面料会让人自然联想到皮草、皮革、厚呢和羽绒等，这些面料都具有厚实的特点和保暖的功能，但呈现出完全不同的视觉感受，在绘画表现上的重点也不尽相同：皮草注重微妙的颜色变化和笔触的使用，厚呢则需要使用反复叠色体现出柔和但厚重的质感，羽绒服则需要强调单独区块的起伏和整体的体积状态。

4.4.1 冬季服装的常见材质表现

绗缝面料

绗缝是固定填充物的主要工艺手段。根据绗缝的方式不同，面料的外观会产生相当大的变化。在绘制较为常见的菱格绗缝或其他几何式绗缝时，可以将其看作是放大纹理的针织面料，需要兼顾每一块填充区域的立体感，同时还要注意整件服装的明暗层次过渡和体积关系。如果是更为蓬松的绗缝，那么除了要表现填充区域的立体感，还要处理绗缝产生的碎褶。此外，由于绗缝工艺可以用不同的表面材质制作，所以绘制时对面料质感的体现也十分重要。例如，光滑的面料需要注意在高光处留白，强调反光，布面或是牛仔面料则需要注意颜色的自然过渡和细微的变化。

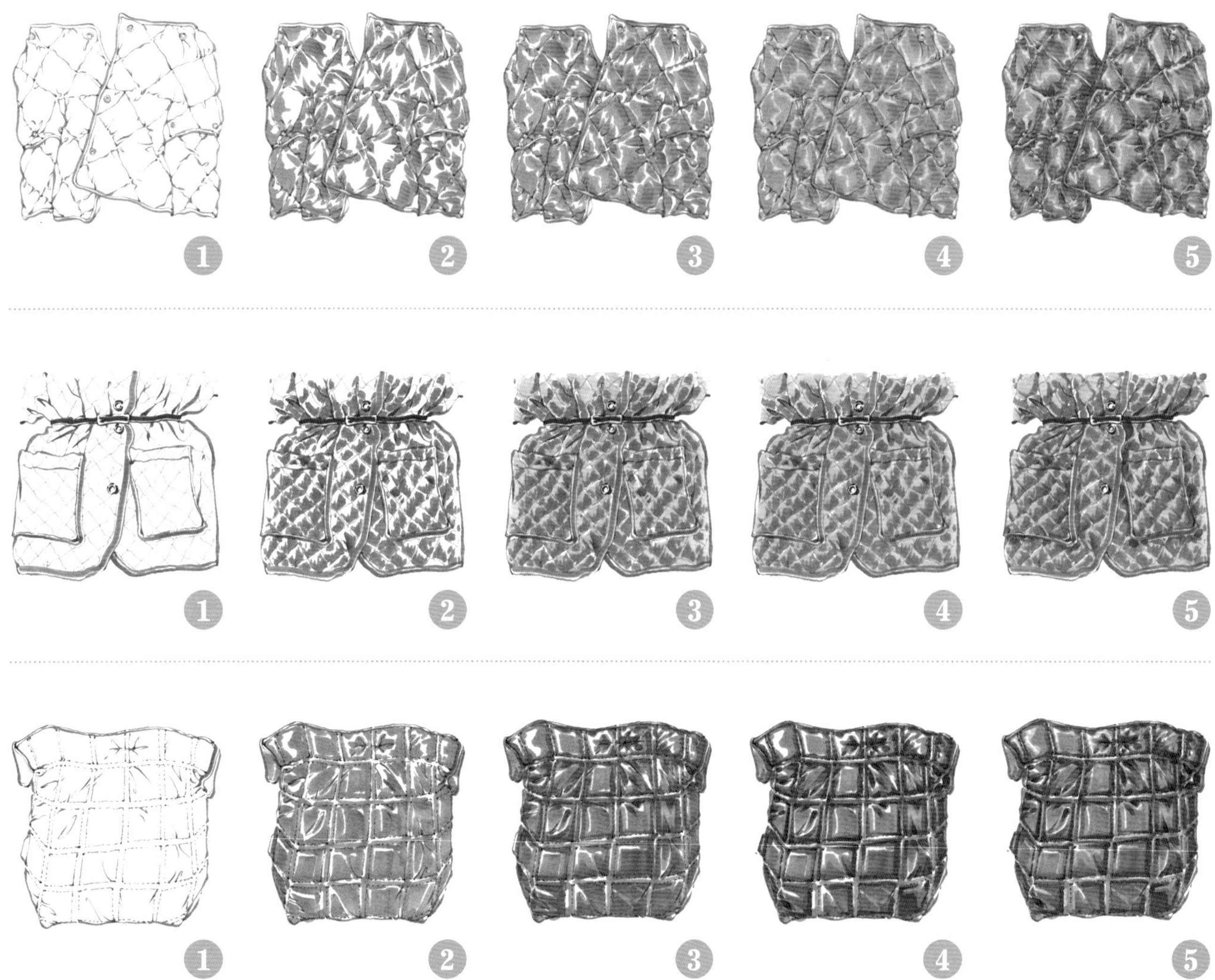

皮草

不同种类的皮草的形态非常多变，但表现方法有一定的规律性。首先，用比较精细的小楷笔勾勒皮草整体的形态和毛丝细节。在绘制皮草边缘的线条时，既要注意整体的方向性，又要兼顾变化，来体现皮草的蓬松感和生动效果。其次，上色时，同色的皮草需要选择同一色系不同色阶的颜色来塑造体积感，并表现出层次变化；杂色或间色的皮草则需要注意不同颜色间的过渡。最后，由于皮草的光泽度较为明显，光泽的形状较为复杂，因此要用笔触间的留白来体现这一细节。

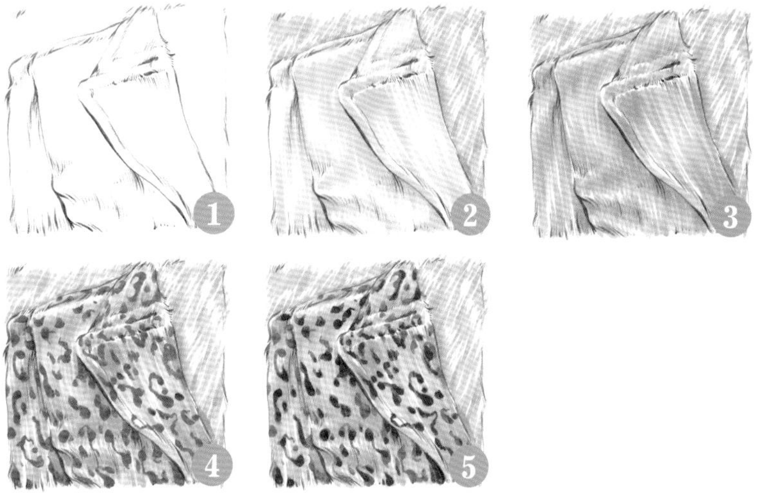

4.4.2 冬季服装材质表现步骤详解

皮草表现步骤详解

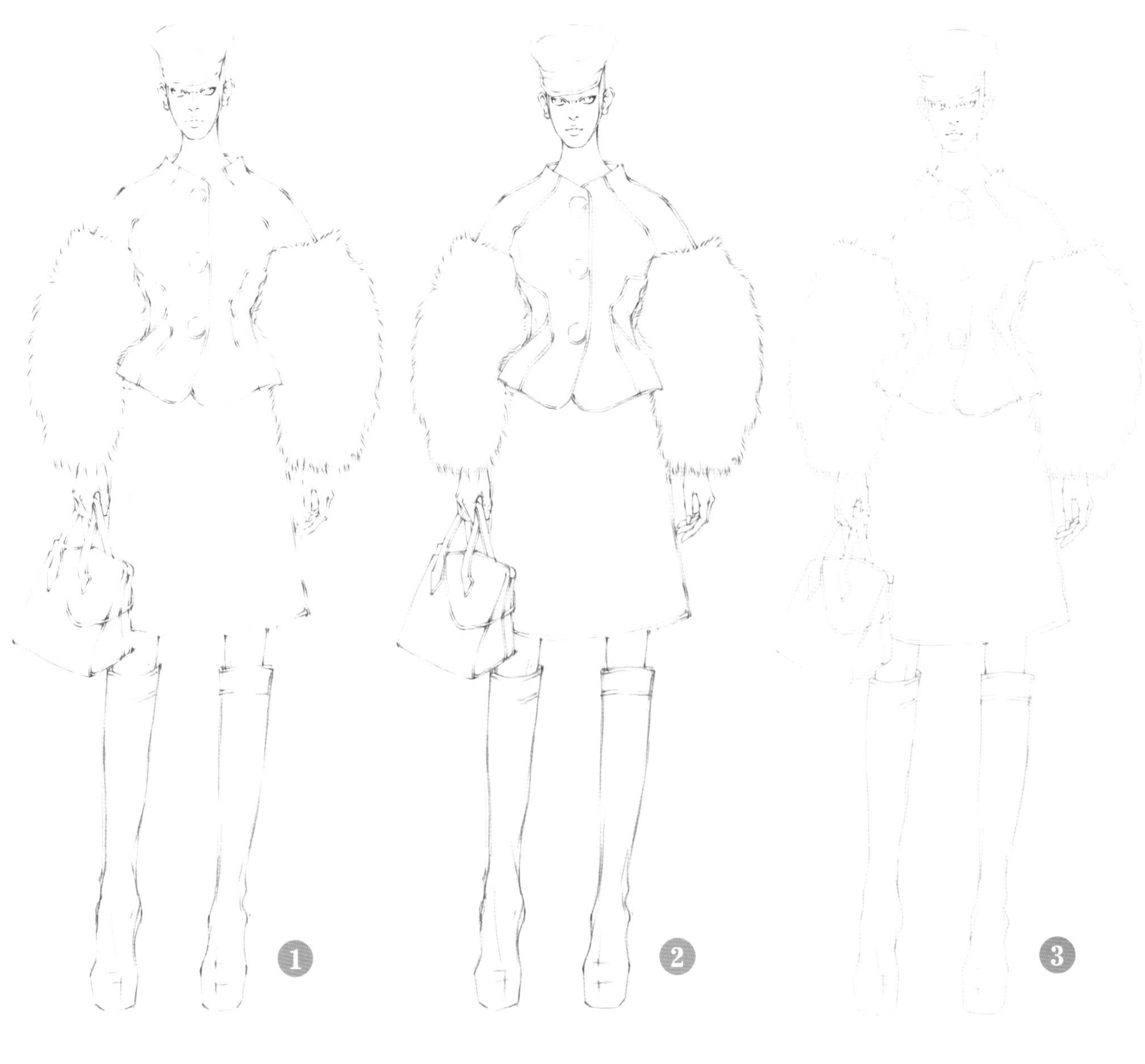

❶模特处于正面站立的姿势，肩部和髋部都处于平衡状态，可以通过头、脚等部位的角度变化来增加动态的趣味性。确认服装和人体的关系，绘制出服装款式，注意皮草的蓬松度。

❷用纤维笔或针管笔，根据铅笔草稿勾勒出线稿。不同于表现人物和常规服装的连贯长线条，应用不同弯曲度的短弧线来表现皮草。

❸将铅笔草稿擦除干净，留下勾线线稿。

❹用浅肤色铺出皮肤的底色，在肌肉及骨骼凸起的位置留白，表现出人体的立体感。

⑤用与底色相匹配的深肤色，叠加绘制身体侧面的暗部、结构转折处以及人体上的投影部分。

⑥用棕色针管笔勾勒人物的五官及肢体的线条，再用不同颜色的勾线笔勾勒配饰和服装。需要注意的是，服装的主体部分、提包和靴子多采用双勾线的方式勾勒线稿，以体现出硬朗的皮革质感。衣袖和裙子是皮草材质，在绘制时，线条的处理既要注意笔触的整体方向，又要注意控制笔触的长短、弧度和方向的相对变化，不要过于雷同。

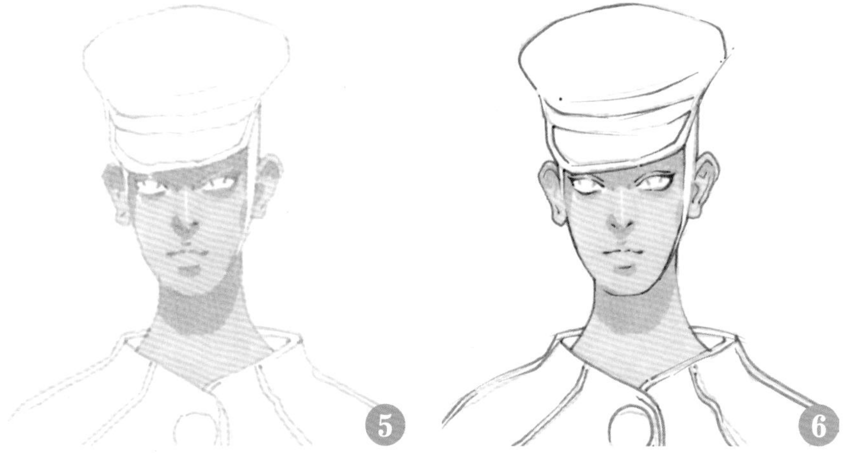

⑦用水性软头马克笔绘制五官细节，加深眼窝和鼻底的阴影，晕染出眼睛和嘴唇的妆容底色。

⑧上衣衣身为皮革材质，先绘制中间色调，笔触的形状要明确而果断。高光区域要明确呈现出皮革高反光的特质。最后用笔触的形状表现出帽子的基本构造和立体感。

⑨用较粗的笔触来塑造衣袖上皮草的立体效果，主要绘制外部轮廓和中间转折的位置，采用“点一扫”的方式绘制出两头窄中间宽的笔触，再排列出有粗细变化的笔触。裙摆部分的质感较为特殊，因毛丝的倒顺方向不一致而呈现出斑驳感。倒毛的皮草有较强的反光，且比较规整，但伴随一些翻起的毛丝。绘制时要注意这一特征，既要用平整的笔触处理皮草的光滑质地，也要用一些不规则的“点”，表现出细节的变化。最后用长短交错的笔触塑造出短裙的整体立体感，并在身体较为凸出的受光部分留白。

⑩遵循近处的颜色纯度较高，远处的颜色纯度较低的原则，完成帽子的上色。用较为平整的笔触为服装的亮部上色，在必要的高光部分留白。同时对衣袖的皮草进行色彩延伸，区别处理两个相同质地和颜色的衣袖，右侧衣袖大面积留白，以体现光照的方向。亮面颜色的笔触相对平整，但要有适当变化，并向留白区域进行延伸。

11

12

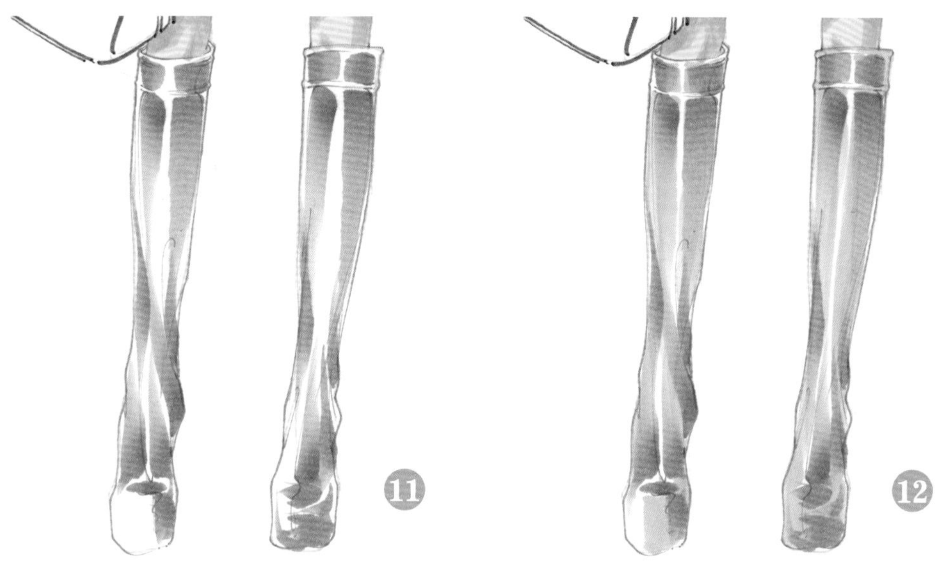

⑪为靴子上色，通过改变用笔力度使笔触产生形状和深浅变化，并利用笔触形成的块面塑造出靴子的结构。

⑫叠加靴子亮面的颜色，使亮面和暗面形成较为自然的过渡。保证高光区域的形状，通过强烈的明暗对比来表现皮革质感。

13

14

13

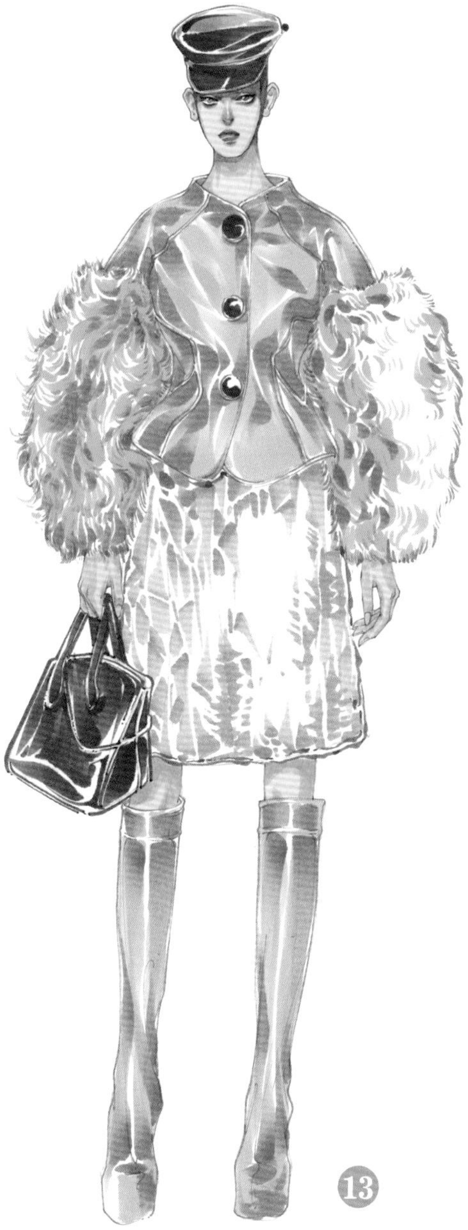

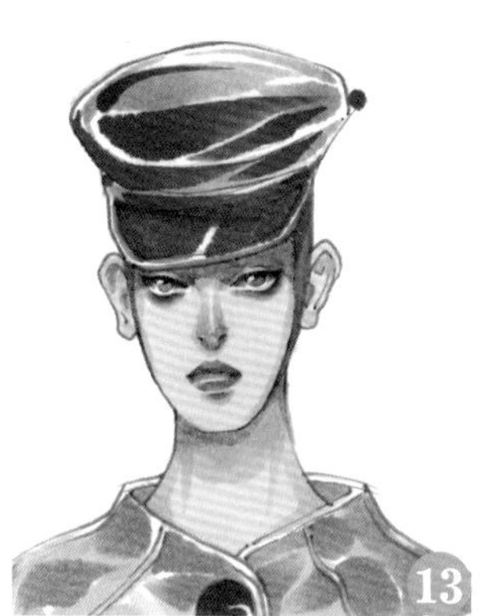

⑬刻画五官细节和妆容，进一步突显五官的立体感，描绘出人物的神态。接着绘制手提包，皮革质感的特点之一，就是高光区域和暗部区域的形状都非常明确，利用笔触间挤压形成的高光区域构成手提包的结构和体块关系。

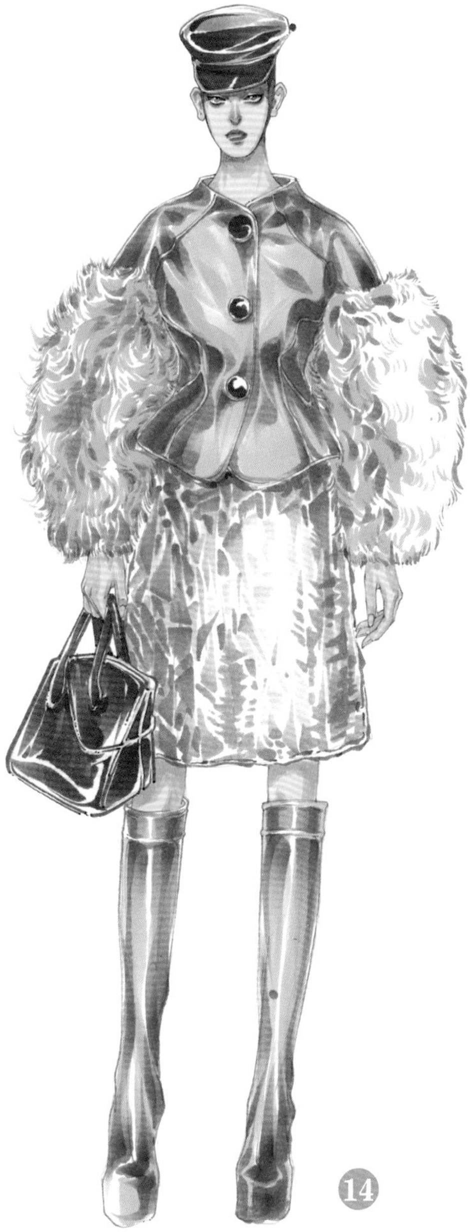

⑭叠加衣服及靴子暗部的颜色，使该区域的对比度加强，突出皮革高反光的特性。同时选择较浅的灰色，将裙摆部分的颜色向高光区域延伸，使色彩的层次更加丰富。

⑮加深衣身和衣袖间的缝隙形成的阴影死角，衬托出服装的主体轮廓。进一步强调衣袖的皮草质地，通过加深明暗交界线来突出皮草的立体感，从而表现出皮草蓬松的特点。同样加深裙摆两侧的暗部，来营造立体关系，通过提笔或按压来形成笔触变化。用深褐色加深手提包的暗部，并用浅桔色叠加手提包的亮部，使亮部产生色彩混合的效果。进一步明确高光的形状，突显出皮革的光泽感。

⑯在衣袖的亮部和暗部之间再次涂抹过渡的中间色，使皮草的造型更加饱满。适当添加暖色系的环境色，丰富皮草颜色的层次感。

⑰用高光笔和高光墨水添加高光，将表现衣身厚度的双勾线部分和衣身起伏凸起的高光区域提亮。用与表现皮草质感的相同笔触，在留白的受光部分向暗部延伸的区域为衣袖添加高光。裙摆则用高光笔以点状笔触在暗部点缀反光效果。手提包和靴子同是皮革质地，主要在表现体积的结构转折处和缝合线处添加高光。最后调整画面的整体明暗关系，完成绘制。

提花外套表现步骤详解

❶ 绘制出人物的站姿，注意左右两侧手肘处的褶皱的区别。然后对配饰的细节进行精细刻画。

❷ 根据铅笔草稿的线条走向及人物形象，使用纤维笔或针管笔进行勾线。

❸ 擦掉铅笔草稿的痕迹，留下勾线线稿。

❹ 使用肤色的色阶搭配，绘制五官的局部皮肤，注意营造出五官的结构与凹凸光感。

❺ 依据肤色的绘制方法，进一步刻画五官，尝试对局部皮肤质感留白，来体现光感。

❻ 完成面部五官的肌肉的绘制，在高光部分留白。

⑦继续绘制手部细节的皮肤色。

⑧使用勾线笔勾勒五官、头发以及配饰线条。

⑨继续勾勒手部细节的轮廓和结构线条，注意手指转折处的轮廓的变化形态。

⑩用窄头马克笔或软头马克笔勾勒外套的轮廓和结构，注意褶皱的起伏变化及衣服结构的叠压关系的线条形态。

⑪用软头水性马克笔刻画人物的五官细节，在绘制妆容的时候，注意妆容色彩与五官结构的关系。

⑫进一步完善五官的妆容色彩。

⑬绘制嘴唇部分，注意高光留白的位置，使其质感更加明显。

⑭绘制眉毛部分，注意眉毛的颜色变化，以及眉毛与眼睛的关联结构。

15 选用画面中较深的颜色，以概括的笔触绘制出衣服的领结和袖口部位的颜色，在转折区域留白。

16 使用与深色相匹配的浅色，绘制领结和袖口转折处的颜色，形成完整的色块形状，并在高光区域留白。

17 使用宽头马克笔概括出身体侧面的颜色，使整个身体处于相对完整的体块关系中。

18 用同样的方式继续绘制，并划分出衣服的颜色和褶皱区域，注意留白的位置与身体结构的关系。

19 使用铅笔，在衣服的底色上绘制出纹理。

⑳绘制局部高光位置的提花，绕过铅笔的绘制痕迹，形成负形的花叶形状。

㉑用同样的方式，绘制服装暗部区域的底色及花纹，使衣服的底色有明确的色阶分布。同样，花纹也要有相应的色阶变化，以符合人物的整体形象。

㉒用同样的方式绘制人物的挎包的花纹和底色。

㉓用较深的颜色进一步刻画人物的手部结构，使模特更富骨干。

24 利用水性马克笔通透、不易晕染的特性，概括绘制人物的配饰。

25 根据背包的链条结构，用块面排列的笔触绘制较明快的链条质感和细节。

26 对衣服的颜色进行色彩叠加和晕染。用明度较高、纯度适中的颜色，对留白的花叶区域进行颜色叠加。

27 用同样明度的颜色，进一步对花叶的留白区域进行颜色叠加和混合。

㉘最后，使用高光笔对重要区域的花叶的形态进行细致刻画，使之更加清晰、明确。同时适当点缀配饰部分的高光，最终完成画面的绘制。

羽绒表现步骤详解

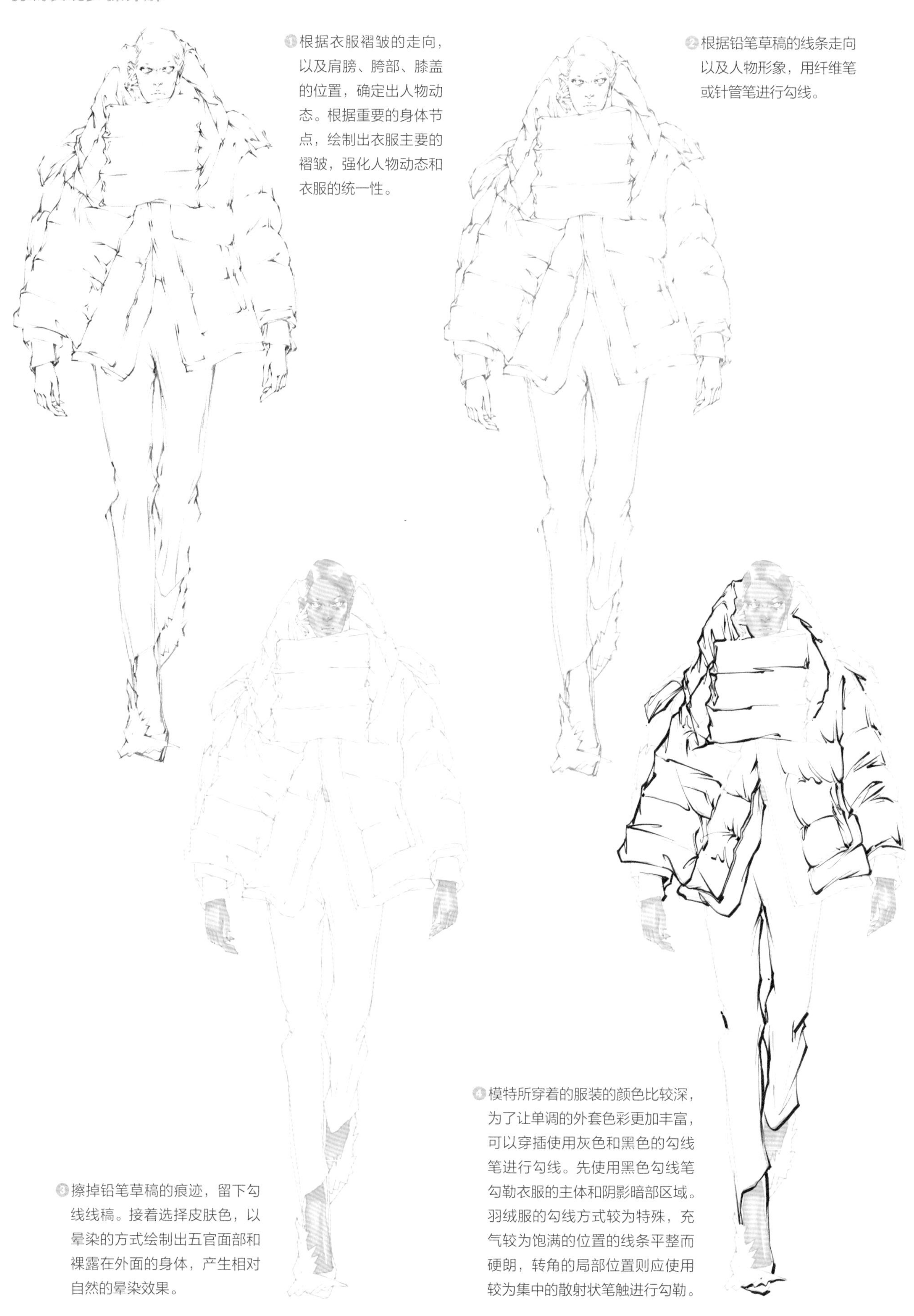

① 根据衣服褶皱的走向，以及肩膀、胯部、膝盖的位置，确定出人物动态。根据重要的身体节点，绘制出衣服主要的褶皱，强化人物动态和衣服的统一性。

② 根据铅笔草稿的线条走向以及人物形象，用纤维笔或针管笔进行勾线。

③ 擦掉铅笔草稿的痕迹，留下勾线线稿。接着选择皮肤色，以晕染的方式绘制出五官面部和裸露在外面的身体，产生相对自然的晕染效果。

④ 模特所穿着的服装的颜色比较深，为了让单调的外套色彩更加丰富，可以穿插使用灰色和黑色的勾线笔进行勾线。先使用黑色勾线笔勾勒衣服的主体和阴影暗部区域。羽绒服的勾线方式较为特殊，充气较为饱满的位置的线条平整而硬朗，转角的局部位置则应使用较为集中的散射状笔触进行勾勒。

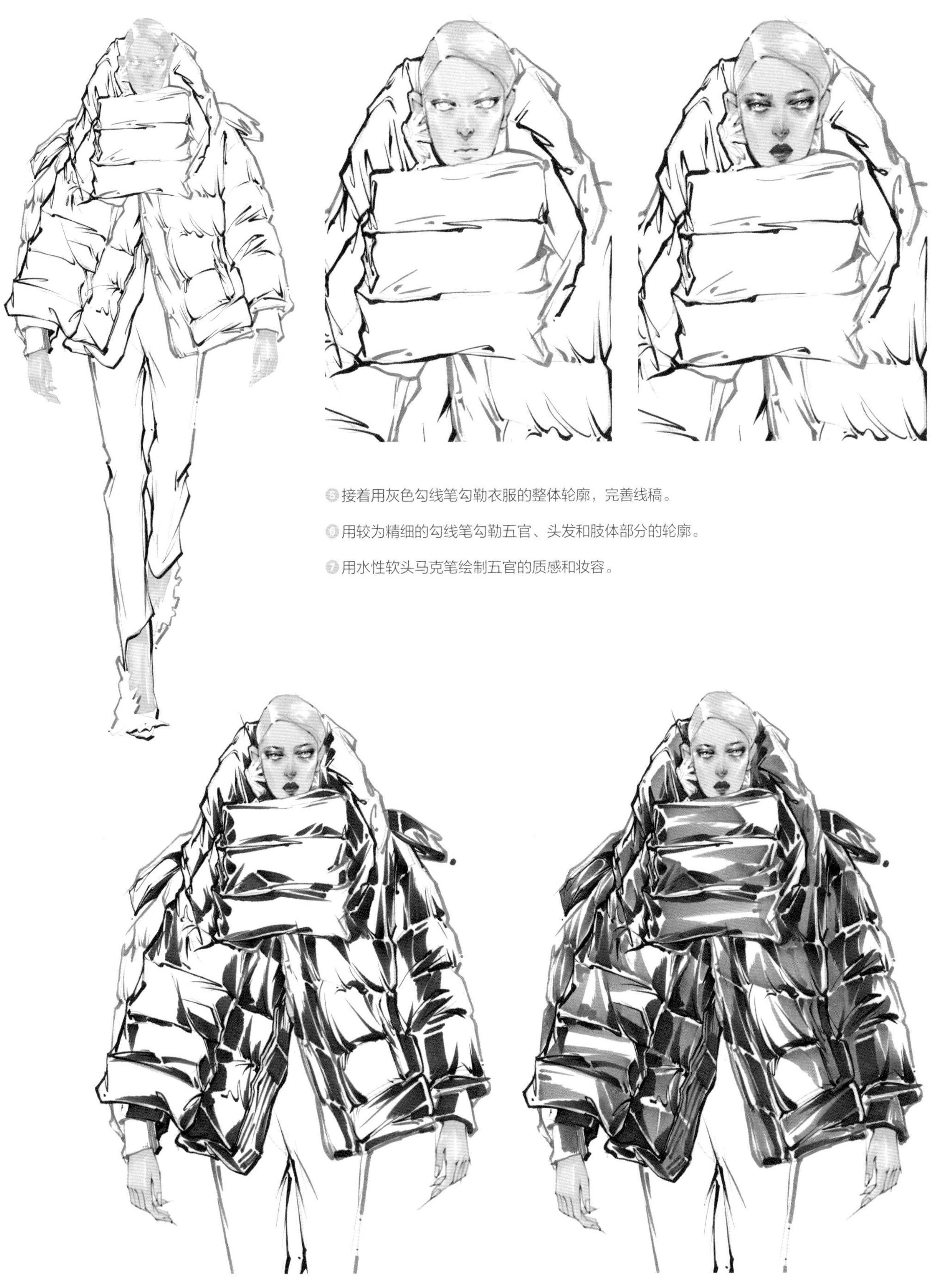

⑤接着用灰色勾线笔勾勒衣服的整体轮廓，完善线稿。

⑥用较为精细的勾线笔勾勒五官、头发和肢体部分的轮廓。

⑦用水性软头马克笔绘制五官的质感和妆容。

⑧用较暗的笔触绘制羽绒服外套的转折暗部并叠加阴影。同时，对羽绒服的体积构造进行块面整合，笔触形状应与之相吻合。

⑨用较浅的颜色绘制羽绒服的灰部色阶，注意体块的变化及身体支撑骨点对衣服褶皱产生方向的影响，利用笔触的走向明确褶皱的整体走向。

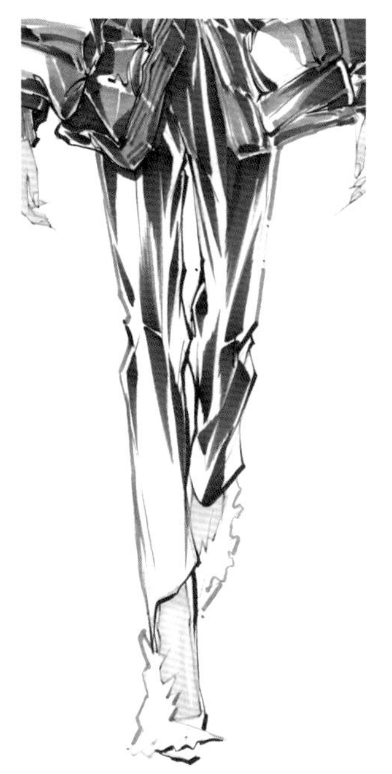

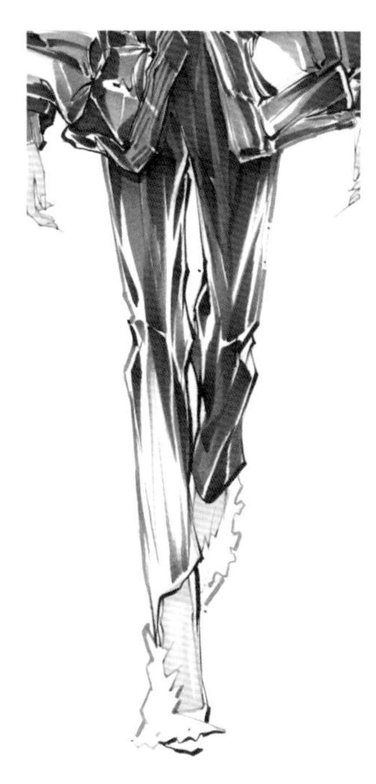

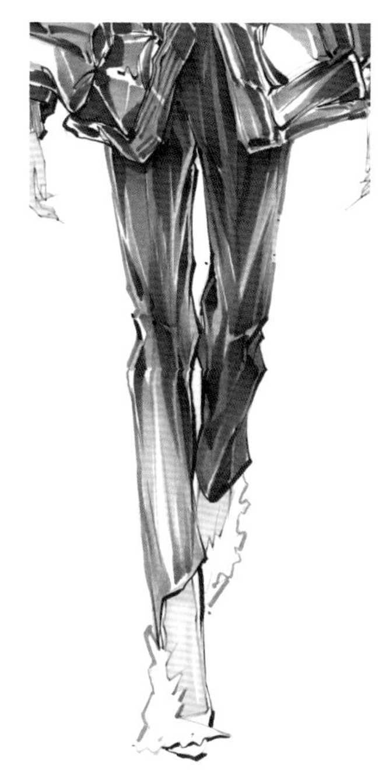

⑩ 用较暗的颜色，以较为平整的笔触叠加绘制裤装部分的颜色，注意膝盖转折部分的变化。模特所处的环境中有侧光存在，所以衣服和裤子两侧都应适当在亮部颜色的区域留白。

⑪ 受宽大的外套影响，裤装的投影主要集中在与外套衔接的部分，可以将前方的左侧裤脚进行省略化的亮化处理，以体现裤装的空间关系。

⑫ 用浅色色阶对裤装的整体暗部进行块面化处理，在亮部颜色的位置留白。

⑬ 用较亮的颜色铺陈羽绒亮部的颜色，完成羽绒服外套整体的色彩铺陈，适当地在高光区域留白。

⑭ 铺陈出模特配饰部分的颜色，以便后续为较亮的区域进行高光点缀。

15 使用高光笔绘制耳饰和鞋子上的装饰细节。同时进一步精细刻画手部的指甲细节，使整体画面更加完整。

16 衣服颜色较深，画面整体暗部较为沉闷，可使用高光笔绘制出运动线，打破整体暗沉的色调状态，使画面更加活跃，暗部区域也更加明快。

4.4.3 冬季服装材质表现范例

Versace
Fall 2019
illustration
by
CHUN RAN
2021.11.22

服饰配饰的表现

本章是本书的亮点之一。不管是从品类的角度还是从质感的角度，配饰都是一个庞大的体系。相对于服装来说，配饰的绘制更加严谨，箱包鞋靴、珠宝首饰、帽子和头饰等品类，包含了布料、皮革、金属、宝石、塑料和羽毛等诸多材质，这些在时装画中能起到非常有效的点缀和衬托作用，而这些材质在服装上利用得并不多，所以画面中的配饰就变得难能可贵。无论是最受潮流推崇的包袋，还是光泽耀眼的珠宝，配饰既能融入时尚风格之中，也独立于服装的形式，有着自己的明确特征和装饰审美。

Christian Dior
by John Galliano
Fall 2007 Couture
Illustration by Chunnan

5.1

皮革类配饰的表现

配饰在整体造型中起搭配作用，在时装画中则可以起到点缀和点睛的作用。材质上，配饰的材质更为多元化，不管是皮革材质居多的包袋和鞋靴，还是金属、宝石占据主体的珠宝，抑或是丰富多变的帽子等，通过手绘表现出来都可以让画面更加活跃、生动。而风格上，配饰一方面要和整体造型风格保持统一，另一方面，配饰的风格也会影响整体造型给人的视觉感受。

在本节中，我们将主要针对包袋和鞋子等皮革类配饰的表现进行讲解，包括皮革产品的绘制要点以及绘制手法等知识点。绘制时，从结构上来说，皮革制品的绘制更注重层次和结构间的逻辑关系，勾画出结构线和缝合线会增加真实感；从质感上来说，皮革材质的种类有很多，包括植鞣皮、漆皮和鳄鱼皮等，绘制这些面料时，还需要考虑通过何种手段和笔法来体现其特征。

皮革类配饰表现步骤详解

① 先确定包袋和鞋子组合画的构图形式，并用平直的线条勾勒出轮廓和基本结构草图。

② 使用弧线，在草图的基础上进一步完善轮廓，明确细节，确认形态。

③ 根据包袋本身的色调，选择相应色调的勾线笔勾勒出包袋的轮廓和结构。包袋为冷蓝色，这里用浅灰色的勾线笔进行勾线，保证色调协调的同时，也不会影响其本身的色彩。

④ 用同样的方法，选择深棕色勾线笔，对鞋子的轮廓和结构进行勾勒。用较粗的线条来体现其边缘的厚度和阴影。

⑤ 为包袋涂染颜色。较为平整的包盖部分使用平涂的方法上色。包袋主体部分的褶皱较多，可利用笔触之间的留白来体现褶皱转折的凸出部分，区分块面。

⑥ 鞋子的形状和结构多为长而窄的块面，上色的时候注意根据轮廓的形状调整笔触的形状。鞋头的部分应利用留白来体现鞋子的光泽和转折。

⑦用较浅的色调绘制鞋子的亮部以及浅色内里的颜色，增加色彩的层次，留出高光的形状。

⑧使用较深的色调绘制包袋的阴影以及褶皱和遮挡所形成的暗部。用软头的马克笔并用顺滑的笔触营造出皮革柔软的质感。

⑨同样对鞋子的转折和阴影部分进行绘制。不同于包袋部分，鞋子的线条需要更加肯定和果断，这样才能体现出鞋子平滑硬挺的质感。

⑩用白色的高光笔绘制缝合线的装饰部分，让包袋的细节更加真实。绘制时注意保持笔触线条均匀、流畅。

⑪用绘制缝合线的方法绘制鞋带，并用深棕色绘制鞋子部分的缝合线细节。

⑫用高光笔为鞋子绘制高光细节。高光要有明确的形状，且和鞋子的结构保持一致。

⑬用饱和度较低的紫灰色作为环境色，叠加绘制包袋的暗部，增添颜色的层次变化。叠加环境色时要注意高光的留白。

⑭用更深一些的冷灰色，加深包袋阴影死角的部分，尤其是金属扣和挂件部分的阴影，衬托出配件的立体感。

⑮绘制包袋和鞋子的投影，靠近物体的投影的颜色深重，远离物体的投影的颜色逐渐减淡。在用笔触概括阴影时，注意通过控制用笔的力度大小来表现阴影的深浅变化，既丰富了画面效果，又进一步增强了包袋和鞋的立体感。最后调整画面细节，完成绘制。

皮革类配饰表现范例

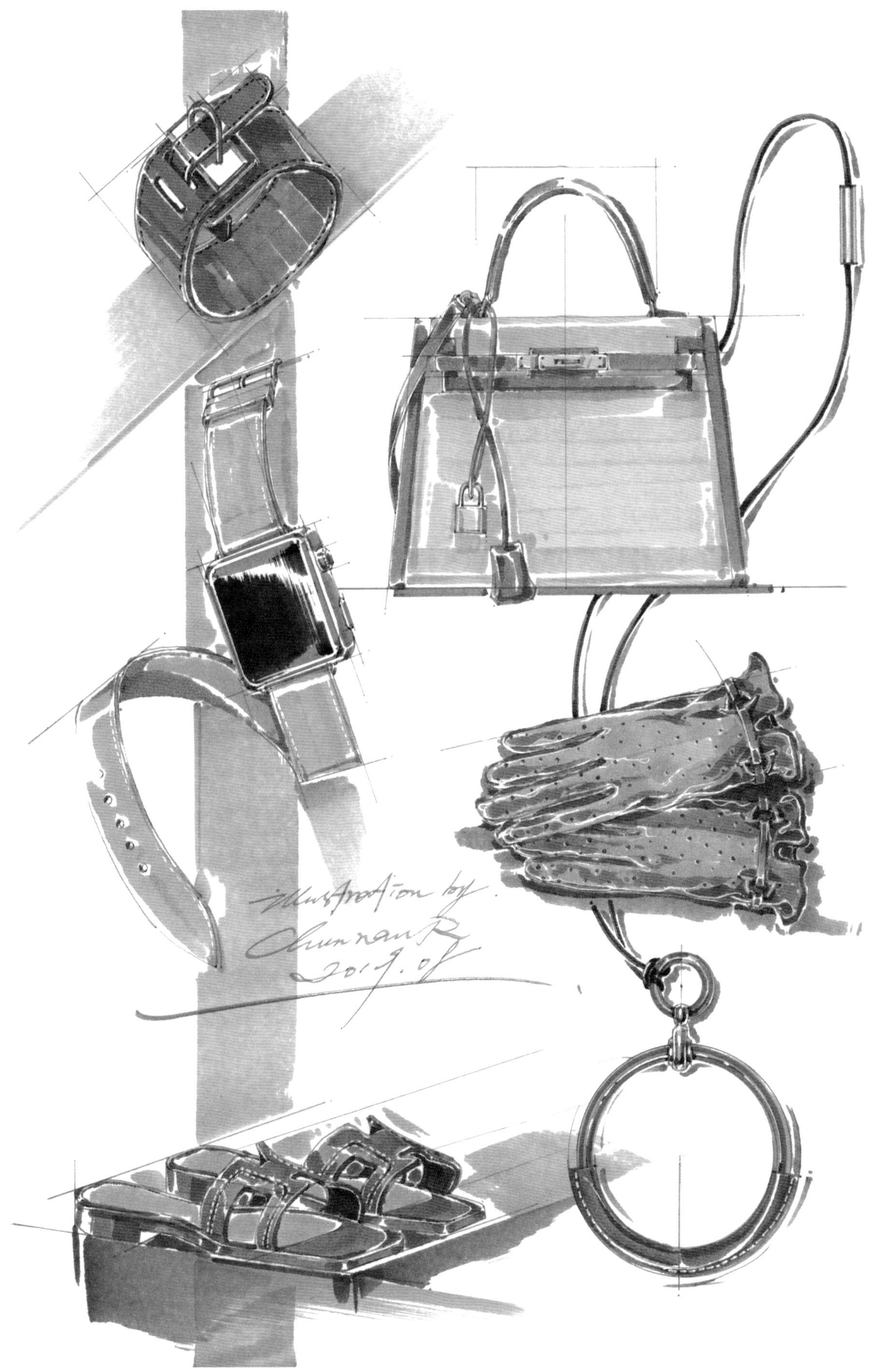

5.2 布料类配饰的表现

在绘制布料类配饰的时候，和绘制服装一样，需要注意其面料质感、褶皱以及结构的表现。但与服装不同的是，配饰更强调本身的立体感和结构，尤其是对包袋而言，包袋和包口的特殊结构、接近方形的立体体积以及与身体接触位置的关系和褶皱等细节，都需要在绘制时关注到。

布料类配饰表现步骤详解（1）

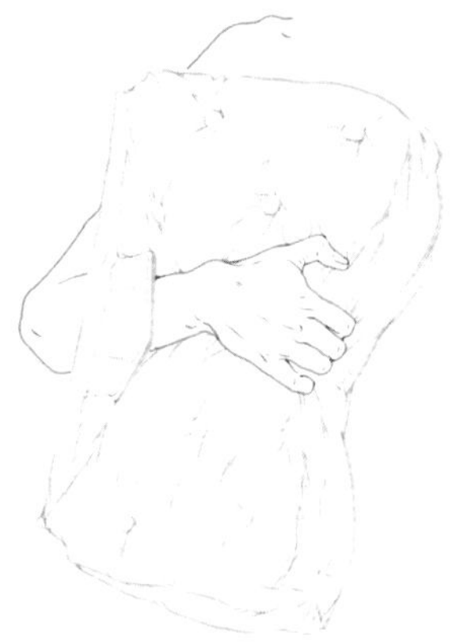

① 先用针管笔绘制手部的轮廓，再用小楷笔绘制手包的结构和褶皱。手包上的扣子装饰让蓬松的手包有了特殊的褶皱，手抓住包的动作也在手包上造成了很多褶皱，绘制时注意描绘和勾勒出这些皱褶。

② 对于反光材质的面料来说，面料颜色的深浅会根据周围光线的变化而变化，蓬松凸出的面料的局部颜色反而较深，这时就需要使用排线绘制出光泽的变化，并用笔触间的留白来体现褶皱的起伏。

③ 向反光区域晕染出渐变效果，并用较浅的色阶绘制渐变，延伸笔触的形状，缩小高光和反光的范围，让光泽的位置更加集中，也更加连贯。

④ 最后用反光的颜色绘制手包对环境色的反光。在冷紫色的光线下，银灰色手包的高光周围、暗部以及靠近皮肤的位置，呈现出冷紫色的环境色。用饱和度较高的紫色绘制环境色，突出面料高反光的质感，完成绘制。

布料类配饰表现步骤详解（2）

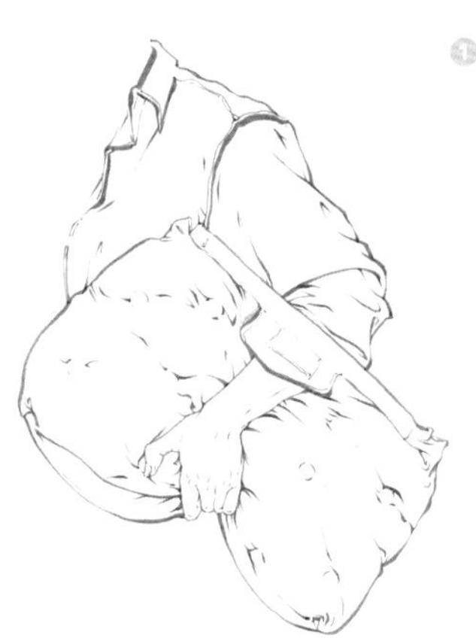

① 先用针管笔和小楷笔，分别勾画出手部，以及手包的结构和褶皱，通过线条的分布和疏密排列，体现出手包本身的褶皱状态和空间关系。

② 这款手包的面料没有反光效果，用暖黄色直接铺陈出手包的底色。

③ 精细刻画手包的细节。扣子装饰让柔软的手包形成了许多分散的褶皱，绘制时应注意褶皱的分布。同时，扣子本身陷进去后形成的散射状褶皱、包袋本身的转折形成的体积褶皱和暗部，以及手抓住手包形成的褶皱和暗部，这些都需要进行细致的刻画。

④ 最后精细刻画褶皱的暗部。在上一步绘制的褶皱块面的基础上，进一步绘制褶皱的暗部和纹理，使其轮廓更加明确，形状更加清晰，同时让手包的暗部更具有层次感，立体感也更加明显。

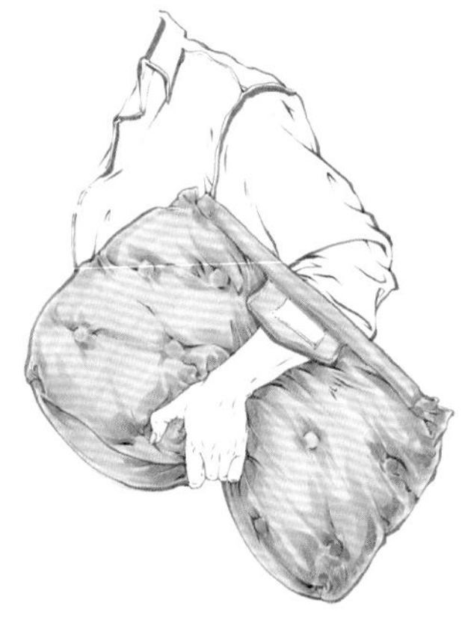

布料类配饰表现范例

5.3 金属类配饰的表现

在时装画中，金属的光泽和坚硬的质感同样可以起到点睛的效果。但与其他面料不同的是，金属质感配饰的颜色较为单一，普遍为金黄色和银白色。绘制金属质感的配饰时要更加注重体积感的表现，并通过光色和反光来塑造整体的立体感。为了更好地呈现这一特点，本节就将展示与人物结合的金属配饰的绘制案例。

金属类配饰表现步骤详解

❶勾画出人物搭配金属配饰的造型线稿，用简单而整洁的线条绘制出金属配饰的片状结构和厚度。

❷绘制人物形象。先用浅灰色绘制人物面部的底色，适当留白表示面部起伏转折的细节。

❸完善五官的细节，绘制并加深配饰在人物皮肤上的投影。叠加灰色，加深人物面部的转折及暗部的重色，形成立体效果。

❹刻画金属耳饰部分，用较深的土黄色绘制配饰的结构、暗部阴影以及耳环部分的结构转折。

❺用浅一些的土黄色绘制耳环本身的颜色和细节块面，在转折的突出区域留白，作为金属的自然光泽效果。

❻刻画颈饰。先用较深的颜色绘制每一片金属结构的侧面厚度，形成立体的视觉效果。

⑦根据金属的光泽质地和表面的肌理效果，用短而果断的线条绘制表面分布的纹理，保留连贯的留白区域，表现光泽效果。

⑧用较浅的冷黄色整合颜色区域，覆盖肌理排列较为紧密的区域，通过这样的方式来凸显高光和光泽度。

⑨使用较细的针管笔，绘制片状金属配饰之间的连接结构。

⑩为了增强立体效果和光泽的对比程度，加深转折区域的纹理暗部的颜色，以此来突出金属的反光质感。

⑪用高光笔绘制局部的反光和纹理细节，使高光的形状更加精致、连贯。

⑫完善人物形象，简单涂抹和绘制眼镜部分。在金属的中间色调的区域叠加较浅较亮的暖黄色来突出金属光泽。

金属类配饰表现范例

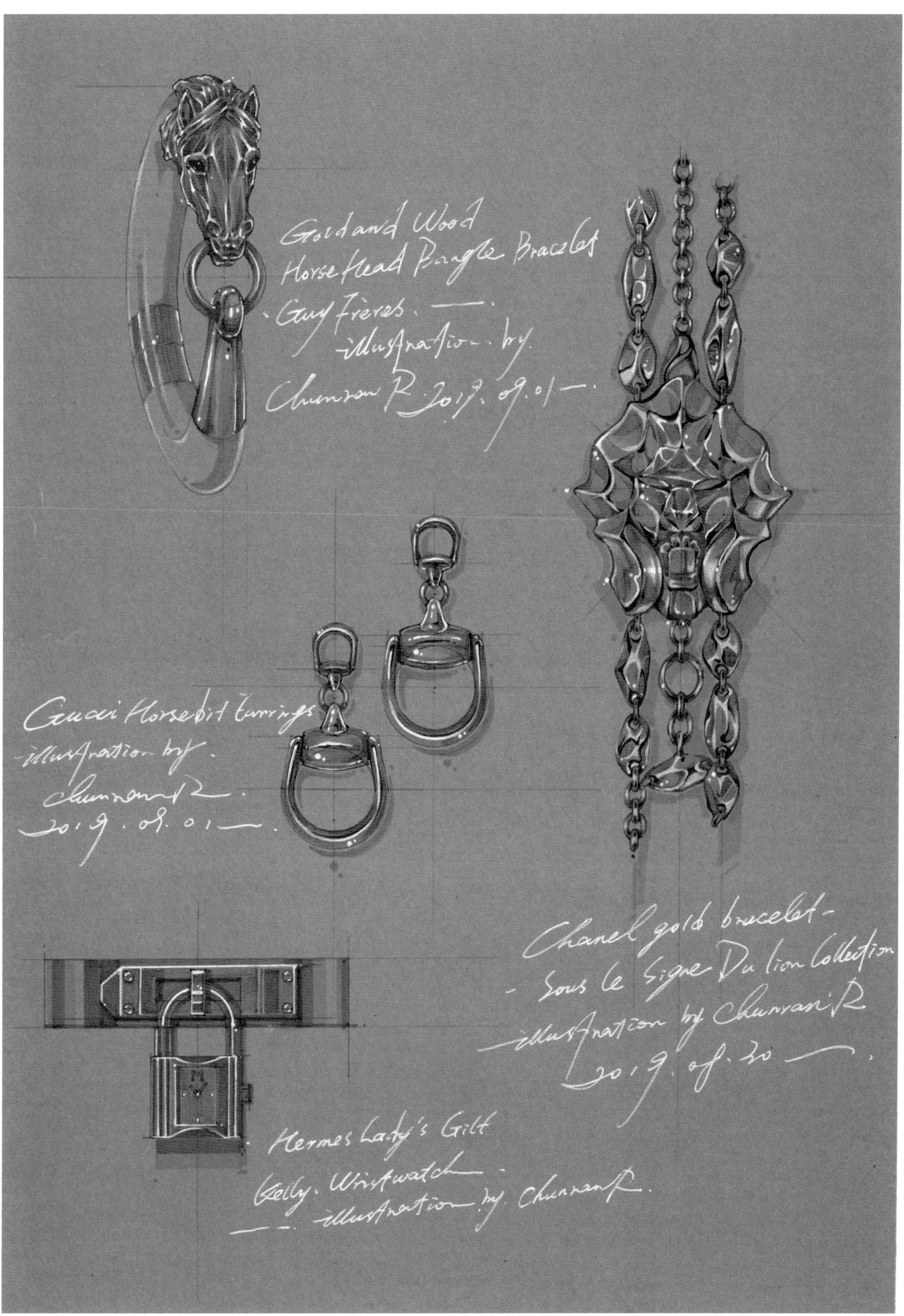
Gold and Wood
Horse Head Bangle Bracelet
Guy Freres
illustration by
Chunran R. 2019.09.01
Gucci Horsebit Earrings
illustration by
Chunran R
2019.09.01
Chanel gold bracelet
Sous le Signe Du lion Collection
illustration by Chunran R
2019.09.20
Hermes Lady's Gilt
Kelly Wristwatch
illustration by Chunran R

5.4

宝石类配饰的表现

宝石可以划分为刻面宝石和弧面宝石。刻面宝石的表面由不规则的平面构成，所以块面之间会出现颜色的变化以及反光的效果；弧面宝石的表面为一个完整均匀的弧度，所以更加强调颜色的自然过渡和反光效果的营造。同时，宝石类配饰也涵盖了珍珠、珊瑚和玛瑙等多种多样的半宝石材料。在绘制这类配饰的时候，一方面要关注宝石配饰的结构关系，另一方面要注意宝石本身的色泽和立体的光泽效果表现。

宝石类配饰表现步骤详解

❶绘制较为完整的单色人物造型线稿，并用针管笔精细刻画出复杂的珠宝形态和结构。

❷用灰色铺出皮肤的颜色，在关键的结构转折部位留白，以表现高光区域。

❸用深一些的灰色加深暗部和阴影，塑造面部和五官的立体感，以及配饰在皮肤上的投影。

❹画出手镯的转折位置，在高光区域留白，并铺陈出金属本身的底色。

❺加深转折区域的暗部，绘制反光和阴影效果，使首饰的金属部分初步形成立体感。

❻分块面绘制刻面宝石的颜色，形成立体感。用较浅的底色，在高光和反光的区域留白，铺陈出弧面宝石的底色。

⑦叠加宝石本身的颜色，加深颜色较重的块面和弧面宝石的中心区域，形成层次感。

⑧用统一的颜色“点”画珠形手链的每一颗珠子，并在高光区域留白。

⑨用同样的方式绘制局部金属材质的肌理，并铺陈出绿色宝石项链和手链的底色。

⑩用较深的颜色绘制手链的阴影，让每一颗珠子的形状变得更加分明。

⑪最后完善宝石的立体感和颜色的层次。用较细的高光笔绘制主要区域的高光，使宝石和金属的光泽分布统一。加强首饰整体的空间效果，让每一颗宝石的光泽更为明确。

宝石类配饰表现范例

5.5

玻璃与塑料类配饰的表现

不管是秀场图还是街拍图，眼镜都是非常常见的饰品，是可以迅速提高“酷”感的单品之一。近年，眼镜的镜框设计得越来越风格化，更容易与着装风格保持高度一致，同时镜片的透明程度也有差别。对于时装画来说，不透明材质只需关注镜片本身的颜色和光泽效果即可，半透明材质则需要关注眼睛与镜片颜色的关系。当然，也有不带镜片而完全把眼镜框作为装饰的用法。无论如何，配饰单品本身的材质塑造、配饰与身体的关系、配饰与整体画面的风格等，都是绘制时需要关注的重点。

玻璃与塑料类配饰表现步骤详解

❶ 先根据面部的五官比例，画出人物的基本结构。

❷ 根据比例关系，绘制出线稿草图，注意细节和仰视的透视关系的表现。

❸ 在草图的基础上，分别用针管笔和小楷笔对五官、镜框、头发和围巾进行勾线，注意围巾褶皱交汇处的线条叠压关系。擦掉铅笔草稿，保留勾线部分。

❹ 选择比较接近的颜色，用叠色的方法铺陈出人物面部皮肤的底色。在结构转折和眼镜的投影位置叠加出较深的颜色，并使皮肤颜色自然过渡。

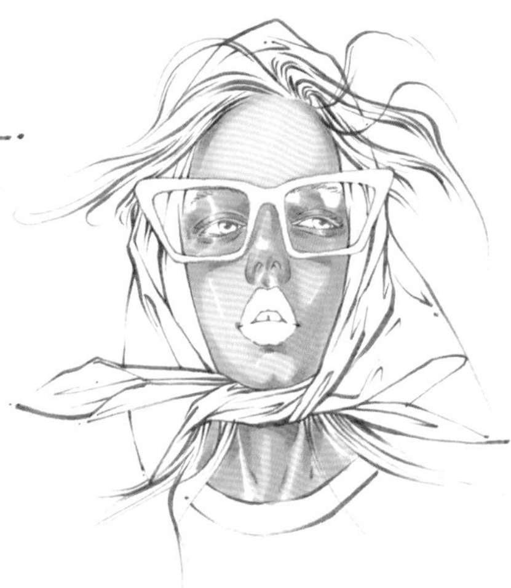

❺ 用较深的肤色绘制结构的转折及暗部的投影，包括眼镜在面部的投影以及围巾在颈部的投影。根据肌肉的结构和走向叠加阴影的颜色，使其自然渐变过渡。

❻ 绘制眼镜和嘴巴的基础色调，注意留白眼镜部分的高光形状和位置，并留白嘴部高光体现出嘴唇的体积感和转折变化。用暗红色绘制嘴部造型，注意留白高光效果。用浅黄色绘制头发的底色，注意适当保留空隙感，营造出不规则的发丝结构。发梢部分则注意笔触的颜色延伸。

⑦绘制镜框部分，注意在边缘的框架部分留白高光，形成转折效果。加深头发的发根和转折区域的颜色，形成层次感。

⑧注意镜片的高光的形状和分布，绘制出一整片浅粉色的半透明镜片底色，形成透视效果。

⑨用较为明确的深粉色进一步绘制眼镜的镜框和镜片，加强镜框的立体感和体积感。绘制镜片部分的反光，并用流畅的笔触绘制出镜片上的颜色变化和光泽的形状。

⑩绘制人物佩戴的头巾的底色，在褶皱处和高光区域留白，注意褶皱的形状。

⑪用暗红色绘制头巾本身的暗部区域，以及褶皱重叠后的重色区域。

⑫绘制高光。首先为镜框和镜片的光泽部分塑造高光；其次是对头巾留白的高光区域进行整理，形成自然流动的高光形态。完成画面绘制。

玻璃与塑料类配饰表现范例

5.6

羽毛类配饰的表现

丰富的配饰让时尚的面貌多了很多细节，让人不再只是关注衣服的面料、轮廓和结构。羽毛类配饰可增加整体造型的丰富性，柔软的质地以及发散的形态，让人对人物的整体造型产生了无限的延伸和遐想。同时羽毛类配饰拥有的丰富细节、不同的颜色以及自身的光泽感，让它变得无比吸引人。此外，不同的羽毛给人不同的视觉感受，多彩的羽毛给人活泼感，深色的羽毛给人神秘感，团簇的羽毛给人妩媚和温暖感，轻盈的羽毛点缀则给人灵动和跳跃感。本节就来讲解羽毛配饰的绘制要点和方法。

羽毛类配饰表现步骤详解（1）

① 先用灰度色阶勾画一个完整的面部形象以及帽子的主体结构。再用较轻的勾线笔绘制帽子的视觉重点，即装饰花朵，并刻画羽毛的轮廓，使帽子整体的位置、轮廓更加清晰。

② 用较深的勾线笔勾画出花朵的结构和形体。羽毛的部分保留了一些光感，主要勾勒右下方的轮廓，形成较好的整体感。

③ 刻画羽毛的暗部细节。一般在绘制羽毛的时候，会把每一根羽毛分为亮面和暗面两个面。自然状态下，受光的影响，羽毛会形成不同的色泽感，利用笔触之间的留白，体现出羽毛的细节。同时用柔和的紫色来绘制花朵和羽毛在帽子上的投影，以及帽子主体的转折结构。

④ 为花朵绘制底色，利用留白来体现花朵的自然转折，然后丰富帽子部分的阴影细节。

❺用较浅的色彩丰富羽毛的颜色，并用软头马克笔的自然扫笔效果表现出羽毛的真实形态。花朵部分，用较深的同色阶颜色绘制花朵暗部和褶皱的细节，表现出暗部的投影和转折，并用绿色来点缀花叶的细节。丝绒帽子的亮部会呈现的色彩较暗，可用深蓝紫色绘制浓重的色彩，以衬托出羽毛的轻盈。

❻铺陈出羽毛的中间色调和亮部的颜色，注意搭配的颜色应使羽毛形成不同的光泽转折面。用较松的笔触对羽毛形成的装饰轮廓进行点缀，增强氛围感。

❼用高光笔绘制羽毛局部的纹理，使颜色较深的羽毛有光泽质感，增加整体画面的透气性，完成画面绘制。

羽毛类配饰表现步骤详解（2）

1 首先确定整个画面的冷色色调，用冷灰色和黑色勾画出整体的人物造型轮廓，并细化五官，确定配饰的位置和轮廓。

2 用较深的蓝色概括羽毛配饰的暗部转折面的轮廓，并用排线绘制出羽毛的质感。

3 绘制出羽毛的暗部区域，并用较软的笔触绘制出羽毛的绒毛形状和毛发的细节变化。

4 用较浅的颜色铺陈出羽毛的亮部的颜色，保留笔触之间的空隙，表现出羽毛的自然空隙和光泽质感。

5 进一步细致刻画羽毛的亮部区域，利用空隙的留白，塑造出羽毛的轮廓和质感细节。

6 用较亮的蓝紫色填充羽毛空隙的颜色，并在轮廓的细节部分叠加上色，增加层次感，使羽毛的空间感更强。

7 用较细的高光笔描绘羽毛纹理的走向和细节的反光，丰富羽毛的质感和细节，增加画面的透气感和灵动效果，完成绘制。

羽毛类配饰表现步骤详解（3）

1 绘制人物线稿，用不同色阶的灰色塑造人物的五官结构和整体造型，并描绘出配饰的主体结构。

2 用较细的针管笔绘制羽毛，注意羽毛的方向，羽毛间的交叠状态和排线的变化。

3 用较浅的颜色铺陈出羽毛的分布位置，为后续的颜色叠加做准备。

4 用更深的颜色绘制羽毛，并用软头马克笔的特质表现羽毛的形态，营造轻盈的感受。

5 加深耳饰周围珍珠的暗部阴影，塑造出立体感，突出耳饰的主体结构。丰富羽毛的色彩，利用笔触的叠压体现出不规则的羽毛分布，使整体的配饰在保持一定形态的同时具有轻盈感。

6 用较细的针管笔绘制羽毛的细节和纹理走向，加强羽毛的质感和整体配色的精细度。

7 绘制羽毛项饰的主体部分，并用高光笔增加羽毛的细节和层次，完成画面的绘制。

羽毛类配饰表现步骤详解（4）

❶用勾线笔和不同色阶的灰色马克笔绘制出人物线稿，并刻画出五官结构以及帽子的轮廓和细节。

❷帽子的颜色为浅红色，先用同样色系的浅色勾勒出帽子的轮廓，注意用线条的粗细变化表现出体积感。

❸用浅红色的宽头马克笔绘制，注意笔触与纸面的距离，绘制出枯笔的纹理效果。这种纹理更加接近纱网的质地，注意用留白营造出透气感。

❹对帽子的颜色进行补充，使帽子的整体色调偏向暖色调，同时让帽子的层次感更加丰富。

❺用同色调的针管笔绘制出帽子的纹理，增加细节。注意纹理的走向应与帽子的编织结构走向保持一致。

❻描绘帽子的轮廓和细节，衔接帽沿部分的结构。再用勾线笔绘制帽檐的羽毛衔接处，注意排线分布要均匀。

⑦在每一根延伸出来的羽毛的尾部，用软头马克笔绘制出羽毛的形状，并让羽毛自由分布，使羽毛装饰更加自然。

⑧用不同深浅的颜色叠压绘制羽毛，加强装饰的层次感。适当使用补色进行绘制，保持色彩的平衡。

⑨最后用高光笔绘制帽子上面的转折和纹理细节，并对局部的羽毛纹理和光泽进行塑造，完成画面绘制。

羽毛类配饰表现步骤详解（5）

❶ 先用勾线笔精细绘制出人物的面部五官和妆容细节。用较细的针管笔勾画出帽子的复杂结构和形态，注意描画出羽毛的整体走向和细节纹理，达到有序而自然的效果。

❷ 用较深的颜色绘制帽子中后部的颜色，这部分是光线的转折区域，注意塑造出整体的体积感。用短而精炼的笔触概括出羽毛的细节，并在高光区域留白，体现出羽毛的状态。

❸ 用较浅的黄色以同样的笔触衔接上一步的颜色，绘制出帽子的中间色调的颜色。用连贯的线条绘制出羽毛的整体走向，并留白，注意留白的形状。

❹ 用较亮的淡黄色叠加亮部区域的颜色，与灰色相衔接，完成帽子部分的颜色铺陈。在保留羽毛局部细节和整体走向的前提下，表现出帽子的整体体积感。

❺ 用较精细的笔触绘制暗部的羽毛纹理，增加暗部的细节，真实感更强。

❻ 同样绘制出转折处的羽毛的阴影，营造出羽毛蓬松的效果。

❼ 最后整体调整画面，用针管笔绘制羽毛的局部纹理，再用高光笔打破颜色的色彩局限，修正高光的形状，以丰富画面层次，增强真实感，完成绘制。

羽毛类配饰表现范例

5.7 以配饰为中心的时装画表现步骤详解

这张时装画中，配饰的细节尤为突出，尤其是皮革手包和羽毛帽子的造型、色彩以及质感等，细节十分丰富。对于这两种产品而言，绘制时体现其质感尤为重要，区别是皮革更注重光泽感的表现和笔触的使用，羽毛则更注重利用细碎的笔触来塑造体积感和细节。同时，在表现两个人物的画面构图时，既要注意整体性，又要注意对比和呼应，使画面效果保持统一。

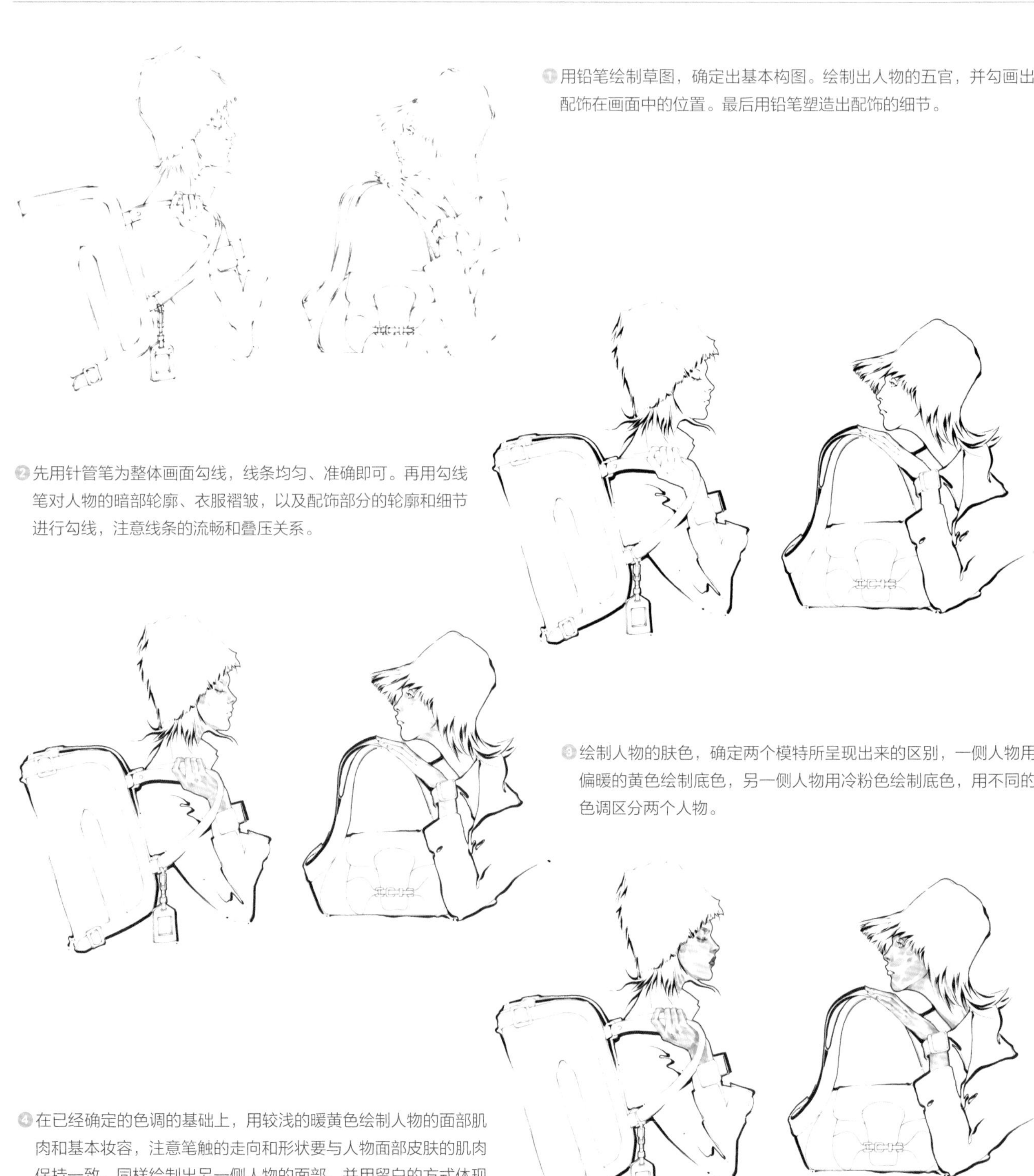

1 用铅笔绘制草图，确定出基本构图。绘制出人物的五官，并勾画出配饰在画面中的位置。最后用铅笔塑造出配饰的细节。

2 先用针管笔为整体画面勾线，线条均匀、准确即可。再用勾线笔对人物的暗部轮廓、衣服褶皱，以及配饰部分的轮廓和细节进行勾线，注意线条的流畅和叠压关系。

3 绘制人物的肤色，确定两个模特所呈现出来的区别，一侧人物用偏暖的黄色绘制底色，另一侧人物用冷粉色绘制底色，用不同的色调区分两个人物。

4 在已经确定的色调的基础上，用较浅的暖黄色绘制人物的面部肌肉和基本妆容，注意笔触的走向和形状要与人物面部皮肤的肌肉保持一致。同样绘制出另一侧人物的面部，并用留白的方式体现出面部的立体感和皮肤的光泽。

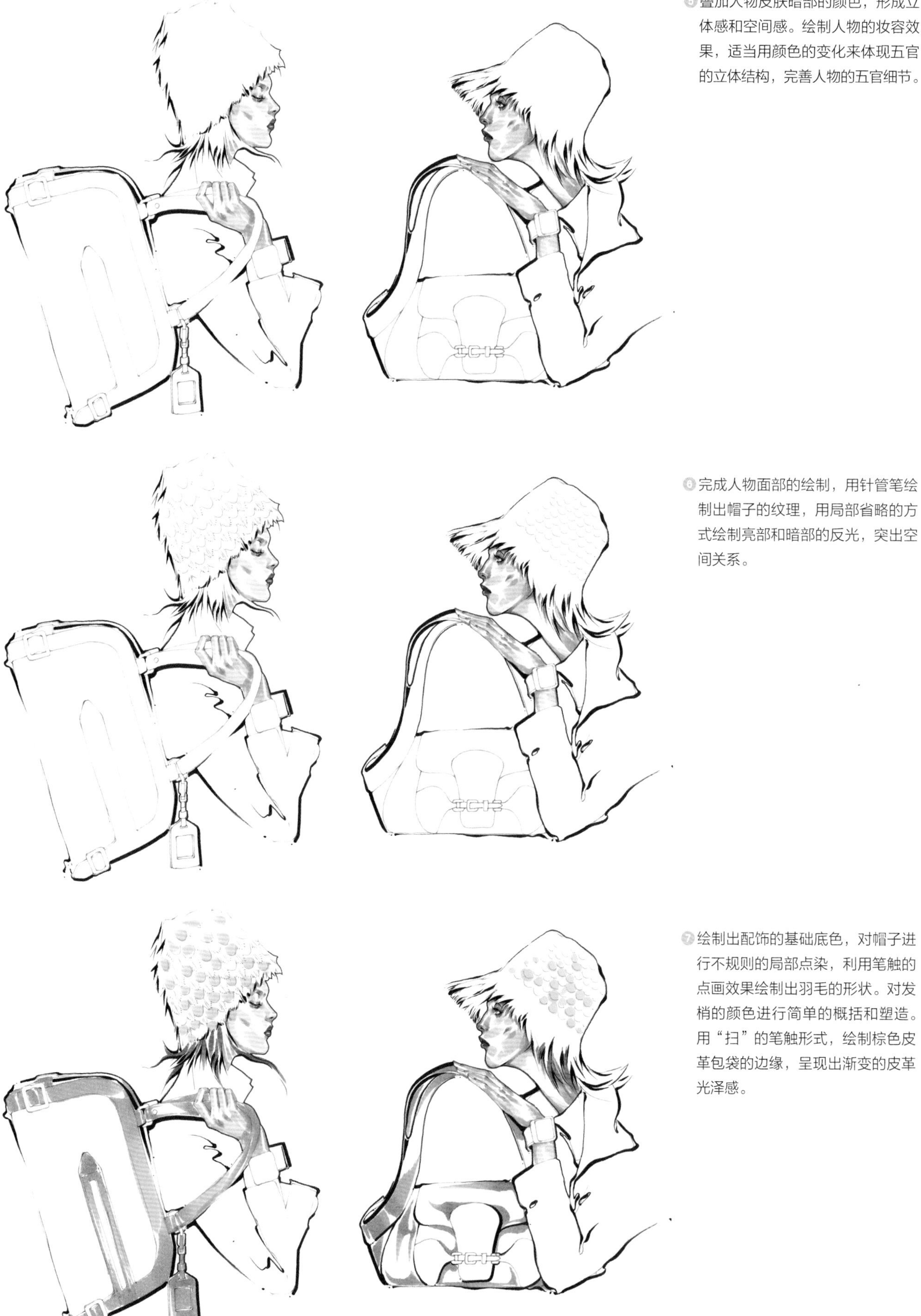

⑤叠加人物皮肤暗部的颜色，形成立体感和空间感。绘制人物的妆容效果，适当用颜色的变化来体现五官的立体结构，完善人物的五官细节。

⑥完成人物面部的绘制，用针管笔绘制出帽子的纹理，用局部省略的方式绘制亮部和暗部的反光，突出空间关系。

⑦绘制出配饰的基础底色，对帽子进行不规则的局部点染，利用笔触的点画效果绘制出羽毛的形状。对发梢的颜色进行简单的概括和塑造。用“扫”的笔触形式，绘制棕色皮革包袋的边缘，呈现出渐变的皮革光泽感。

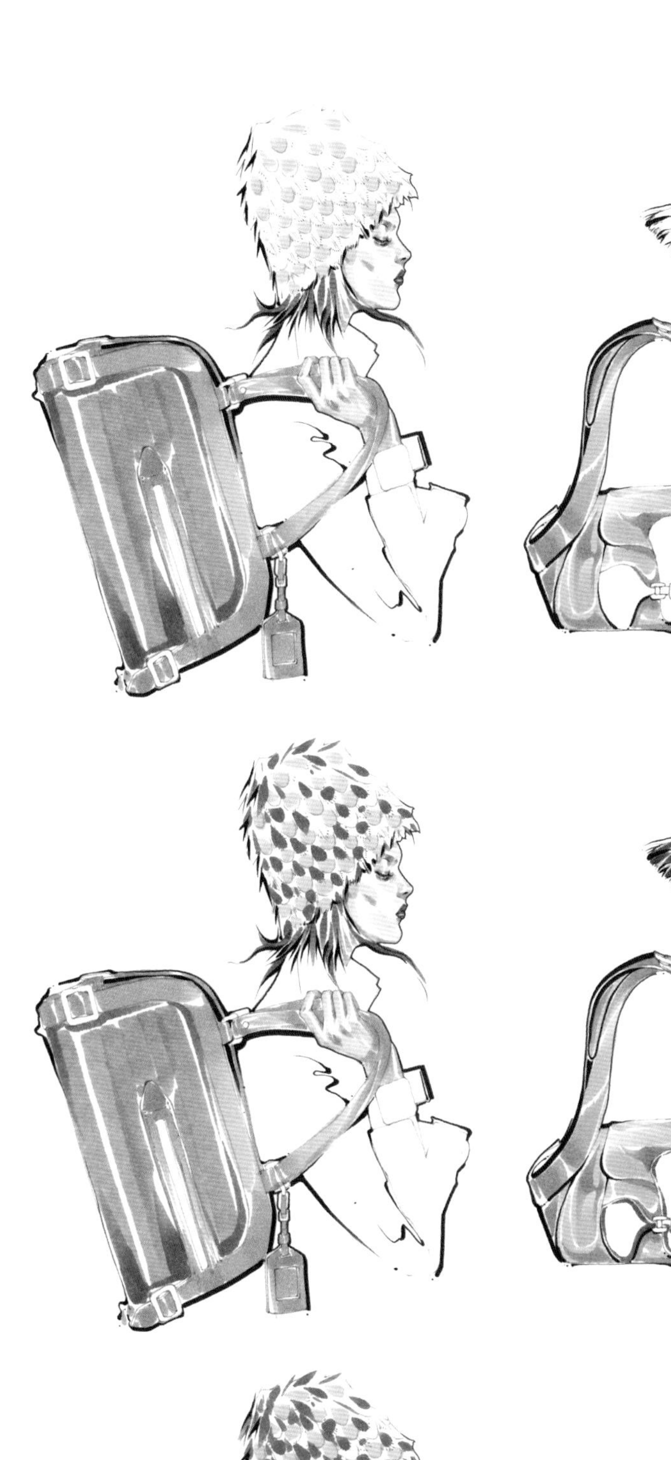

⑧继续绘制左侧包袋的底色，选择相应的绿色，用排线表现出皮革的质地。在高光区域留白，体现包装的转折。同样对右侧包袋的不规则结构进行绘制，利用留白表现光泽的流动感。

⑨进一步绘制左侧人物的羽毛帽子，先用点染的方式在浅黄色的底色上叠压绘制蓝色羽毛。用深绿色绘制右侧人物的帽檐的暗部细节。

⑩继续用点染的方式绘制羽毛帽子，并用饱和度较低的颜色绘制人物衣服的暗部，注意笔触的形状要与褶皱的形状保持一致，使其具有一定的装饰效果。

11 完善配饰细节。用较深的颜色绘制左侧人物的帽子的整体细节，使装饰细节与暗部的颜色效果保持一致。注意要处理好边缘的自然效果，呈现出羽毛的质感。加深包袋转折的细节和暗部，增强质感和空间感。用相应的颜色绘制右侧人物帽子上的孔雀羽毛的细节和羽毛装饰，并在衣领处叠加颜色，注意叠压关系，完善画面整体的细节。

12 用颜色较深的棕色绘制整个画面的背景，烘托颜色较为丰富的人物和配饰的效果，保持画面协调统一，完善整个画面。最后调整画面细节，完成绘制。

Givenchy.2015

Yves Saint Laurent
illustration by
CHUNRAN, 2021.
03.11

06 Chapter

马克笔的风格表现

本章着重强调对风格和材料的探索，是我最喜欢的内容，也是我从事时装画创作中最让我兴奋的地方。极简风格的练习能让我快速抓住人物特征和服装结构，去掉不必要的繁杂细节，简化装饰，让颜色和线条的表现更纯粹；黑白复古风格让我向往展现20世纪中期那些婀娜的女性美，她们深色的烟熏妆、沙漏式的服装廓形和硕大的帽子，用书法一样的线条可以表现出我对那个时代的直观印象；写意风格其实并不“写意”，而需要对笔触有更加强大和精准的控制力，在表现人物时，颜色如同融合在空气里，笔触间的缝隙代表了结构，色彩的深浅象征着光线变化，在绘制需要更加专注地思考每一个笔触的形状和颜色。在用多种材料混合创作时，涉及的工具除了马克笔，还有彩色铅笔、水彩和喷枪等。我充分尊重工具的特质，因为每种工具的特征都不尽相同，要了解它们并加以充分地利用，将其特质最大限度地发挥出来，从而为作品带来令人惊喜的效果，甚至可以营造“不受控制”的效果，从而带来具有冲击力和感染力的作品。

6.1 素雅单色风

单色时装画，从颜色上来说，用“灰度时装画”来形容更为贴切。狭义的单色时装画是指采用黑白灰无彩色系颜色绘制的时装画。从马克笔色谱中可以看到一系列灰色的色号，色号0到9一般是指灰色明度的阶梯。从广义上来看，任何只有明度变化的单色相颜色，都可以用于单色时装画的创作，如棕色系、蓝色系等。大多数马克笔品牌都会为一种颜色提供不同色阶变化的多种色号。用彩色创作单色时装画时，在颜色色阶欠缺的情况下，也可以使用不同深浅的灰色来进行绘制。

6.1.1 素雅单色风的特点

利用不同明度、色阶的马克笔呈现的具有完整人物形态的单色时装画，就像一张经典的怀旧照片，虽然色彩是单色构成的，但充满细节和韵味。从上色方式和笔法上来讲，由于单色时装画简约而复古，因此多用简明、概括的笔触进行绘制，并会对人物五官和配饰局部进行精细刻画，以此来营造画面的层次感。除马克笔以外，勾线笔、小楷笔的颜色也非常丰富，可以选择和马克笔相匹配的颜色来辅助刻画细节、完善画面效果。

Charles James 1950.

Marie-Thérèse
in Pierre Balmain Dress. 1956

6.1.2 素雅单色风表现步骤详解

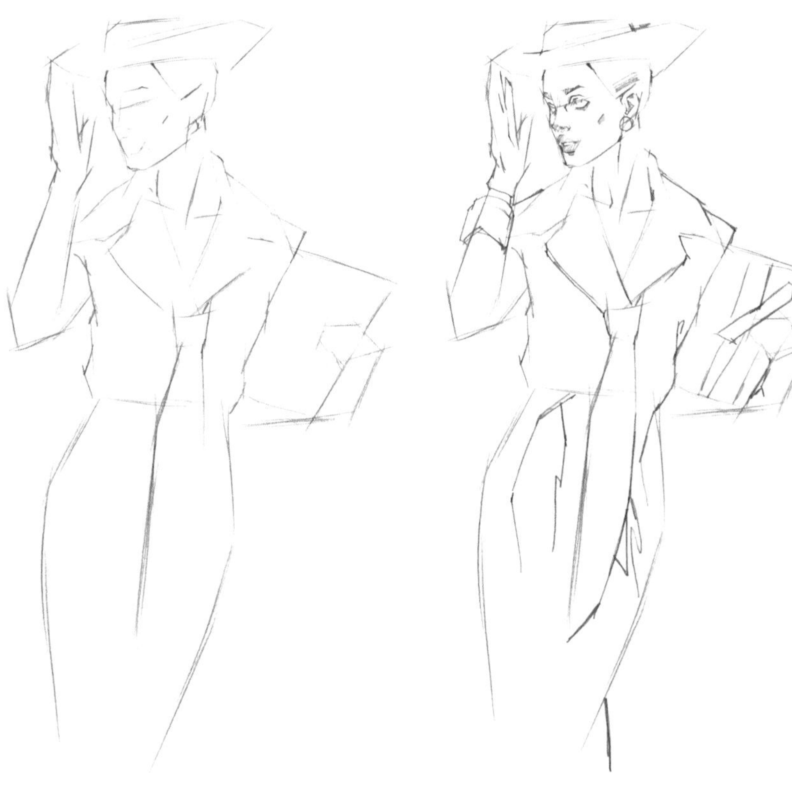

❶使用简单的线条，初步画出人物的基本比例、动态和形体框架。线条要尽量简明有效，减少涂抹的次数。

❷在已有的人物框架比例的基础上，勾画出五官和结构关系，并结合人物形体的外轮廓，绘制出衣服的细节和结构。

❸在草稿的基础上，用黑色针管笔勾勒出人物的五官细节。用黑色的小楷笔勾画出衣服的褶皱和轮廓，轮廓部分可以适当简化。继续用小楷笔勾勒衣服及配饰，注意线条要有粗细变化，利用这样的变化表现出衣服和配饰的厚度和空间关系。

❹待勾线笔的墨迹变干后，擦掉铅笔草稿部分，留下勾勒的轮廓线条。

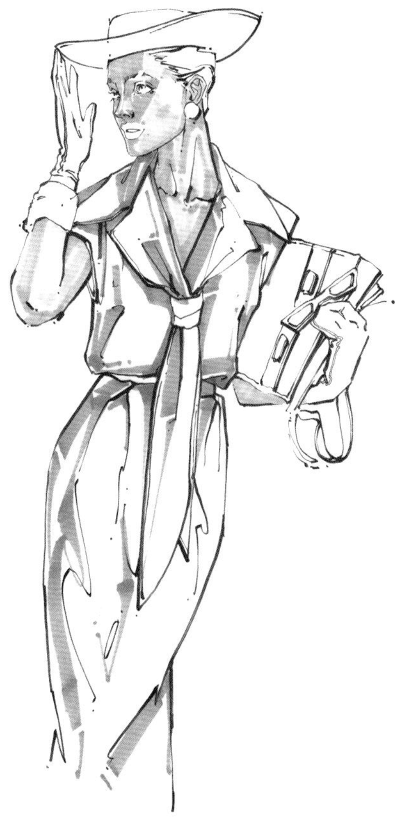

⑤对画面进行上色。首先绘制人物面部和裸露皮肤的暗部区域。在绘制过程中，可以先对肌肉的结构关系进行块面化总结，再用比较简单的平涂手法进行概括。

⑥继续衔接暗部区域的颜色，用相对较浅的颜色铺陈出皮肤的中间色调，注意颜色要保持相对平整的状态。

⑦为衣服上色。把因结构产生的阴影和身体侧面暗部等背光位置看作一个整体，用较暗的颜色、简洁明了的笔触对这一区域进行色块化绘制。以小楷笔笔触的走向为主要依据，绘制衣服褶皱的暗部区域。

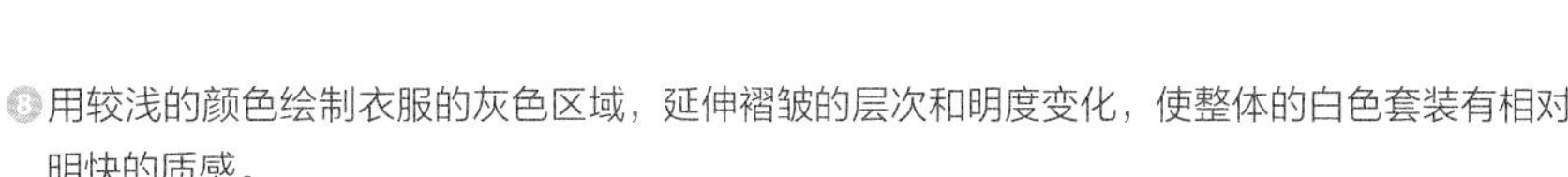

⑧用较浅的颜色绘制衣服的灰色区域，延伸褶皱的层次和明度变化，使整体的白色套装有相对明快的质感。

⑨用深灰色的软笔绘制五官的细节。上下眼睑的妆容及嘴唇的立体构造用相对突出的重色来表现，突出这些部分的细节。

⑩继续加深面部侧面的暗影，体现出面部的立体感。

⑪ 绘制配饰的暗部区域。帽子部分使用断续的方式绘制，留出白色波点的位置。手包是亮色的皮革质地，颜色的分区应更为明确。

⑫ 涂抹出帽子的颜色，在白色的波点处留白。用相对较浅的颜色平涂出手包的反光区域，同时用浅灰色绘制白色手套的暗部及褶皱，使白色手套具有立体感。

⑬ 整体画面已经相对完整，进一步加强衣服主体的暗部。注意笔触细节。笔触首先要吻合褶皱暗部的形状；其次这部分颜色的面积不宜过大，对于轻薄的衣服面料及领子外翻产生的内部暗影部分，应点到为止，以保证浅色外套的明度。

⑭ 使用高光笔对局部细节进行修正和描绘，绘制出帽檐、头发和手包的高光，强调其质感。

⑮模特所穿的衣服是一件白色的套装，用较浅的灰色进一步塑造其立体感。为了强调衣服的整体明度，可用较深的笔触颜色铺陈出背景，反衬整个人物的同时也使画面更加完整。

6.2 清新淡彩风

从色彩角度来看，淡彩时装画所用的颜色都有较高的色彩明度；从绘制步骤上来讲，淡彩风时装画的绘制抛开了常用的较为明显的勾线方式，改用与面料颜色一致的勾线笔，让衣服的轮廓和线条成为了衣服颜色的一部分。

6.2.1 清新淡彩风的特点

在创作淡彩风格的时装画时需要更加注意颜色对整个人物造型的影响，以及人物立体感和画面质感的表现，而不是简单依赖于勾线来完成人物的整体框架。在笔触方面，块面感更强，并且减少了用叠加颜色来加深颜色的方式，直接选择对应明暗的色块来塑造衣服的质感和立体感，以此来减少画面的累赘感，同时保证颜色的通透性，形成简单、明确、明快的绘画风格。

6.2.2 清新淡彩风表现步骤详解

❶ 使用铅笔勾勒出人物的基本动姿、五官和衣服褶皱等，五官和手部可以绘制得相对精细一些。

❷ 根据不同区域的颜色倾向，选择相应颜色的勾线笔勾勒出头发、上衣、裤子及鞋子的轮廓。每个区域因材质不同，需要用不同的线条进行表现：绘制头发时要注意笔触的两端多用“扫笔”的处理方式，营造出疏松、垂顺的质感；比较轻薄的衣服的褶皱变化丰富，绘制时应注意使用松弛的线条进行表现；裤子的结构简单，面料相对硬挺，所以勾线时需要使用平滑、干练的笔法。

❸ 待勾线笔的墨迹干掉后，擦掉铅笔痕迹，留下勾线细节。

④ 为皮肤上色。借助马克笔短时间内墨迹不会干掉的特质，同时使用两个深颜色的肤色进行混合上色。先用底色铺陈出局部肤色，再快速用较深的颜色叠加相应的结构转折处和暗部的颜色，让皮肤的颜色过渡得更加自然。

⑤ 绘制五官和妆容，并对皮肤部分的暗部区域进行颜色叠加，完成立体感和质感的塑造。

⑥ 划分头发的内外区域，用较深的冷色调颜色绘制头发的暗部，并在亮部区域留白。

⑦用较为鲜亮的颜色，根据头发的走向，绘制头发的亮部，完成头发明暗区域的绘制。

⑧用与头发暗部颜色相匹配的颜色，涂抹局部留白的头发部分，完善整个头发。继续在高光部分留白，加强头发的质感和疏松感。

⑨绘制衣服的暗部区域。用横向笔触向内“扫笔”，绘制领结堆叠的暗部结构。衣服的褶皱较为复杂，且块面较多，适合用简短明快的笔触表现，并通过笔触间的留白表现转折，用笔触形状体现褶皱的起伏。裤子的立体感比较明确，暗部多位于腿部的侧面，绘制出褶皱的方向。

⑩对衣服的灰部区域进行块面化绘制，笔法与暗部区域所用的笔法相同，在受光区域留白，并简单绘制出褶皱。

⑪裤子的结构分为上下两个部分，先绘制上面部分的亮部颜色，笔触的走向和裤子整体的褶皱走向一致，用笔触间的留白表现身体的转折位置。

⑫绘制完衣服的暗部和灰部，剩下的就是亮部区域，参考褶皱的走向和区域形状，用排线的方式铺陈出亮部区域的颜色。

⑬绘制拼接裤子的格纹，通过明暗色块的构成对裤子进行明暗划分，并用相应明暗的颜色精细刻画条纹。需要注意的是，格纹的分布要在高光的区域留白，以保证高光的连贯，使格纹成为面料的一部分。

⑭最后整理画面。简单铺陈出面积较小的鞋子和耳环的颜色，用纯度较低的颜色铺出人物脚下的阴影。用高光笔深入刻画裤子的格纹，进一步加强裤子的质感。最后点缀头发的高光及其余的高光区域，增加画面层次，最终完成画面绘制。

6.3 写意风

写意风格的时装画，从画面氛围上来说更加松弛、自由。色彩上，没有规定一定要使用某种特定的颜色来塑造衣服或者面部，而是要根据人物所在的环境氛围，区分冷暖颜色的变化，营造出不同的人物形象。

6.3.1 写意风的特点

抛开对材质的塑造，写意风格时装画的笔触更为自由、随机。绘制时一般根据肌肉的转折和衣服局部的褶皱形态来涂抹颜色，以扩大局部颜色的色彩变化。倾向于用“点彩”的方式分解画面的色彩构成，笔触的形式也不拘泥于统一的形式，由此形成了自由、写意的绘画风格。

Ann Demeulemeester
Fall 2018
illustration by

Ann Demeulemeester.
Fall 2019
illustration by.
Shunran.R.
2019.06.

6.3.2 写意风表现步骤详解

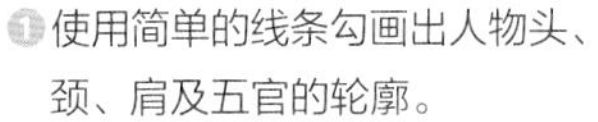

①使用简单的线条勾画出人物头、颈、肩及五官的轮廓。

②在铅笔草稿的基础上，用灰色勾线笔对人物进行相对详尽的勾线，为上色奠定基础。

③通常暗部适合用相对偏冷的颜色绘制，选择偏冷的肤色初步铺陈出所有较暗部分的色彩。

④以暗部颜色为基准，用流畅的笔触，以“点”“揉”的方式绘制出人物的肌肉。

⑤将人物的面部结构一分为二，鼻子左侧距离画面视角较远，鼻子右侧距离画面视角较近，用冷色和暖色分阶段绘制左右面部。

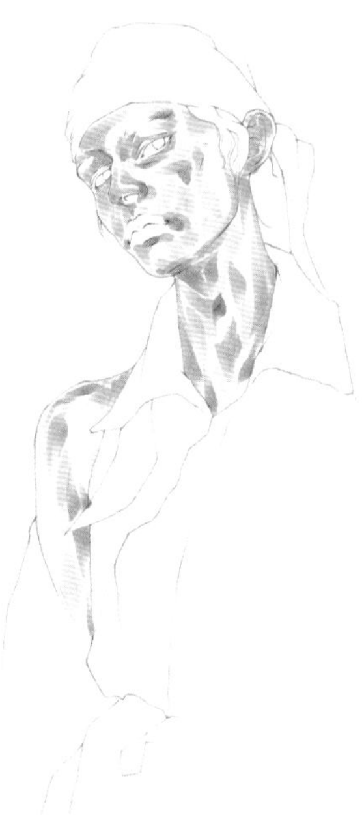

⑥用明度较高的颜色铺陈出面部的亮部区域。用不同的颜色绘制明暗交接线，区分面部转折的两个块面。在保持明度一致的情况下，通过颜色的冷暖变化刻画面部的立体感。

⑦确定了人物的基准色调后，选择较深的紫色绘制面部的重色，注意保持整个画面暗部颜色的统一。

⑧精细刻画人物的五官。以眉心为基准，用相应的笔触绘制毛发的方向。丰富眼部肌肉的颜色，使眼部较为突出，注意眼白的微妙变化。完善嘴巴的细节，刻画由内向外转折的唇纹。

⑨ 用较暖的颜色绘制头发的亮部，中和画面的颜色，区别面部和头发的整体色彩。注意笔触的方向要和头发的走向保持一致。

⑩ 初步完成人物五官和身体细节的绘制后，接下来绘制衣服和头巾的暗部。以暗部褶皱的走向和形状为依据，涂抹衣服及头巾的暗部。注意用绘制阴影的办法挤压出衣服亮部区域的形状。

⑪ 用较浅的颜色涂抹头巾的亮部，并在此基础上绘制出作为点缀的花纹。完成衣服的绘制，为大面积的衣服色彩留白，以突出面部和部分衣服。对面部的暗色进行适当补充，完善头发和面部皮肤的叠压关系表现。用较暗的颜色画出阴影。外套上较深的色块用干枯的笔触绘制完成，在保证颜色简洁明了的同时，丰富了笔触。最后调整局部细节，完成绘制。

6.4 极简省略风

极简风格的时装画，从字面上便可以清楚地理解，无论是写生，还是参考秀场或者广告片的形式进行绘画，都是通过提取画面重要元素，并简化、弱化局部细节，选择性地对局部进行概括，从而形成抽象而简洁的画面风格的。相对于写实的绘画方式，这种风格的诠释更加个人化，是以绘画者的视角为出发点，提取必要元素进行表现。

6.4.1 极简省略风的特点

对于整个画面而言，在绘制极简风格的时装画时，人物的肢体动态、衣服的重要结构以及五官表情，都可以作为主要元素进行提取、总结。

一般在画时装画前，我们需要先确定出画面主要元素的主次关系，再使用最为简练的绘画语言进行诠释。而绘制极简风格的时装画时，因为画面中的元素较少，多以简洁概括的绘画语言和干练有效的色块及线条出现，所以往往容易给人留下较为深刻的印象。

Celine
spring 2020
illustration by
2019.10.02
Valentino
spring 2020
illustration by
2019.10.02

6.4.2 省略的方法

在表现极简省略风格时，最为重要的就是对画面元素的取舍和提炼。虽然每个人对画面的处理都有自己的观点和方法，但是仍然有一些通用的技巧值得参考和借鉴。

线条整合

时装画中，线条尤其重要。绘制衣服时可以使用简练而连贯的线条概括出轮廓、结构和褶皱。不同的线条可以呈现出多样的材质和结构。

块面概括

局部的色块概括方法以省略局部体积关系为目的，营造出二维的平涂效果。例如，使用单一色彩概括轮廓内的颜色，概括光影的色块反衬人物主体的形体，等等。

省略留白

留白的方式与人物所处的光影环境息息相关。一般大面积的受光位置可以使用留白的方式呈现；纯色衣服的局部可以用线条代表该区域的颜色，而中间区域留白；局部的形体的线条可以适当省略，以主要的形体线条为重点，从而增加画面的想象空间。

统一形式

当画面中有过多的材质和元素时，可以使用统一的线条绘制手法来呈现各类元素，使每一个元素达到统一的视觉效果。与此同时，也可以将人物的五官、头发及衣服更加平面化、图案化，弱化立体感，使整个画面风格相对统一。

弱化颜色

呈现画面主次关系的方法有很多种，颜色的对比程度、线条表现的详细与概括、装饰手法的排列与图案等，都会影响画面的主次关系。其中颜色的对比程度中，重色一般会成为视觉的重心部分，为了让重要的区域体现出主体层次的位置，其余部分可以使用降低颜色对比度、统一色彩层次的方式去表现，以达到弱化局部，突出主体的目的。

6.4.3 极简省略风表现步骤详解

①使用铅笔绘制人物的五官和形体，并勾画出衣服的轮廓及重要位置的褶皱。

②观察人物特征，对人物形体部分勾线。注意在保证五官清晰的同时，重点勾勒展现动态的收缩腰侧及重心腿的外部轮廓。

③使用较细的针管笔在其余位置勾线，使轮廓线条形成主次关系和对比效果。

❹擦除铅笔痕迹，保留勾线部分。皮肤和衣服使用了不同颜色和粗细程度的线条，展现动态和结构层次的同时，画面更具视觉冲击力。

❺用灰色线条绘制长裙，注意褶皱线条要灵活，突出材质感。概括铺陈出皮肤的颜色，用明确的冷暖关系突出身体颜色的对比效果。用较为明确的颜色绘制五官细节，让画面在写实概括间形成明显的层次关系。

6.5 多变的综合技法

综合技法是相对绘画材料来说的，除了马克笔外，还包括彩色铅笔、水彩和喷枪等，绘画材料及绘画顺序的变化都会对画面最后呈现的效果产生影响，这一方面取决于绘画材料本身的特质，另一方面需要对画面有较为明确的预判，进而才能规划好绘画材料的使用顺序。时装画的重要内容之一就是对面料和材质进行表达和再现，借助不同画材的特点，可以更为精准、细致、高效地达到这一目的。

6.5.1 马克笔与彩铅的综合技法

相对于马克笔来说，彩色铅笔更适合塑造细节和肌理。马克笔主要以笔触排列的方式进行绘制，从而实现大的体块的表现。但是马克笔不擅长绘制渐变效果，以及精致细节的刻画，这部分刚好可以利用彩色铅笔进行补充。

马克笔与彩铅的叠加上色

❶使用马克笔绘制出渐变的排线细节和过渡效果作为底色，尽可能绘制精细的线条，以此来融合铅笔的笔触。

❷在横向马克笔笔触的基础上，用彩色铅笔进行绘制，利用颜色深度的变化绘制出渐变效果，从而形成交错的纹理细节变化。

❶使用马克笔绘制画面底色，颜色间紧密相接，形成平整的效果。

❷针对每一种颜色，选择颜色更深的彩色铅笔，发挥彩色铅笔精细刻画的能力，进行色阶绘制，延伸边缘形成渐变的阶梯和阴影效果。

❶使用不同颜色的马克笔，平行排列出条纹状的底色。

❷选择相同色相但色阶较深的彩色铅笔，在马克笔限定的颜色区域绘制渐变色，并间隔重复这一绘制动作，形成自然的光泽效果。

单色彩铅与多色彩铅和马克笔的对比效果

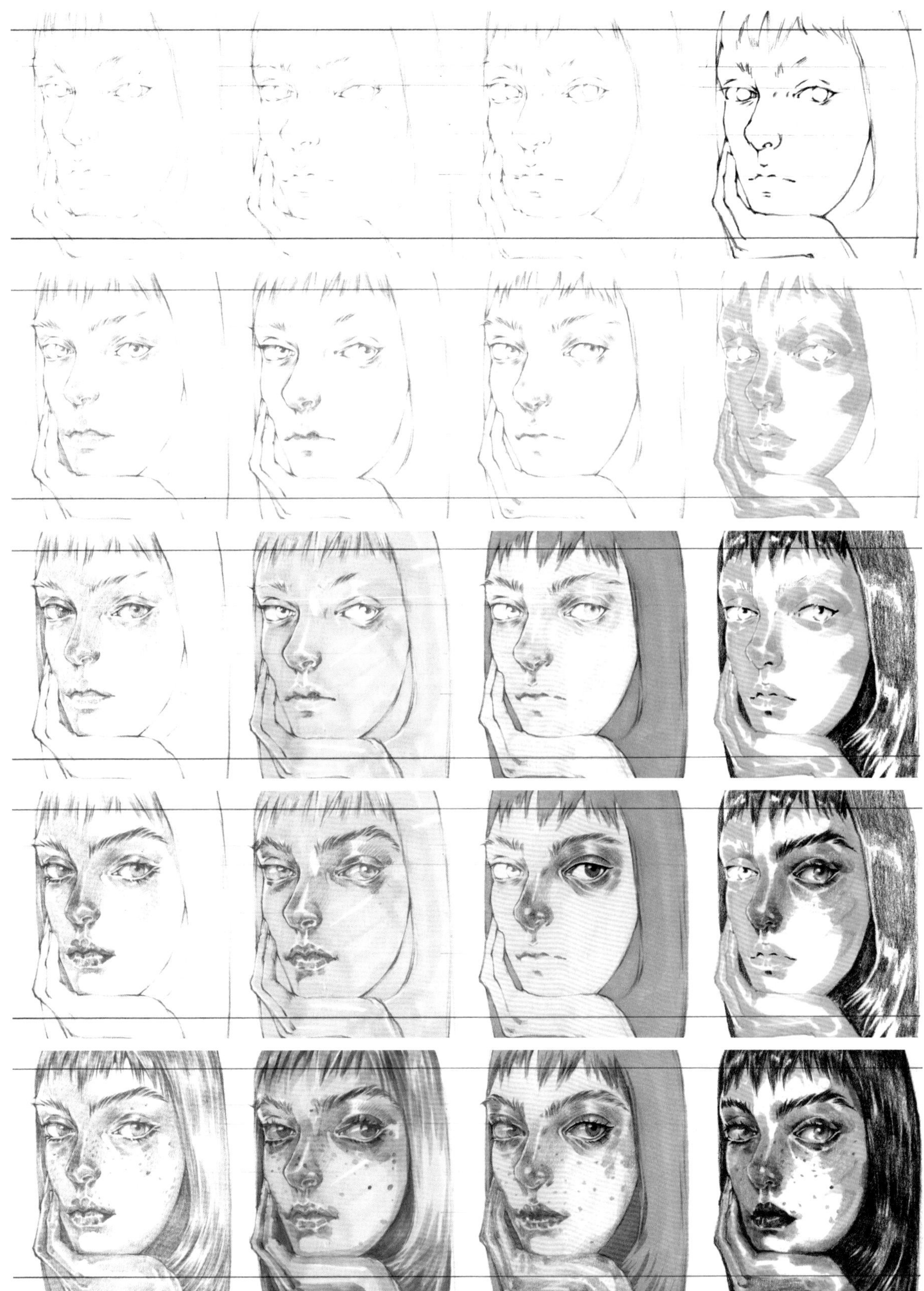

蓝色铅笔的绘制逻辑较为简单，用线条绘制人物的五官和轮廓，用深浅变化的颜色，采用排线的方式绘制细节，并适当塑造质感。

用蓝色马克笔为人物铺出底色，形成平整的效果，再利用蓝色彩色铅笔绘制五官等细节，形成不同层次的质感和细节变化。

区分头发和肤色，使用相应的马克笔铺上底色。选择红色和蓝色作为明暗区分，进行细节塑造，最后形成4种颜色的混合材质组成的画面。

用马克笔为面部绘制出平整的底色，并适当晕染暗部和转折位置。借助彩色铅笔的颜色变化，对五官进行精细的刻画，丰富质感。

马克笔和彩铅的综合应用步骤详解（1）

❶使用橘色铅笔绘制组合人物头像草图，加强轮廓和结构的同时，适当塑造出暗部阴影。

❷选择偏灰的粉色马克笔铺出整体块面的底色，形成明确的明暗块面的对比。

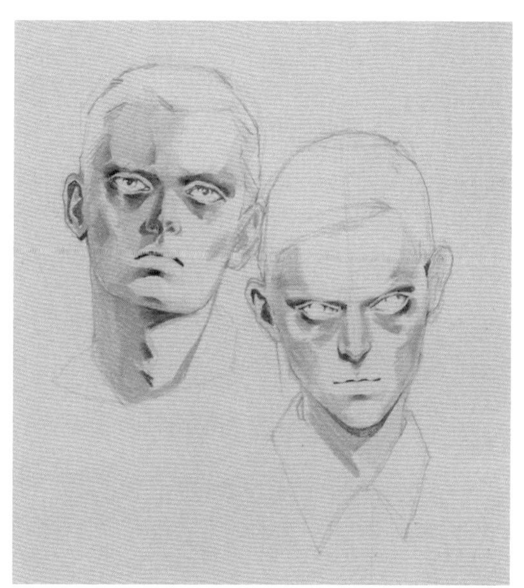

❸用铅笔铺出五官的暗部颜色块面。

❹铺陈整体颜色，亮部选择较暖的粉色进行整体颜色铺陈，暗部则选择偏冷的紫色区别绘制。

❺用均匀的排线绘制女性模特头发的暗部，在高光区域处留白，形成光泽感。

❻绘制五官暗部和皮肤间的过渡区域，突出五官起伏和妆容的细节变化，并绘制出眉毛、眼睛和嘴唇区域的质感。

7 用一簇簇的短排线绘制出男模特的短发，排线方向要和发丝的走向保持一致。在塑造发型整体立体感的同时，保留局部的发丝细节。

8 用赭石色在女模特头发的亮部叠加颜色，笔触和表现头发暗部的笔触相互穿插交叠，形成较为自然的过渡。注意在高光区域留白，凸显出头部的立体感。

9 完善画面，用白色铅笔绘制人物面部的侧面反光和高光细节，并同步细化衣领细节，完成画面绘制。

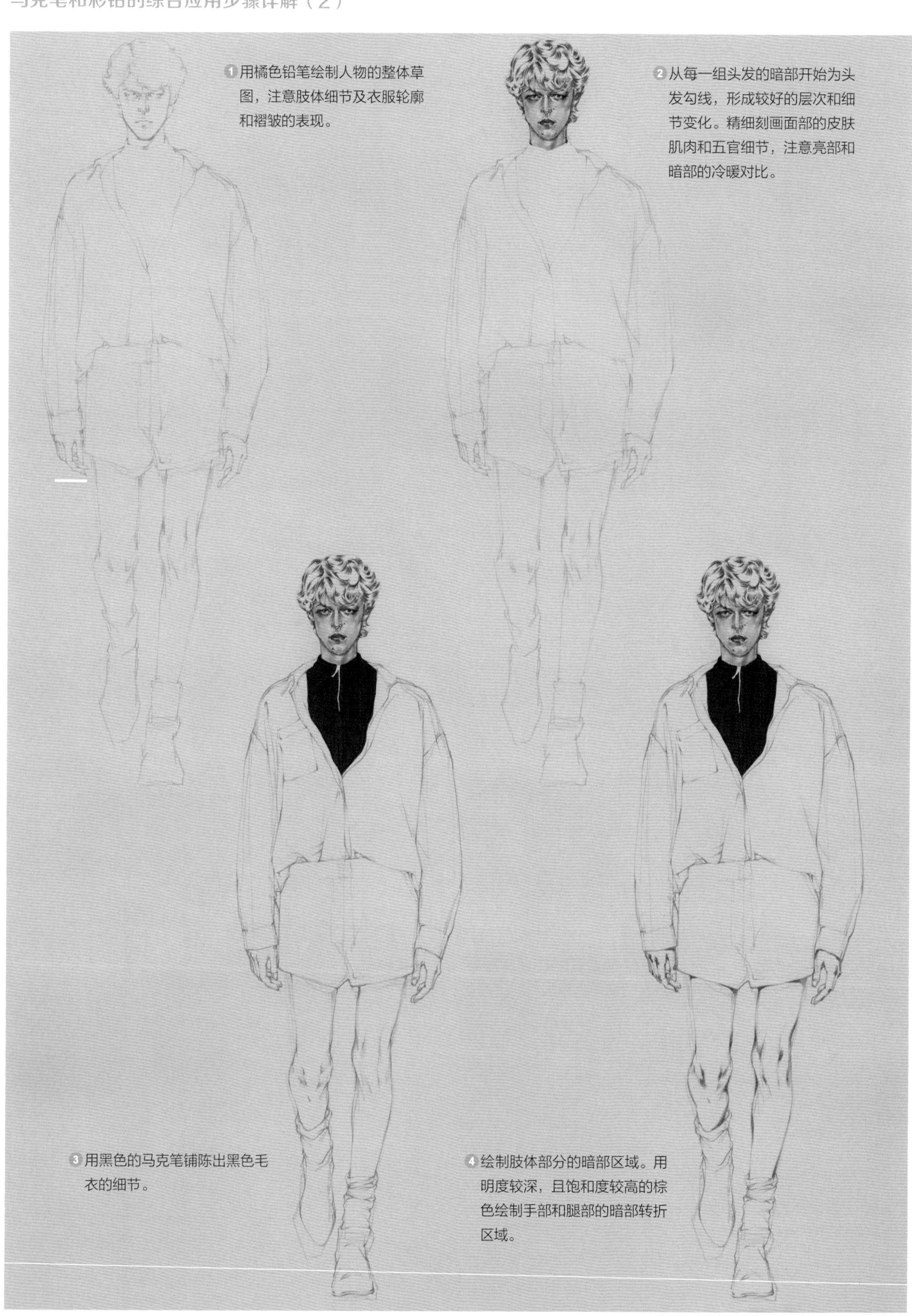

❶ 用橘色铅笔绘制人物的整体草图，注意肢体细节及衣服轮廓和褶皱的表现。
❷ 从每一组头发的暗部开始为头发勾线，形成较好的层次和细节变化。精细刻画面部的皮肤肌肉和五官细节，注意亮部和暗部的冷暖对比。
❸ 用黑色的马克笔铺陈出黑色毛衣的细节。
❹ 绘制肢体部分的暗部区域。用明度较深，且饱和度较高的棕色绘制手部和腿部的暗部转折区域。

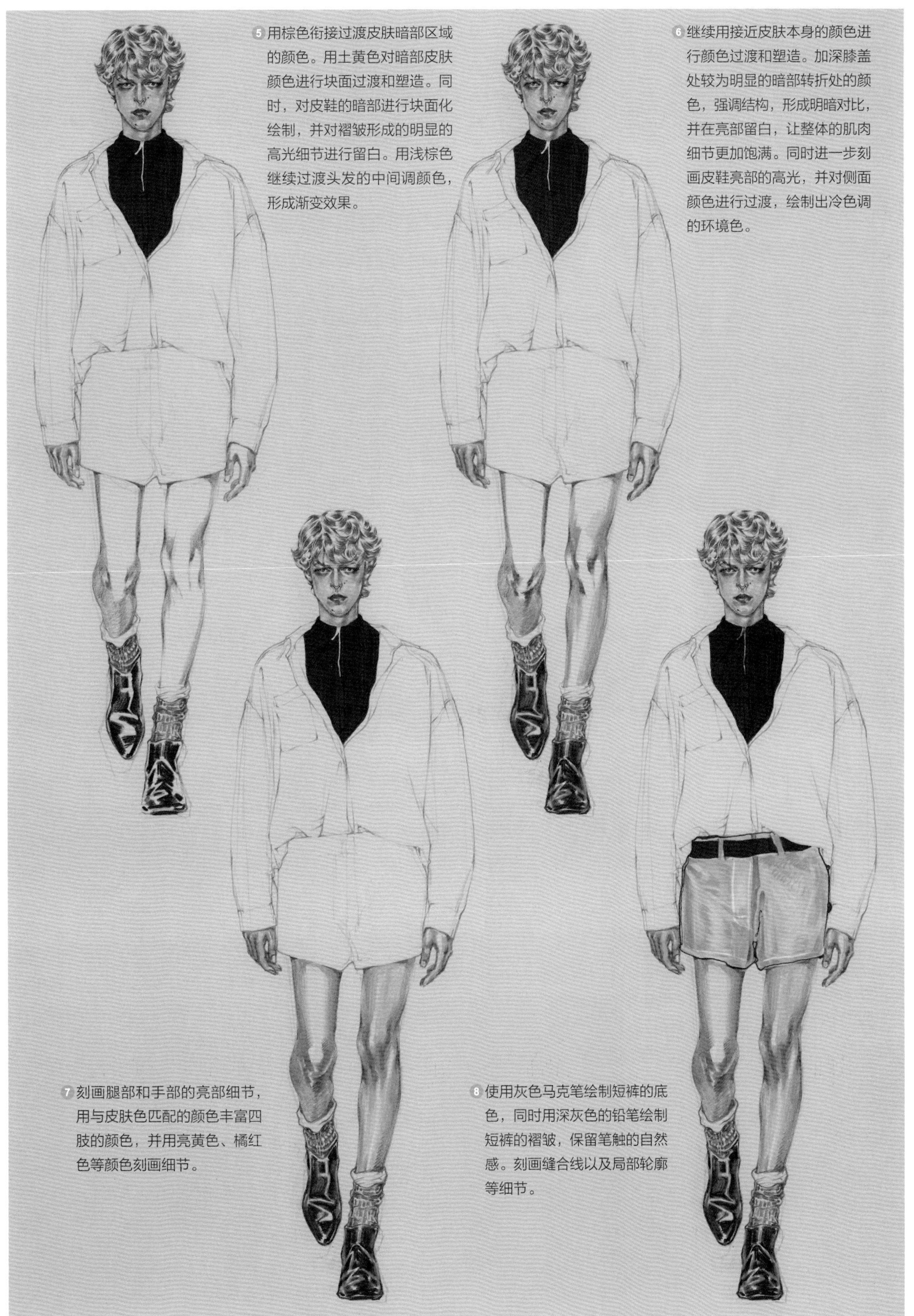

5 用棕色衔接过渡皮肤暗部区域的颜色。用土黄色对暗部皮肤颜色进行块面过渡和塑造。同时，对皮鞋的暗部进行块面化绘制，并对褶皱形成的明显的高光细节进行留白。用浅棕色继续过渡头发的中间调颜色，形成渐变效果。
6 继续用接近皮肤本身的颜色进行颜色过渡和塑造。加深膝盖处较为明显的暗部转折处的颜色，强调结构，形成明暗对比，并在亮部留白，让整体的肌肉细节更加饱满。同时进一步刻画皮鞋亮部的高光，并对侧面颜色进行过渡，绘制出冷色调的环境色。
7 刻画腿部和手部的亮部细节，用与皮肤色匹配的颜色丰富四肢的颜色，并用亮黄色、橘红色等颜色刻画细节。
8 使用灰色马克笔绘制短裤的底色，同时用深灰色的铅笔绘制短裤的褶皱，保留笔触的自然感。刻画缝合线以及局部轮廓等细节。

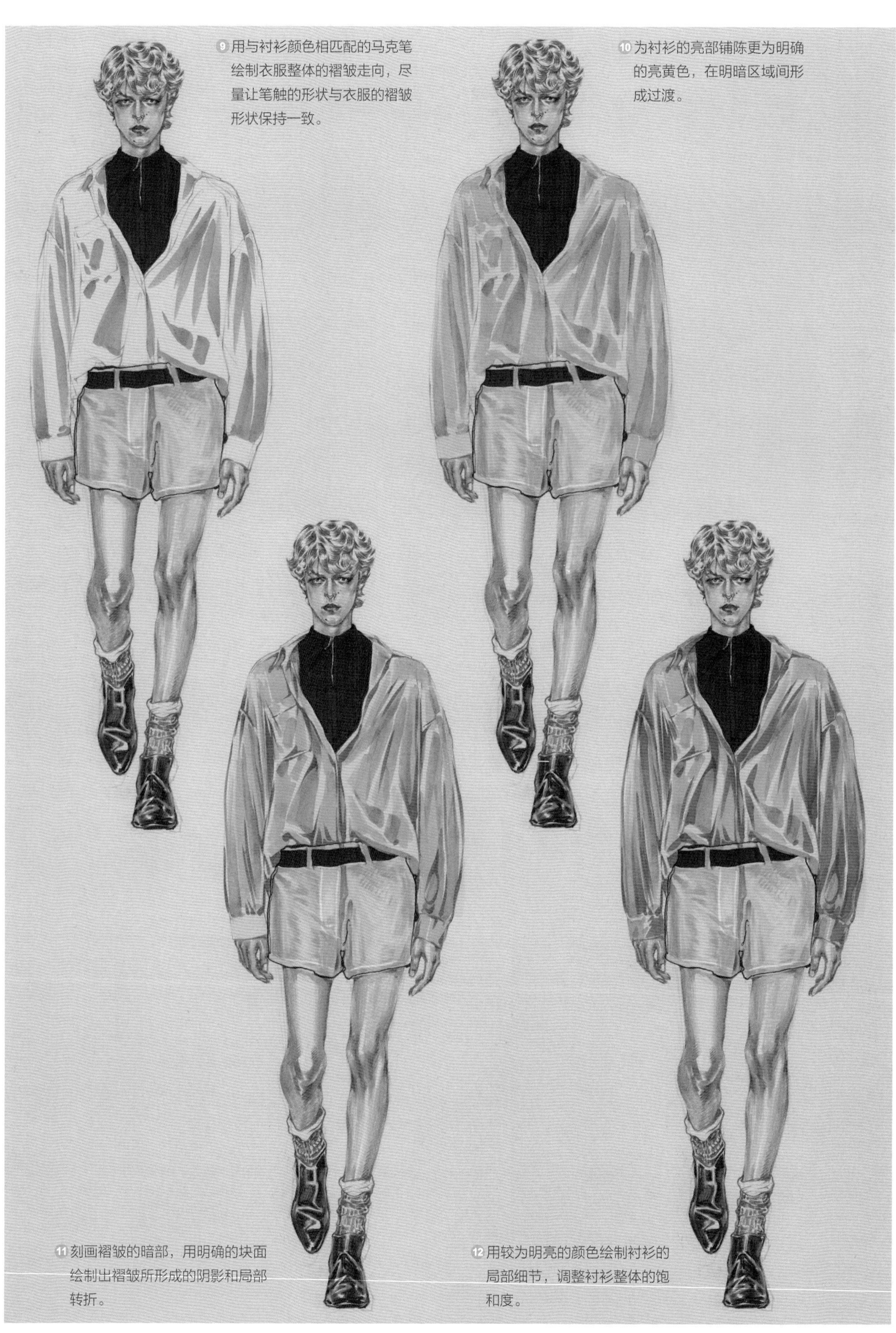

9 用与衬衫颜色相匹配的马克笔绘制衣服整体的褶皱走向，尽量让笔触的形状与衣服的褶皱形状保持一致。
10 为衬衫的亮部铺陈更为明确的亮黄色，在明暗区域间形成过渡。
11 刻画褶皱的暗部，用明确的块面绘制出褶皱所形成的阴影和局部转折。
12 用较为明亮的颜色绘制衬衫的局部细节，调整衬衫整体的饱和度。

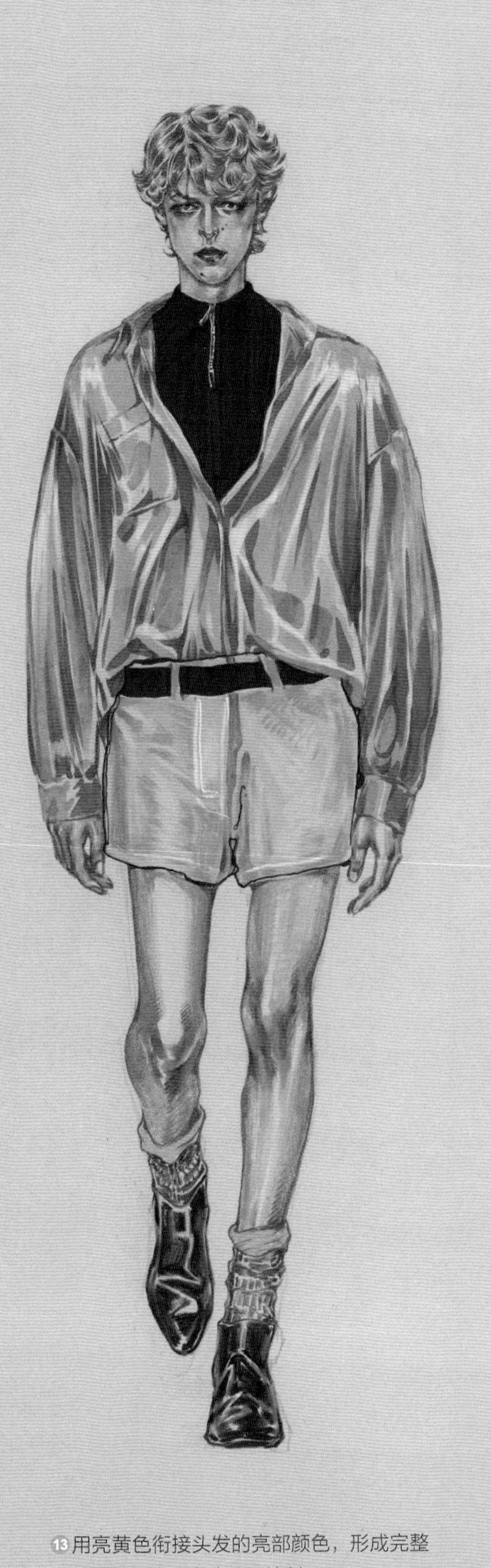

13 用亮黄色衔接头发的亮部颜色，形成完整的层次对比，完成画面绘制。

Christian Dior spring 2007 Couture

6.5.2 马克笔与水彩的综合技法

从时装画快速表现的性质上来说，水彩的特质是可以大面积铺陈颜色，并利用自然、丰富的颜色进行多种色彩的融合，从而对营造柔和且复杂多变的服装面料结构有着非常好的补充作用。与水彩结合使用时，马克笔可以用点和线来补充细节，形成虚实之间的对比和互补，更好地进行服装展示。

马克笔与水彩的叠加上色

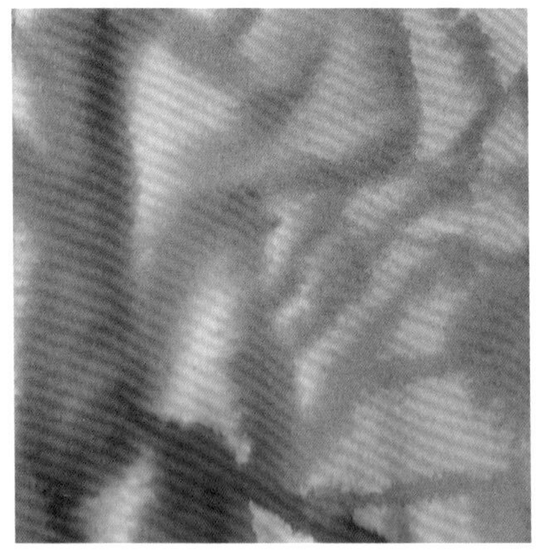

① 利用水彩的融合属性，将不同的颜色自然晕染在一起，形成光影的流动效果。

② 根据水彩绘制的背景颜色分布，用马克笔自然地绘制出线条。颜色上要区别出背景和前景，并利用颜色边缘的状态呈现出虚实变化。

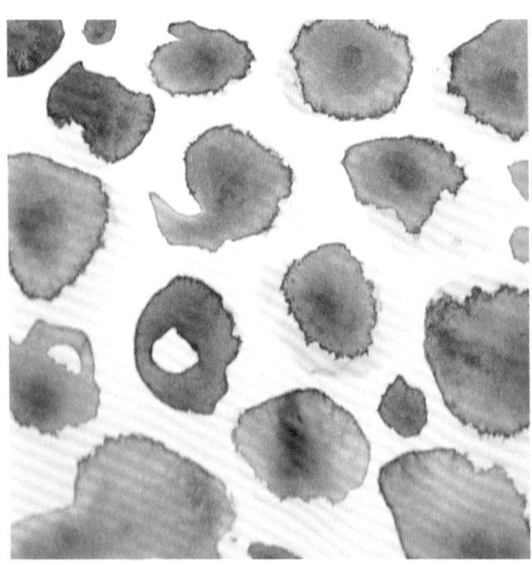

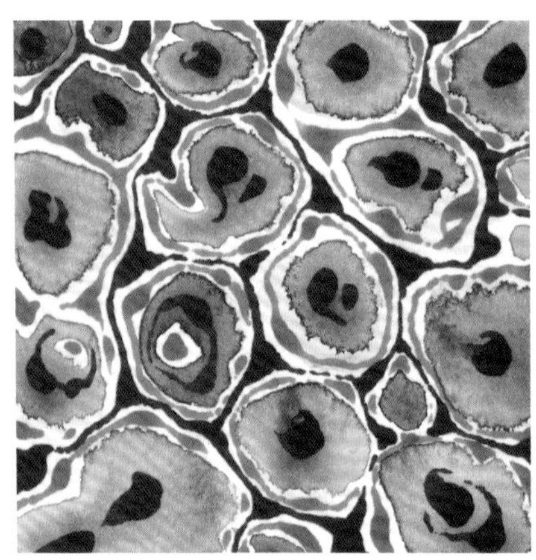

① 用深浅不同的水彩颜色点画出自然的晕染效果，保留水渍的边缘，体现水彩的特质。

② 在水彩绘制的点的中心位置，用马克笔绘制细节，形成有层次的“点”的分布。再利用马克笔不容易渗透的特性，在较复杂的边缘周围绘制出环绕线条，并铺陈出背景色。

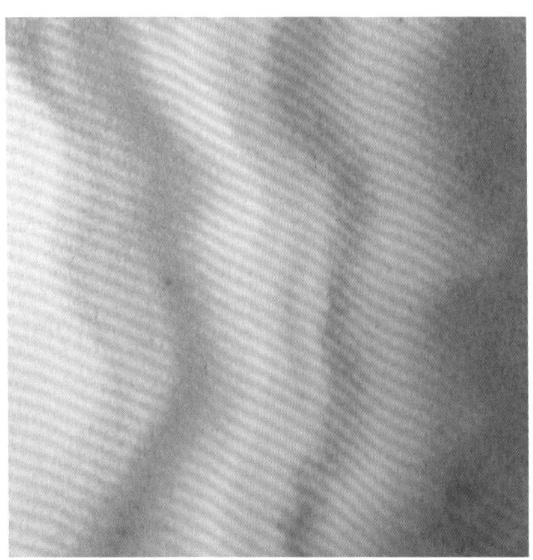

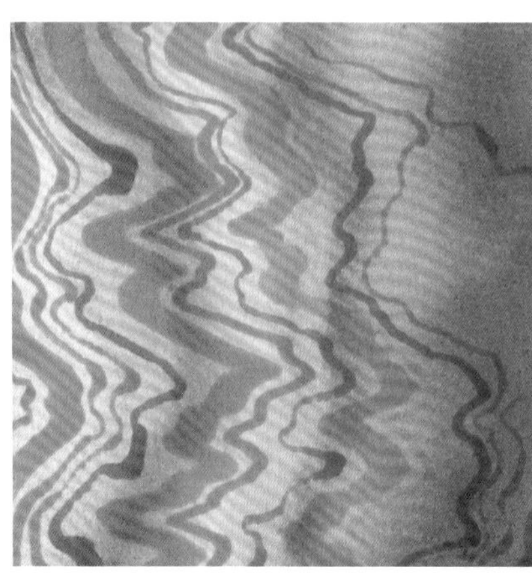

① 用多种水彩颜色晕染出自然的过渡效果。

② 在水彩底色的基础上，根据颜色和颜色形态的变化，用马克笔进行绘制，注意保持颜色和形态的呼应，以此来体现两种画材间的特质差异。

马克笔与水彩的综合应用范例

❶先用水彩铺陈底色，利用渐变效果和细节的微妙变化，对面部的局部颜色进行晕染，尤其是眼眶区域和鼻子周围，注意保留较为明确的转折处理。利用水渍效果保留上衣清晰的边缘，适当绘制出大的起伏结构，形成体积感。用大笔触绘制出明确的裙摆褶皱，注意投影的渐变细节。

❷刻画五官，用马克笔刻画面部细节，形成多层次的立体感。明确处理投影的轮廓，用彩色铅笔描绘皮肤的轮廓。

❸对于较为复杂的褶皱面料，在水彩的基础上，用马克笔进行不同层次的塑造，注意褶皱整体的体积变化，同时兼顾局部褶皱的起伏细节，形成质感和纹理。利用水彩、马克笔和彩色铅笔的不同特性，区分绘制人物与服装面料，完成画面的绘制。

6.5.3 马克笔与透明水色的综合技法

水色作为液体颜料，其颜色清透、鲜亮，相比水彩有更好的渐变和晕染能力，透明度较高的情况下，可以较好地进行重叠绘制，既能保留底层的绘画内容，也可为画面增加整体颜色上的色调变化。但是通透、液态的效果特性，使得水色在覆盖能力和塑造细节的能力上都略逊于马克笔和水彩。

在结合使用马克笔和水色时，可以用水色来铺陈底色，以弥补马克笔不善于进行大面积涂抹上色的缺点，同时马克笔也可以在绘画过程中充分发挥便于控制、笔触清晰的能力，和水色形成互补，共同完成绘画。

马克笔与透明水色的叠加上色

① 用马克笔随机画出变化的线条效果，并穿插同类色形成肌理。

② 框定出花叶的轮廓，在表面涂上一层类似颜色的水色颜料，这样花叶的形状和被覆盖的区域就产生了不同的颜色效果，同时又保留了底部纹理的细节。

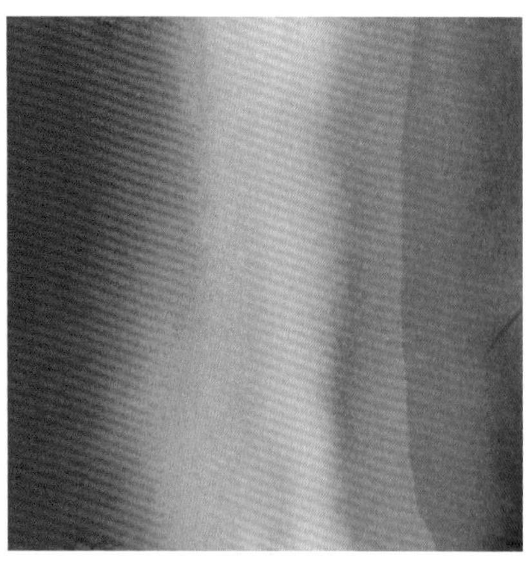

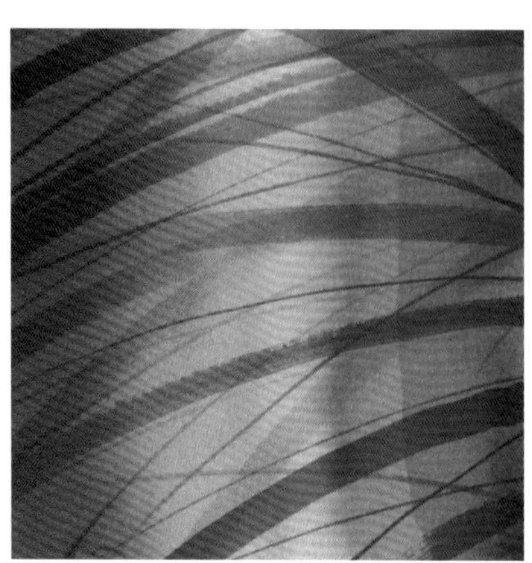

① 先用水色颜料从橘红色过渡到蓝绿色，进行充分的颜色晕染，形成自然的渐变效果。

② 再分别使用橘红色和蓝绿色的马克笔，向对应的颜色方向进行交叉绘制，颜色上与水色重合，形成交错的叠加效果。

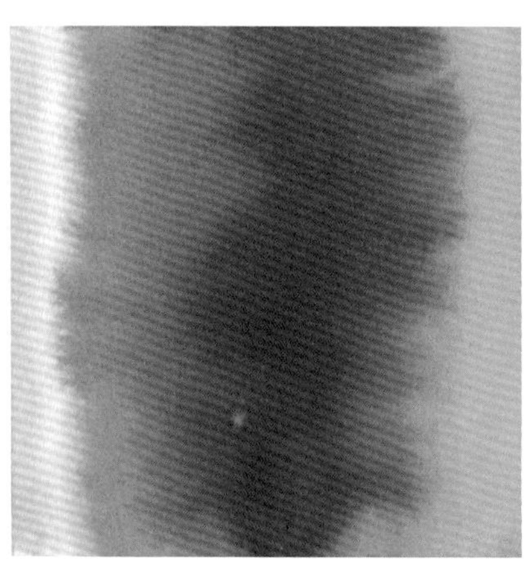

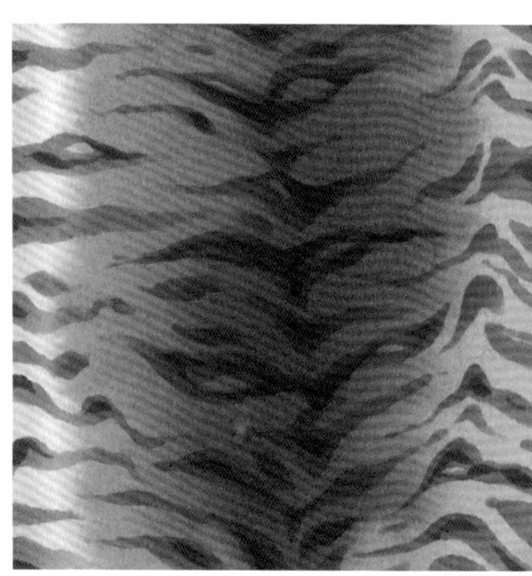

① 利用水色的渐变和晕染特质，绘制出中间颜色深而两侧颜色逐渐变浅的画面效果。

② 用与最深区域的颜色相同的马克笔，向两侧绘制花纹，并用更深颜色的马克笔绘制花纹内侧的纹理和层次。水色和马克笔相互融合的同时，又体现出了画面细节。

马克笔与透明水色的综合应用范例

❶ 先用肉色铅笔绘制出人物的轮廓草图，再用相应颜色的水色绘制人物的面部、头发以及皮草区域的颜色变化。颜色之间保留晕染的效果，适当调整局部的形状，使颜色的分布与整体的造型相吻合，以便于描绘细节。

❷ 绘制五官和头发，先用马克笔较为细致地刻画五官，再用勾线笔勾勒面部轮廓，完成人物面部的绘制。绘制头发的颜色时先用水色铺出底色，再用相同色调的马克笔绘制发丝细节，注意加强层次和虚实关系表现。接下来绘制衣服，同样先用水色铺底色，然后再用马克笔精细刻画花纹，最后用勾线笔绘制出简洁的轮廓和褶皱效果，完成透明水色与马克笔的综合案例的绘制。

6.5.4 马克笔与喷枪的综合技法

喷枪是综合材料绘制过程中较难控制的材料之一，但在模具的协助下，可以发挥它的特质，所以在绘制时可以借助模具和镂空材料来完善画面效果。一般喷枪的颜料性质和马克笔的颜料性质相同，颗粒状的细节可以让画面的完成度更高，同时也可以喷绘出非常自然的渐变效果，形成平整的纹理效果。

马克笔与喷枪的叠加上色

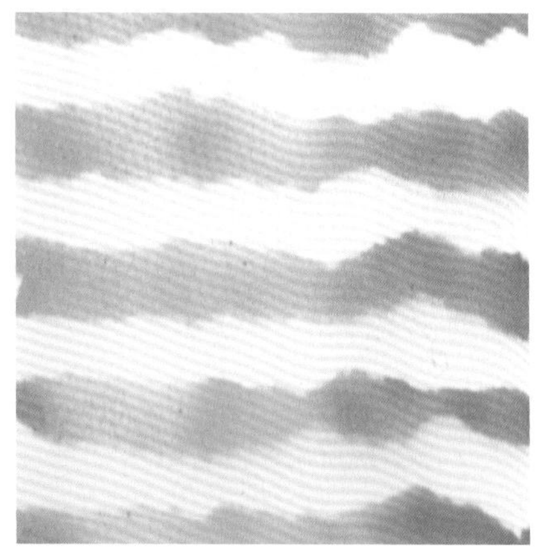

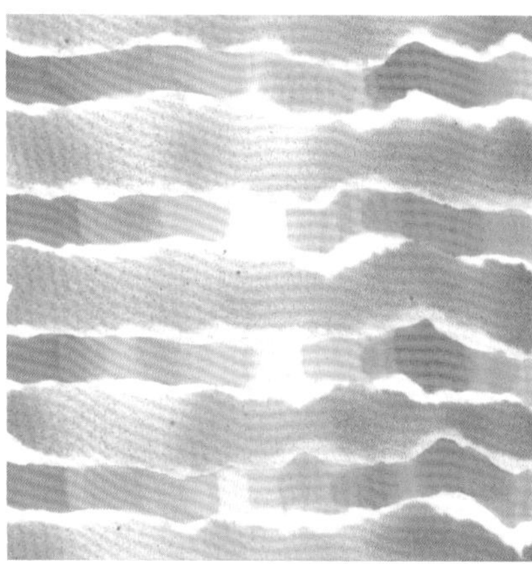

① 将手撕的纸条覆盖在纸张上面，用喷枪喷绘出渐变效果，取下纸条，可以看到自然的渐变效果以及曲折虚化的轮廓细节。

② 模拟曲折的轮廓，用不同颜色的马克笔尽量绘制出渐变效果，与喷绘的纹理形成呼应和对比，同时在虚实关系上形成一定的对比。

① 用马克笔绘制出简单的花叶形状。

② 用纸张镂空出花叶的形状，覆盖在已经画好的马克笔花叶之上，并沿着镂空轮廓，粘贴上一圈较细的胶带后，用喷枪进行渐变喷涂，完成后取下覆盖的纸张和胶带，就可以获得如图的效果。

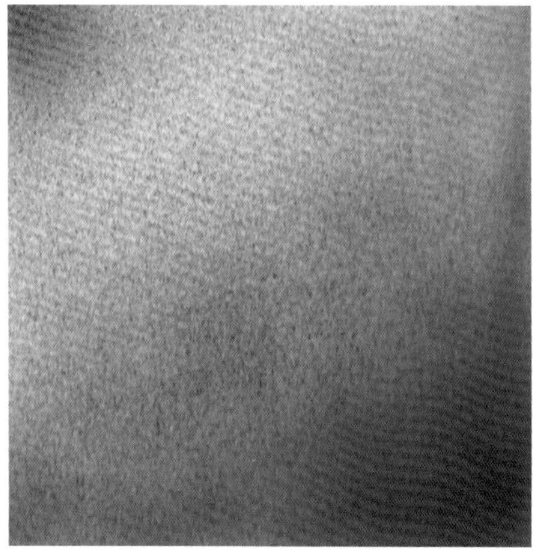

① 用喷枪喷绘出从棕色到深灰色的渐变效果。

② 分别用橘色和深灰色沿渐变方向绘制出平行的直线纹理，形成对比，这样渐变的虚化背景和穿插的条纹细节之间就形成了呼应。

马克笔与喷枪的综合应用范例

Ann Demeulemeester
Womenswear A/W 2012
illustration by

附录　作品赏析

Gucci
spring 2020
illustration by
ChuenRAN.
2021.07.23

illustration by

street look
illustration
by CHUNRAN
2020.12.28

Illustration by
Chunran R
2018.01.31

春然

東方

GUCCI

YSL
Yves Saint Laurent
illustration by CHUNPAN

Charles Jeffrey.
A.W.'16.
illustration by
2021.05.27.

后记

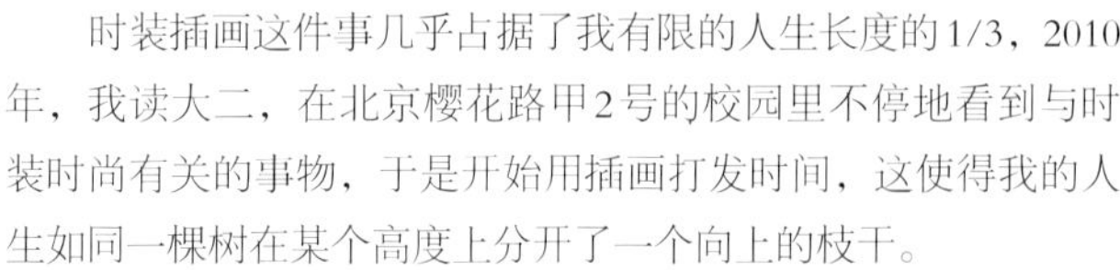

时装插画这件事几乎占据了我有限的人生长度的1/3，2010年，我读大二，在北京樱花路甲2号的校园里不停地看到与时装时尚有关的事物，于是开始用插画打发时间，这使得我的人生如同一棵树在某个高度上分开了一个向上的枝干。

我想讲述我与时装插画的故事，并且记录在这本书上。2009年，我考入北京服装学院学习首饰艺术设计，大二开始利用零散的时间画插画，并陆续发布在社交媒体上。2013年，我顺利考入清华大学美术学院，攻读金属艺术硕士学位，同年我开始筹备我的第1本图书《时装画马克笔表现技法》，这本书于2015年出版，当时我正是研究生二年级。2016年7月，我毕业了，并非常庆幸于当年8月入职北京联合大学工艺美术系，担任首饰设计相关课程的教师，在职的第2年，也就是2017年我出版了第2本图书《时装时光——袁春然的马克笔图绘》。而此刻，这本书问世，我已经辞去了我工作了5年的教师工作，成为了我心目中的“自由人”，或者说终于获得了“自由人”的身份！现在，我再次出版图书，从2009年至今，已经走过了12年，3所院校，3本图书！

我想分享这些，是因为如今在社交媒体上发表、修改和删除信息都很容易，而图书上的内容，一经审阅传播，就再难以更改，而这本书刚好记录了一个年轻人从20岁迈进30岁这10年的尾声，其间故事难以一一道来，寥寥几句说给未来的自己。私心角度，我想记录这段成长的过程。对于翻开这本书的读者们，我想你们可能都是比我年纪小的弟弟妹妹，我想分享给你们的是，坚守住热爱的事情，是幸运的，但是需要十足的努力去保护自己最初的真实和简单。我是艺术生成长的一个缩影，也是还没有放弃最开始因为热爱绘画走入这个行业的其中一个！